基于智能计算的蛋白质及其相互作用算法分析

张晓龙　林晓丽　胡　静　著

科学出版社

北京

内 容 简 介

随着蛋白质组学研究的不断深入，智能计算方法已成为蛋白质组学的支撑技术。本书系统地阐述目前蛋白质及其相互作用的主要研究内容，介绍其背景、相关数据、主要计算方法以及软件工具资源。本书的主要内容包括蛋白质三维空间折叠结构预测分析、蛋白质相互作用热点预测、蛋白质相互作用热区预测，以及靶点蛋白-药物相互作用预测等。本书为蛋白质及其相互作用的研究提供了相应的智能演算方法，并指出这些方法在解决生物学问题中的应用策略。

本书可供从事人工智能生物信息学涉及的生命科学、计算机科学、生物制药等领域的科研人员，以及这些领域的研究生和高年级本科生阅读和参考。

图书在版编目（CIP）数据

基于智能计算的蛋白质及其相互作用算法分析/张晓龙，林晓丽，胡静著. —北京：科学出版社，2020.10

ISBN 978-7-03-050326-8

Ⅰ.①基… Ⅱ.①张… ②林… ③胡… Ⅲ.①蛋白质－相互作用－算法分析 Ⅳ.①Q51

中国版本图书馆 CIP 数据核字（2020）第 188794 号

责任编辑：杜　权/责任校对：高　嵘
责任印制：张　伟/封面设计：苏　波

科 学 出 版 社 出版
北京东黄城根北街 16 号
邮政编码：100717
http://www.sciencep.com

北京凌奇印刷有限责任公司 印刷
科学出版社发行　各地新华书店经销
*
2020 年 10 月第 一 版　开本：787×1092　1/16
2022 年 11 月第二次印刷　印张：14 1/4
字数：300 000

定价：98.00 元

（如有印装质量问题，我社负责调换）

前　　言

人类基因组计划产生了大量的基因组数据,对如此庞大且具有高度复杂性的生物数据进行管理和分析,传统的生物方法是不适用的,因此迫切需要应用智能计算方法对这些基因组数据进行获取、处理、分析和解释,为医学及制药等研究领域的发展服务。本书针对蛋白质的性质和结构特点,提出蛋白质及相互作用的建模与设计的新方法,对于理解生命活动的机制,指导新药开发和疾病治疗具有重要意义。

本书描述蛋白质及相互作用研究的关键技术,并提供识别和预测蛋白质空间折叠结构、蛋白质相互作用热点、蛋白质相互作用热区以及靶点蛋白质-药物相互作用的相关方法以及研究过程,覆盖迄今最有效的分析蛋白质相互作用的原理及技术。通过理论的阐述及相关方案的列举和比对,着重阐述经典的智能算法,包括遗传算法、模拟退火算法、粒子群优算法、禁忌算法、SVM 算法、集成学习、聚类算法和深度学习等在蛋白质结构及相互作用中的应用。

本书共 5 章,主要内容如下。

第 1 章介绍生物信息处理的研究背景及国内外研究现状、蛋白质结构与功能的关系、蛋白质相互作用的特点、常用的各种蛋白质数据库。此外,介绍基本的生物实验方法,并分析智能计算方法在生物信息领域中关注的研究方向和应用。

第 2 章介绍智能计算方法在蛋白质空间折叠结构预测中的应用,包括遗传退火算法(GAA)、局部微调遗传退火算法(LAGAA)、多种群粒子群优算法(MPSO)、自适应分工粒子群优算法(ADPSO)以及遗传禁忌算法的优化及应用。基于斐波那契数列和真实蛋白质序列的实验结果表明,这些智能计算方法有利于解决全局优化问题,在保持较高精度的情况下收敛到全局最优解,获得最佳的蛋白质空间折叠结构。

第 3 章介绍智能计算方法在蛋白质相互作用热点预测中的应用,首先设计多种特征选择方法:最小冗余最大相关算法(mRMR)、基于相关系数的特征选择算法、基于 SVM 的递归特征剔除算法(SVM-RFE),这些特征选择方法可将无关的特征去除。然后,设计基于 SVM 的蛋白质相互作用热点预测算法、基于集成学习的蛋白质相互作用热点预测算法(Boosting 算法、梯度提升算法和随机森林算法)、基于 SMOTE 的蛋白质相互作用热点预测优化算法(SABoost),这些算法在蛋白质相互作用热点预测中不仅取得较高的准确性,而且能提高泛化能力。

第 4 章介绍智能计算方法在蛋白质相互作用热区预测中的应用,包括基于多序列特征提取的蛋白质相互作用预测算法、基于复杂网络和社区结构的蛋白质相互作用热区预测算法(HRP-LMD)、基于密度聚类和特征分类的蛋白质相互作用热区预测算法(DICFC)、基于密度聚类和投票分类器的蛋白质相互作用热区预测算法(KDBSCAN)、基于轮廓系数和 K-means 的蛋白质相互作用热区预测算法(RCNOIK)。通过各种优化策略,如热点回收策略、邻居残基优化策略、PPRA 优化策略等，可以有效地发现蛋白质相互作用结合面上的热区结构，并通过基于序列保守性的热区验证方法对结果进行验证。

第 5 章介绍智能计算方法在靶点蛋白-药物相互作用预测中的应用，提出基于深度学习的靶点蛋白质-药物相互作用预测算法，该算法对大批量数据进行处理时具有较好的效果。此外，设计基于随机森林的靶点蛋白质-药物相互作用预测算法（MFERF），首先通过多种药物和靶点蛋白质特征计算方法分别计算得到药物和靶点蛋白质的特征，然后分别使用随机森林进行特征选择，接着组合经过特征选择后的药物和靶点蛋白质的特征，再通过随机森林进行预测。实验结果表明，该方法具有较好的计算精度。

本书是有关人工智能生物学研究工作的整理和总结，为生命科学和计算机科学领域中从事生物信息学教学、研究的教师和学生提供参考，方便他们从书中了解基本的算法原理，解决实际问题的方法和技巧，进而更好地从事相关研究工作。

本书的出版得到国家自然科学基金（61273225，61972299，61502356，61702385）的经费资助。在研究中，我们学习并参考了很多有价值的资料，在此对这些资料提供者表示深深的敬意和谢意。

由于时间和精力有限，本书还有很多有用的智能计算理论和技术没有涉及。限于著者水平，书中的疏漏之处在所难免，恳请广大专家和读者指正。

作　者
2020 年 4 月

目　　录

第1章 绪 论

1.1 蛋白质与蛋白质组学

蛋白质是生物体的重要组成成分,在生物体的生命活动中起着重要作用,对其结构及功能进行研究,对揭开有关人体生长、发育、衰老、患病和死亡的秘密有着很重要的意义。蛋白质的结构和功能是统一的,1973 年,Anfinsen[1]指出蛋白质的生物功能是由它们的空间折叠结构决定的,蛋白质只有形成特定的结构才能执行特定的功能。蛋白质折叠结构的细微变化,将极大地影响蛋白质的生物性质。牛海绵状脑病、阿尔茨海默病、囊性纤维病变、家族性高胆固醇血症、某些肿瘤、白内障等都是由于蛋白质结构变化带来的疾病[2-3]。值得注意的是,致病蛋白质分子与正常蛋白质分子的构成完全相同,只是空间结构不同。如果弄清楚蛋白质一级结构是如何决定其高级结构这个基本问题,将会使人们更系统和完整地理解生物信息从 DNA 到具有生物活性的蛋白质的整个传递过程,使中心法则(即遗传信息从 DNA 传递给 RNA,再从 RNA 传递给蛋白质,完成遗传信息的转录和翻译的过程)得到更完整的阐述,从而对生命过程中的各种现象有进一步的深刻认识,最终推动生命科学的快速发展。因此,研究蛋白质的结构预测不仅具有重大的科学意义,而且在医学和生物工程领域具有极大的应用价值。

Anfinsen 提出推断,认为蛋白质的一级结构完全决定其空间结构[1],并因此获得诺贝尔奖。虽然这一推断现在已被广泛接受,而且大量实验充分说明氨基酸序列与蛋白质空间结构之间确实存在着一定的关系,但是氨基酸序列的多肽链是如何决定蛋白质空间折叠结构,这一过程又怎样遵循热力学和动力学规律的,这些都是分子生物学中心法则至今尚未解决的一些非常重要的问题,这些问题统称为蛋白质折叠问题,也称为中心法则的第二遗传密码[4]。只有透彻地了解肽链是如何通过自身内在所包含的信息及其周围环境的相互作用,形成具有特定空间结构和完整生物活性的蛋白质,才能最终阐明遗传信息传递的全过程。如图 1.1 所示为遗传信息从 DNA 到蛋白质结构的信息传递过程。

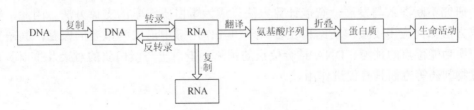

图 1.1 遗传信息从 DNA 到蛋白质的传递

蛋白质结构预测,尤其是基于热力学定律的蛋白质结构预测能够帮助人们认识蛋白质折叠机理，揭示折叠密码。我国科学家吴宪在 20 世纪 30 年代首先提出，外界环境的变化可以导致蛋白质空间结构的破坏和生物活性的丧失，但却并不破坏它的一级结构（氨基酸序列），这称为蛋白质的变性[5]。变性的蛋白质往往成为一条伸展的肽链，在一定的条件下可以重新折叠成原来的空间结构并恢复原有的活性。这说明，蛋白质的内部特性蕴藏在蛋白质链中，可以从蛋白质链推测出蛋白质的内部构型。

随着人类基因组计划的顺利完成，多种模式动植物基因序列的测定，以及蛋白质工程技术的不断发展，蛋白质氨基酸序列的测序速度大大加快。X 射线晶体衍射技术和多维核磁共振方法是测定蛋白质空间结构的主要方法，然而实验方法不仅耗资耗时，还受到实验条件的限制。蛋白质结构预测对于全新蛋白质分子设计、药物分子设计、生物和化学催化剂、生物传感器及环境科学等许多领域都有深远的意义。然而，蛋白质空间结构测定的速度远远落后于氨基酸序列测定的速度[6-8]，利用数学方法和智能计算方法预测蛋白质空间结构势在必行。

人类基因测序计划完成之后，生命科学的研究进入了以功能基因组学和蛋白质组学为主要研究内容的后基因学时代。生物信息学关注的非常重要的方向就是如何高效地解析蛋白质结构与功能之间的关系，以及蛋白质之间相互作用的潜在规律等。蛋白质的生物功能通过自身蛋白质与其他蛋白质或者生物分子相互作用实现，在生物细胞活动中发挥着重要的作用，比如调节细胞新陈代谢、DNA 复制和复合物合成等，这些细胞所具有的具体功能都是依赖蛋白质相互作用来实现。蛋白质之间的相互作用可以映射到蛋白质相互作用的"功能位点"和"相互作用位点"，这些位点的解析能够帮助了解蛋白质与其他分子绑定的生物过程，并且能够在更为细微的细胞层面上理解蛋白质功能。蛋白质相互作用发生在蛋白质相互作用界面上，不同的相互作用界面反映了各种蛋白质之间的相互作用。生物功能界面是蛋白质形成蛋白质复合物、履行蛋白质生物功能的必不可少的条件。

蛋白质功能通过蛋白质-蛋白质之间的相互作用进行表达，蛋白质的重要功能对于了解疾病如何发生、生物制药、药物作用靶点等蛋白质活动都非常重要[9-10]。理解蛋白质功能的基础是研究蛋白质复合物，但是蛋白质复合物之间的相互作用复杂多变，并且这些相互作用在蛋白质内部发挥生物功能的原理仍然不是很明晰[11-12]，相对于蛋白质单体及蛋白质结构的预测研究，这方面的研究还远不够深入，已有的预测方法也还不成熟，例如蛋白质结构相互作用分析器[13]（protein structure and interaction analyzer，PSAIA）也只能预测出蛋白质单体和复合物的最基本的几种属性特征值。随着蛋白质组学的研究不断深入与发展，智能计算方法已成为蛋白质组学的支撑方法。因此，智能计算方法如何应用于蛋白质结构及蛋白质相互作用等中已成为重要的课题，其研究在蛋白质功能位点的预测、DNA 结合位点的预测、蛋白质与蛋白质的对接及蛋白质设计和生物制药等方面具有促进作用。

1.2 蛋白质的结构与功能

蛋白质是一种生物高分子物质，具有复杂的生物学功能。蛋白质结构与功能之间的关系非常密切。蛋白质分子内各个原子之间相互的立体关系就是蛋白质分子的结构。在研究中，一般将蛋白质分子的结构分为一级结构（primary structure）与空间结构（space structure）两类。

1.2.1 蛋白质的结构层次

1. 蛋白质的一级结构

蛋白质的一级结构是指构成蛋白质肽链的氨基酸残基的排列次序，也是蛋白质最基本的结构，它是由基因上遗传密码的排列顺序所决定的，各种氨基酸按遗传密码的顺序，通过肽键连接起来，成为多肽链，故肽键是蛋白质结构中的主键。迄今大约有 1000 种蛋白质的一级结构被研究确定，如胰岛素、胰核糖核酸酶、胰蛋白酶等。

需要注意的是，蛋白质的一级结构是一个无空间概念的一维结构，它决定了蛋白质的二级、三级和四级等高级结构。成百亿的天然蛋白质各自有其特殊的生物学活性，决定每一种蛋白质的生物学活性的结构特点，首先在于其肽链的氨基酸序列，由于组成蛋白质的 20 种氨基酸各具特殊的侧链，侧链基团的理化性质和空间排列各不相同，当它们按照不同的序列关系组合时，就可形成多种多样的空间结构和不同生物学活性的蛋白质分子。

蛋白质分子的多肽链并非呈线形伸展，而是折叠和盘曲构成特有的比较稳定的空间结构。蛋白质的生物学活性和理化性质主要决定于空间结构的完整，因此仅仅测定蛋白质分子的氨基酸组成和它们的排列顺序并不能完全了解蛋白质分子的生物学活性和理化性质。例如球状蛋白质（多见于血浆中的白蛋白、球蛋白、血红蛋白和酶等）和纤维状蛋白质（角蛋白、胶原蛋白、肌凝蛋白、纤维蛋白等），前者溶于水，后者不溶于水，显而易见，此种性质不能仅用蛋白质一级结构的氨基酸排列顺序来解释。蛋白质的空间结构就是指蛋白质的二级、三级和四级结构[4]。

2. 蛋白质二级结构

蛋白质肽链中局部肽段骨架形成的构象，称为二级结构（secondary structure）。它们是完整肽链构象（三级结构）的结构单元，不涉及侧链部分的构象。蛋白质二级结构涉及按线性顺序来说相互接近的氨基酸残基之间的空间关系，这些空间关系中有的是很有规则的，产生了周期性的结构。α-螺旋、β-折叠是典型的二级结构实例。

3. 蛋白质三级结构

三级结构（tertiary structure）是关于蛋白质中多肽链的空间走向，即多肽链在各种二级结构的基础上再进一步盘曲或折叠形成具有一定规律的空间结构。一个蛋白质的构象，即肽链中的规则的二级结构和其他无规则的肽段一起，构成的完整立体结构则是蛋白质的三级结构，它涉及那些按线性顺序来说相隔较远的氨基酸残基之间的空间关系。

现在也有人认为蛋白质的三级结构是指在蛋白质分子主链折叠盘曲形成构象的基础上，分子中的各个侧链所形成的构象。侧链构象主要是形成微区，或称结构域（domain）。对球状蛋白质来说，形成疏水区和亲水区。亲水区多在蛋白质分子表面，由很多亲水侧链组成。疏水区多在分子内部，由疏水侧链集中构成，疏水区常形成一些"洞穴"或"口袋"，某些辅基就镶嵌其中，成为活性部位。

4. 蛋白质四级结构

具有两条或两条以上独立三级结构的多肽链组成的蛋白质，其多肽链间通过次级键相互组合而形成的空间结构称为蛋白质的四级结构（quarternary structure）。四级结构涉及这些多肽链结合在一起的方式，指含有多条多肽链的蛋白质分子中各亚基间相互作用而形成的构象。在这样的蛋白质中每一条多肽链称为亚基。四级结构实际上是指亚基的立体排列、相互作用及接触部位的布局。亚基之间不含共价键，亚基间次级键的结合比二级、三级结构疏松，因此在一定的条件下，四级结构的蛋白质可分离为其组成的亚基，而亚基本身构象仍可不变。

对于蛋白质各结构层次之间的关系而言，一级结构是最基本的，一级结构决定其他各层次的高级结构[1]。有些蛋白质分子只有一级、二级、三级结构，并无四级结构，如肌红蛋白、细胞色素 c、核糖核酸酶、溶菌酶等。另一些蛋白质，则一级、二级、三级、四级结构同时存在，如血红蛋白、谷氨酸脱氢酶等。

1.2.2　蛋白质的功能

蛋白质是生物体内占有特殊地位的生物大分子，它是生物体的基本构件，也是生命活动的重要物质基础，几乎一切生命现象都要通过蛋白质的结构和功能来体现。因此，在分子生物学中，深刻阐明蛋白质的结构与功能，是探索生命奥秘的最基本的任务。生物体内蛋白质种类繁多，结构各异，功能也多种多样[14]。

蛋白质最重要的生物学功能就是作为酶催化体内的各种新陈代谢过程，同时，蛋白质还是有机体的重要结构成分。有些蛋白质具有激素功能，参与代谢调节；还有些蛋白质作为具有免疫功能的抗体，参与免疫反应。

蛋白质的功能主要有以下几个方面[15-16]。

（1）酶的催化作用。几乎所有生物体系中的化学反应都被一种称为酶的大分子所催化，而在没有酶的情况下，生物体内很多反应几乎不可能进行。最引人注目的事实是所有已知的酶都是蛋白质。

（2）物质运载和储存作用。例如：血红蛋白在红细胞中运载氧，而肌红蛋白则在肌肉中运送氧气；铁在血浆中由铁蛋白运载，而在肝中则与铁蛋白形成复合体储存起来。

（3）免疫保护作用。抗体是高度专一的蛋白质，它们能够识别病毒、细菌及来自其他有机体的细胞，并与这些异物结合。

此外，蛋白质还有运动协调、生长和分化控制等功能。总之，蛋白质的功能是非常复杂多样的。生命活动是众多蛋白质同时作用的结果，相互作用的蛋白质系统成为所有生命活动的基础。随着科技的发展，人类对蛋白质原有功能的认识会不断加深，同时还会不断发现蛋白质的新功能。

1.2.3　蛋白质结构与功能的关系

　　蛋白质多种多样的功能与各种蛋白质特定的空间构型密切相关,蛋白质的空间构型是其功能活性的基础,构型发生变化,其功能活性也随之改变。蛋白质变性时,其空间构型被破坏,引起功能活性丧失,变性蛋白质在复性后,构型复原,活性即能恢复。在生物体内,当某种物质与蛋白质分子的某个部位结合,触发该蛋白质的构象发生一定变化,从而导致其功能活性的变化,这种现象称为蛋白质的变构效应(allostery)。蛋白质(或酶)的变构效应,在生物体内普遍存在,这对物质代谢的调节和某些生理功能的变化都是十分重要的。

　　一般认为,蛋白质功能由其高级结构决定,而高级结构又取决于蛋白质的一级结构,即蛋白质的氨基酸顺序。蛋白质结构比单纯的序列信息能提供更强的进化联系,所以如果蛋白质功能无法基于序列相似性得到,可以考虑从头预测方法,即首先预测蛋白质结构然后由结构预测其功能。通过分析比较蛋白质的一级结构,可以判断哪些氨基酸残基对保持蛋白质的空间构象和生物功能是必需的,哪些是可以取代的;而通过分析比较蛋白质的空间结构,可以判断哪些结构域是与蛋白质的功能紧密联系的,对蛋白质发挥正常的功能是必不可少的,哪些空间结构部分是可以变化的。当然,对于同一个蛋白质,在不同的条件下可能处于不同的构象,因而具有不同的功能[17]。

　　总之,蛋白质的结构决定了蛋白质的生物功能,功能和结构紧密相关联。如何利用计算方法预测蛋白质结构,是计算分子生物学中的一个重要的课题。

1.2.4　蛋白质的空间折叠结构

　　大多数蛋白质是由一条生长的肽链折叠而成。蛋白质是有特定结构的,并且是具有活性的。蛋白质折叠结构并不是一步完成的,而要经过很多的折叠中间状态。一般来说,自然界中功能性蛋白质有着一些相似的结构特征(仅讨论功能性的球蛋白),如同水溶液中的同质高分子一样,天然蛋白质在生理环境下都能聚集成一团,形成一个紧密的球形状态,但与同质分子不同的是,蛋白质的异质特性使得某一特定的堆积方式表现得特别优越,以至自然的蛋白质都自觉地选择或冻结在这种稳定的构型,这种稳定的状态称为蛋白质的自然状态。但是,在外界环境偏离生理条件超过一定阈值时,蛋白质分子的形状会由于外界因素的扰动而发生改变,蛋白质分子的一些生理功能就相应地随着折叠结构的破坏而丧失,这样导致的结构状态集合被称为蛋白质的变性态(denatured states)。在外界条件适合时,蛋白质分子又可以从变性态重新回到自然状态,这样的过程就称为蛋白质的折叠(protein folding)。

　　蛋白质的折叠问题就是通过蛋白质的氨基酸序列来预测蛋白质的空间结构,这个方法也叫从头预测方法。研究表明,蛋白质折叠过程非常短暂,而且过程极为复杂,是一个既涉及热力学控制又涉及动力学控制的过程。热力学控制指的是:自然结构仅由最后的自然条件确定而不是由初始的变性条件确定,即折叠与路径无关。在单纯的热力学控制下,蛋白质折叠需要很长的时间。动力学控制指的是：折叠是在具有生物学时间尺度内快速完成的。这是由于折叠是与路径有关的，最后的结构也许是不同的并依赖于折叠开始时的变性条件，因此，蛋白质也许仅仅只达到一些相应局域极小的状态[18]。总的来说，蛋白质的折叠是遵循"热力学假说"的，从能量高的状态向能量低的状态转变，但在这个过程中会受到动力学的控制。热力学控制与动力学控制在蛋白质多肽链的折叠反应中是统一的，尽管不同的蛋白质在其折叠过程中所体现出来的二者所起作用的大小可能有所不同。对一些小分子单结构域的蛋白质来说，折叠过程比较简单，在热力学控制下较易完成；而一些结构较复杂的蛋白质特别是一些在折叠时需要二硫键重排，肽酰脯氨酰顺反异构化的蛋白质，在折叠过程中从总体上是受热力学控制，但折叠途径更受动力学控制。

尽管目前对蛋白质折叠的机制缺乏深刻的理解，但是蛋白质折叠还是有一些普遍的特点。大量的研究表明，蛋白质折叠形成的原因主要有三个：疏水作用、二级结构的形成和一些特殊的作用力，如二硫键等。其中，二级结构的形成起着决定蛋白质折叠途径的作用。肽链中近程肽段的折叠是一些二级结构型成的过程。近程肽段的相互作用形成折叠的核心和基础，它在肽链卷曲中的作用就像结晶时的晶核。另有研究表明[19]，蛋白质折叠形成过程主要有三种机理：第一，无规则的有机链经过一个简单的反应，折叠为天然状态；第二，蛋白质从一端开始逐渐卷曲，经过一系列连续的中间过程，最后形成折叠；第三，蛋白质折叠时，先在链内形成一个有机结构的核心，再在此核心上折叠形成其余部分，进而形成一个完整的折叠。

研究蛋白质折叠的过程，就是研究蛋白质一级结构中的氨基酸序列是如何折叠成空间结构的，可以说是破译"第二遗传密码"——折叠密码（folding code）的过程，是分子生物学研究中尚未揭示的奥秘之一。现有研究表明，蛋白质的种类虽然成千上万，但它们的折叠类型却只有有限的 650 种左右。我国科学家在分子伴侣和折叠酶方面形成了有特色的研究成果，也已经赢得了国际同行的认可。蛋白质折叠问题的研究，比较狭义的定义就是研究蛋白质特定空间结构型成的规律、稳定性和与其生物活性的关系。这个问题的解决，将使人们更好地了解生物体中各种蛋白质的作用机理，理解蛋白质结构与功能的关系，而且可以在此基础上进行蛋白质的构型复原、突变体设计等研究，并帮助人们创造具有新型生物功能的蛋白质。

1.3　蛋白质相互作用

蛋白质相互作用在生命体中起着非常重要的作用，它是细胞功能实现的基础，几乎所有的细胞活动都离不开蛋白质相互作用，如生命的代谢过程、基因的转录激活、信号转导、DNA 合成、病毒感染、细胞周期调控等。蛋白质并不是永久地结合在一起来产生相互作用的，有些蛋白质只是经过短暂的接触来产生相互作用，尽管持续时间不长，但它仍然能调控细胞活动。细胞的增殖、分化、直到死亡，都离不开蛋白质之间的相互作用。

蛋白质是生物体赖以生存的物质，同时蛋白质也是生物体细胞生命活动的重要参与者，大部分的蛋白质分子都需要通过与其他的分子共同作用来参与到细胞的生命活动中，除了少数蛋白质单体即可发挥相应的生物功效以外。蛋白质分子相互作用指的是蛋白质高分子化合物与其他各类型分子化合物的相互作用,其他类型分子化合物主要包括 DNA 和 RNA 等。

蛋白质-蛋白质相互作用(protein-protein interactions,PPIs)属于统一结构复合体或分子间的物理接触或者功能关联,是指蛋白质与蛋白质共同参与同一代谢途径或生物学过程。PPIs 是两个或多个蛋白质分子之间建立的高特异性的物理接触,是通过疏水作用(hydrophobic effect)或是静电作用(electrostatic forces)产生的一种生物化学现象,大部分发生在处于特定生物化学环境下的细胞或是活生物体内。如图 1.2 所示,是抗溶血酶抗体 HYHEL-63 与 HENEGG 白色溶菌酶(1DQJ)的相互作用区域以及最后形成的蛋白质复合物的示意图。其中球体是链中热点。

蛋白质相互作用包括物理相互作用和遗传相互作用两类。物理相互作用是指因存在相互吸引的作用力或是结构上的互补而使两个或多个蛋白质物理上相互绑定在一起,从而形成蛋白质复合物,从整体上发挥特定的功能,如蛋白质修饰和蛋白质剪切等。遗传相互作用是指因一个基因的突变而导致另一个基因行为的改变,这种相互作用在蛋白质间没有物理上的接触,其表现的是蛋白质功能之间的联系,如酶促反应中两个酶之间可以通过化学反应来间接发生相互作用[20]。

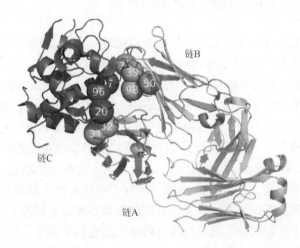

图 1.2 抗溶血酶抗体 HYHEL-63 与 HENEGG 白色溶菌酶复合物

蛋白质相互作用相关研究,主要体现在以下几个方面。

(1)陆续建立了蛋白质相互作用数据库。目前 PDB[21]、SKEMPI[22]、BID[23]、DIP[24]、MIPS[25]等高质量数据库,均记录了蛋白质相互作用的数据。虽然这些相互作用数据格式不尽相同,数据集的数量只占已有原始文献的小部分,但是其中包含了多种生物模式,同时经过实验验证和专家解读,这些数据对于进一步研究蛋白质相互作用有着至关重要的作用。

(2)蛋白质相互作用预测。主要涉及蛋白质是否进行了相互作用,预测蛋白质相互作用的性质，评估蛋白质相互作用带来的影响，以及探究蛋白质相互作用预测中使用到的技术。

（3）蛋白质相互作用网络。可以将蛋白质相互作用网络形象地描述为一种复杂交错的空间立体图，图中节点代表蛋白质复合物，线条代表有相互作用的蛋白质。通过蛋白质相互作用数据，利用复杂网络或小世界网络等方法来获得相互作用网络，进而预测出其中的功能模块[26]。

（4）蛋白质相互作用界面上热点残基与热区的预测。蛋白质相互作用界面上，通过生物实验了解到热点残基的重要性后，研究者通过生物实验、机器学习、序列挖掘等方式预测界面上的热点残基，并在热点的基础上进一步研究热区的构成，并可以通过聚类、统计分析等方法来研究热区的位置。

蛋白质通过相互作用不仅能调控其他基因的表达，还能产生新的结合位点，从而改变自身对底物的特异性。总之细胞的正常生命活动都离不开蛋白质之间的相互作用[27]。蛋白质相互作用的研究对疾病的临床诊断和治疗也有着重要的意义。疾病在表现出症状之前，体内的蛋白质就已经产生了相应的变化，从而也会引起相互作用、生物信号传递等方面的变化。通过研究蛋白质相互作用网络，可以帮助人们了解生命活动的分子机制，有利于疾病的诊断和病理的研究，也有助于新药的开发。

1.3.1　蛋白质-蛋白质相互作用结合面的性质

蛋白质大部分都通过表面区域与另一个蛋白质发生作用，即功能位点通常位于蛋白质的表面区域。如果蛋白质单链残基的相对可及表面积（relative accessible surface area，RASA）与该蛋白质的最大可及表面积（maximal surface area，MASA）之比大于 0.16，则称这种类型的残基为表面残基（surface residue），否则定义为非表面残基[28]。

蛋白质相互作用的结合面上的界面残基（interface residue）包括两条蛋白质单链上的相互作用位点残基连同空间上距离接近的一些孤立蛋白质残基。若在复合物形成的过程中，其溶剂可及表面积（accessible surface area，ASA）的减少量超过 1Å^2，则该表面残基即为界面残基；否则，定义为非界面残基[11]。为了更深入地了解蛋白质相互作用，首先需要对蛋白质结合面的界面残基，以及与它们的相邻残基进行研究。

蛋白质相互作用结合面的主要结构理化属性大致有以下几个。

1. 结合面形状和大小

对于蛋白质相互作用结合面的大小的测量，一般有两种方式：一种是可以由绝对尺寸简单地测量；另一种是通过测量蛋白质从单体聚合成复合物时，ASA 的变化值大小来表示。后者的测量结果更为精确。这里之所以可以用溶剂的 ASA 来衡量相互作用结合面的大小，是因为蛋白质在从极性到疏水性的一系列转化过程中，其 ASA 与疏水自由能之间是存在着一定关联性的。

2. 结合面的互补性

两个蛋白质分子在相互结合的时候，它们之间的相互作用界面结构要非常契合，这种关系称之为锁钥关系，就犹如锁和钥匙一样吻合。在这种学说中，把蛋白质分子看作刚性的结构，这种说法与蛋白质分子间的形状互补性是吻合的。但是该学说把蛋白质的结构看成固定不变的观点过于理想化，在实际应用中是不可能的。因此，有的学者认为，蛋白质的结合面是具有一定灵活性的。当两个蛋白质分子相互作用时，可互相引导对方的结构发生有利于结合的相应变化，从而紧密地结合在一起。

3. 疏水相互作用

疏水相互作用是指由于极性基团的静电力和氢键力基团更容易聚集在一起而排斥疏水基团，使得疏水基团相互聚集产生能量和熵效应。在蛋白质分子之间的相互作用中，疏水相互作用起着关键的作用。这里极性基团是指正负电荷中心不重合的基团；疏水基团是对水无亲和力，不溶于水或溶解度极小的基团；亲水基团是溶于水，或容易与水亲和的原子团。

4. 结合面残基倾向性

在蛋白质相互作用中，蛋白质相互作用结合面上的蛋白质残基比蛋白质表面其他地方的残基起到更重要的作用。一些研究表明，关于残基疏水特性，同源寡聚物结合面上比异源寡聚物结合面上更强。在异源寡聚物中，蛋白质通过极性残基的高倾向性来平衡疏水残基的低倾向性。结合面残基的另一个特征是，带电残基出现在蛋白质非结合面上的频率更高。

5. 结合面残基保守倾向性

在蛋白质功能的进化的过程中，生物的遗传能导致生物的适应性改变。在一个蛋白质家族的进化过程中，稳定的蛋白质残基通常表现出更强烈的保守倾向性。Elcock和 McCammon[29]研究表明，与蛋白质表面上的其他残基相比，相互作用结合面上的残基具有更强的保守倾向性。进一步的研究还发现，相比较边缘残基，结合面的中心残基要更保守。

综上所述，在蛋白质相互作用结合面残基的众多属性中，不可能由单一的特征就可以从表面残基中判定出界面残基。但是，这些结构理化属性，如疏水性、ASA 和保守倾向性等在结合面和表面上也的确具有不同的倾向性。因此，这些属性在一定程度上可以有效地帮助预测蛋白质相互作用。

1.3.2 药物-靶点蛋白相互作用

从药理学上来看，药物指用于预防、治疗、诊断疾病或增强体格或改善精神状态的化学物质。药物是一类化合物分子，化合物是由两种以上的元素以固定的质量比通过化学键结合到一起的化学物质，如柳氮磺胺吡啶（salazosulfapyridine）。图 1.3（a）是该药物化合物的键线式，（b）是该药物化合物在 Pymol 中的动画显示。

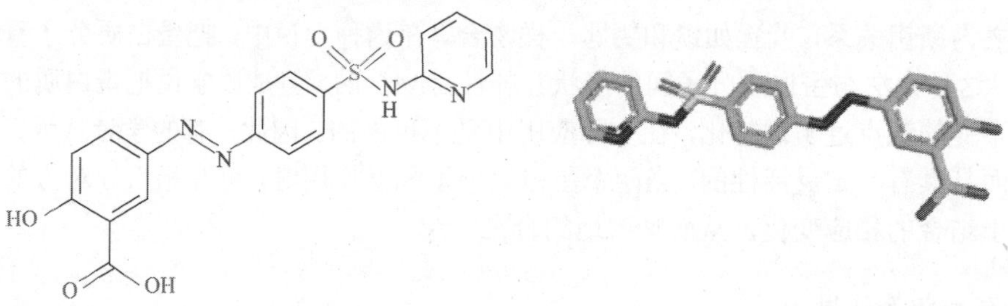

(a) 键线式　　　　　　　　　　　(b) 在Pymol中的动画显示

图 1.3　柳氮磺胺吡啶结构显示

靶点又叫作生物学靶点（biological target），是指位于生物体内，能够被其他物质（配体、药物等）识别或结合的结构。常见的药物靶点包括蛋白质、核酸和离子通道等，其中蛋白质类靶点主要分为酶、离子通道、G 蛋白偶联受体及核受体等。药物-靶点蛋白相互作用是指药物作用于靶点蛋白质，通过与靶点蛋白发生相互作用，进而达到药物的表型效应。具体来讲，是通过将化学空间（如药物化学结构）和基因组空间（如靶点蛋白质序列）整合到一个统一的"药理空间"来推断存在更多（未知的）药物-靶点蛋白相互作用。

1.4　蛋白质数据库

随着生物科学和计算机科学的发展，可用的生物数据量正在呈指数的速度增长，数据的暴增会带来两个问题：第一是如何有效地存储和管理生物数据；第二是如何从这些数据中提取有用的信息。针对第一个问题，国内外的很多机构都组建了相应的数据库进行信息的有效存储和管理。本书使用的数据集包括蛋白质的结构信息、相互作用结合面信息和热点信息等，因此，需要从多个数据库中进行抽取和整合。本书涉及的数据库主要包括Uniport 数据库[30]、PDB 数据库、DIP 数据库[31]、ASEdb 数据库[32]、SKEMPI 数据库[22]、BID 数据库[23]、DrugBank 数据库[33]和 KEGG 数据库[34]等。

1. Uniport 数据库

UniPort（universal protein）数据库全称蛋白质通用数据库，是目前最大的生物学数据库之一，和 DIP 数据库一样，Uniport 数据库也是一个可以被自由访问的数据库，包含大量的蛋白质序列及其功能信息。其收录的蛋白质数据不仅广泛、准确，而且功能注释丰富、全面。该数据库免费为研究者提供大量的有关蛋白质序列及其相关功能的资源，其信息丰富，收录的蛋白质序列目录全面。

Uniport 数据库由 Swiss-Prot、TrEMBL 和 PIR-PSD 三大数据库的数据合并而成，其中许多的条目都来源于基因组测序项目。Uniport 数据库主要由 Uniport Knowledgebase（UniportKB），Uniport Archive（UniParc）和 Uniport Reference Clusters（UniRef）三部分构成。UniportKB 是蛋白质功能信息数据集合的中心枢纽，具有准确、一致且丰富的注释，主要是氨基酸序列、蛋白质名称或描述、分类数据和引文信息；UniParc 是一个综合性的非冗余数据库，包含了世界上大多数公开可用的蛋白质序列；UniRef 将来自 UniportKB 和部分 UniParc 中的数据按照其对应的蛋白质序列进行聚类，隐藏了冗余序列且完整地、没有遗漏地收录了所有数据。

2. PDB 数据库

PDB（protein data bank）数据库是生物大分子结构数据库，主要是蛋白质晶体结构资料信息。包括通过核磁共振和 X 射线晶体衍射等方法获得的生物大分子（蛋白质、DNA 和 RNA）的 3D 结构数据，以及糖类、核酸、蛋白质与核酸复合物的 3D 结构。PDB 数据库存储的文件类型是 PDB 文件，每一个蛋白质或核酸都对应一个 PDB ID，PDB 文件中包含一级结构、二级结构、原子的空间坐标、参与生化功能的残基、结构表达和参考文献等大量信息，其数据结构如图 1.4 所示。PDB 数据库是当今世界领先的实验数据资源，对生物科学的研究至关重要。

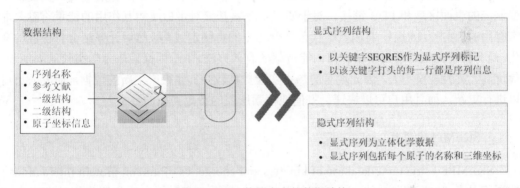

图 1.4　PDB 数据库中的数据结构

3. DIP 数据库

DIP（database of interacting proteins）数据库全称蛋白质相互作用数据库，收录了大量经过生物学实验验证过的蛋白质之间的相互作用信息，并以单一且规范的蛋白质对数据集的形式存储，是从事现代生物研究的科研人员研究蛋白质反应机制的主要工具之一。DIP 数据库使用方便，可以通过生物物种、基因名称等进行查询，查询结果包括蛋白质的 Domain 域、指纹、可能产生的相互作用，以及支持该相互作用的实验数量等，而且对每一个相互作用都提供了详细的文献和实验方法。这些数据由专业人员进行人工管理，并无偿对外共享。

DIP 数据库中的标准数据集分为 4 类，具体如图 1.5 所示。包括：达到基因组规模的高通量数据集 HiTHR、包含所有物种的完整数据集 FULL、按物种划分的数据集 SPECIES 和包含 DIP 数据库中所有蛋白质序列信息的 FASTA 数据集。其中，按物种划分的数据集 SPECIES 对每个物种均提供了完整和核心两个版本的数据，后者数据质量更高，数据量更小。这些数据集主要以三种格式存储在 DIP 数据库中：PSI-MI、MITAB2.5 和传统的 XIN 格式。

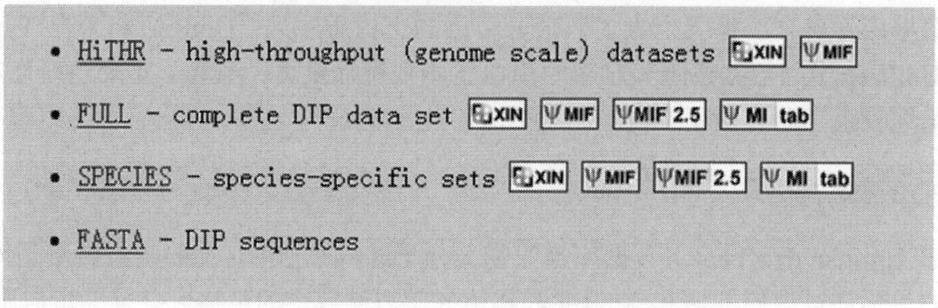

图 1.5　DIP 数据库中的 4 类标准数据集

4. ASEdb 数据库

ASEdb（alanine scanning energetics database）数据库是丙氨酸热力学扫描数据库，用于蛋白质-蛋白质、蛋白质-核酸和蛋白质-小分子相互作用中单个丙氨酸突变，其提供突变侧链的表面区域和 PDB 链接，对于研究单个氨基酸对蛋白质相互作用的能量贡献是非常有用的。实验过程中，将丙氨酸代替结合面中的待测定残基，然后计算结合自由能的变化，是一种研究氨基酸残基结合自由能贡献的有效方法。由于丙氨酸热力学实验的周期长、代价高、实验规模不大，因此现有的热点实验数据较少。如果产生新的数据，研究人员可以进行更新，而且用户可以快速、方便地检索所需的特定类型的数据。

5. SKEMPI 数据库

SKEMPI（structural database of kinetics and energetics of mutant protein interactions）数据库是在 2012 年发布的一个较新的数据库，包括突变时蛋白质相互作用的动力学速率常数和热力学参数的变化。对于蛋白质相互作用，复合物的结构已经得到解决，并且可以在蛋白质 PDB 数据库中获得。由于实验环境的影响，该数据库里同一位点的突变可能存在多个不同的结合自由能数据。因此，获取该数据库的数据后，需要进行相应的预处理。

6. BID 数据库

BID（binding interface database）数据库的丙氨酸突变数据标记为 4 种状态："强"，"中"，"弱"和"独立"。在该数据库的研究中，"强"标记的丙氨酸突变数据被认为是热点残基，而其他残基被认为是非热点。该数据库中收集的数据包括 18 个蛋白质复合物的 127 个丙氨酸突变数据，其中包括 39 个热点残基和 88 个非热点残基。BID 数据库是用来记录大量的蛋白质界面信息的数据库，它包含了详细的蛋白质说明、界面描述、结合信息及每个氨基酸对结合自由能的贡献程度,这些信息主要是来自包含氨基酸突变扫描和位点定向突变等实验的文献中。相当一部分相关文献使用的测试数据集都是来自 BID 数据库，根据数据库记录的每个氨基酸对结合自由能的贡献程度来判断这个氨基酸是否为热点残基，从而用来验证预测模型。

7. DrugBank 数据库

DrugBank 数据库是一个整合了生物信息学和化学信息学资源的数据库，它提供详细的药物数据与药物靶标信息及其机制的全面分子信息，包括药物化学、药理学、药代动力学、ADME 及其相互作用信息。目前 DrugBank5.0 包含了 10971 种药物和 4900 种蛋白靶标的信息。这些药物包括 2391 种食品药品监督管理局（food and drug administration, FDA）批准的小分子药物、934 种批准的生物技术药物、109 种营养药物和 5090 多种实验药物。该数据库允许网络版查询和下载。数据库将药物分子（包括生物技术药物）的结构和药理数据与其药物靶点的蛋白序列、结构和作用模式相结合，同时整合了药物的化学结构、药理作用、作用蛋白靶点、作用的生理通路、药物间相互作用等信息并可以通过链接 PDB 数据库和 KEGG 数据库来分析药物的详细信息。DrugBank 提供了详细的搜索界面，支持小分子相似性检索靶点，根据靶点序列搜索药物小分子，同时还有药物所属的药品分类信息。目前该数据库已被广泛应用于计算机检索药物、药物对接或筛选、药物代谢预测、药物靶点预测和一般制药教育。

8. KEGG

KEGG（kyoto encyclopedia of genes and genomes）数据库是一个整合了基因组、化学和系统功能信息的数据库。把从已经完整测序的基因组中得到的基因目录与更高级别的细胞、物种和生态系统水平的系统功能关联起来是 KEGG 数据库的特色之一。KEGG 是人工创建的一个知识库，这个知识库是基于使用一种可计算的形式捕捉和组织实验得到的知识而形成的系统功能知识库，是一个生物系统的计算机模拟。与其他数据库相比，KEGG 的一个显著特点就是具有强大的图形功能，它利用图形而不是繁缛的文字来介绍众多的代谢途径以及各途径之间的关系，这样可以使研究者能够对其所要研究的代谢途径有一个全面直观的了解。KEGG 中的各个数据库中包含了大量的有用信息：基因组信息存储在 GENES 数据库里，包括完整和部分测序的基因组序列；更高级的功能信息存储在 PATHWAY 数据库里，包括图解的细胞生化过程如代谢、膜转运、信号传递、细胞周期，还包括同系保守的子通路等信息；KEGG 的另一个数据库 LIGAND，包含关于化学物质、酶分子、酶反应等信息。通过与世界上其他一些大型生物信息学数据库的链接，KEGG 可以为研究者提供更为丰富的生物学信息（LinkDB）。KEGG 还提供了 Java 的图形工具来访问基因组图谱，比较基因组图谱和操作表达图谱，以及其他序列比较、图形比较和通路计算的工具，这些工具可以免费获取。

1.5　生物实验方法

1.5.1　丙氨酸扫描突变实验

丙氨酸扫描突变实验[32]是研究氨基酸残基结合自由能贡献的一种非常直接的方法，

主要原理是把某个残基突变成丙氨酸,观察前后能量改变对蛋白功能的影响。实验过程是用丙氨酸替换蛋白质结合面中的待测定残基,然后测量蛋白质复合物在替换前后结合自由能的变化。置换成丙氨酸的原因是丙氨酸对二级结构的稳定性贡献更大,因此在二级结构中出现的概率更高。

用丙氨酸替换带电荷氨基酸残基,是因为丙氨酸本身的侧链基团不会与其他的侧链发生相互作用,不改变蛋白质主链的构象,这在最大程度上保证了测量的结合自由能的变化仅仅是由于丙氨酸突变产生的,保证了测量的结合自由能能最大程度地代表这个结合位点对蛋白质相互作用所做的贡献。

丙氨酸扫描突变是改变蛋白质表面残基而不改变蛋白质空间结构的一种方法。该方法最初是用于发现与其他蛋白质或小配基相互作用的蛋白质表面残基。蛋白质中典型的带电荷残基有精氨酸残基、天冬氨酸残基、谷氨酸残基等。这些残基的带电荷侧链通常在蛋白质表面,暴露于溶剂中,它们同底物、抑制剂或其他配基(包括蛋白质)相互作用。通过定点突变可消除蛋白质上的某些侧链,即用丙氨酸代替蛋白质表面的带电荷残基。这通常不影响蛋白质核心区的构象,但是关键部位的极性基团或带电基团的替换(包括在蛋白质表面的残基),将可能导致蛋白质功能的严重损害,从而确定特定功能所需的关键基团。

带电荷氨基酸的丙氨酸扫描突变产生一套可通过功能丧失进行分析的有规则的突变蛋白群,避免了一个大的随机突变体文库建立、测序和对其性质了解的过程。即使这样,由广泛的丙氨酸扫描产生的突变体的数量很大,为减少工作量,可将带电荷氨基酸收集入任意簇中,每簇含有精氨酸残基、赖氨酸残基、天冬氨酸残基、谷氨酸残基和组氨酸残基,而在这5种残基中,其一级序列彼此相互成簇。在这些簇中,每簇的带电荷氨基酸由寡核苷酸定点突变方法同时变为丙氨酸残基。这种策略共产生64个突变(12个单突变,35个双突变,12个3突变,5个4突变),然后对它们进行表达及分析。应当注意在丙氨酸扫描中包含组氨酸残基的替换结果是不可靠的。由丙氨酸替换组氨酸可能使突变体蛋白质不稳定或其他不可预料的结构改变。

丙氨酸扫描不适用于内部不稳定的蛋白质及分子较大的蛋白质,该法的测量能力依赖于其覆盖范围的广度。然而,对中等大小蛋白质的表面上带电荷残基或带电荷簇的全面详细的研究,工作量也较大,需要建立许多突变体,并进行表达和分析。在对较小的蛋白质或对单个结构域的功能残基研究或蛋白质亚结构的详细图谱研究,推断不同侧链在已知结构蛋白质中的稳定性和独特区域折叠中的作用研究等方面,丙氨酸扫描则是一个可选择的方法。

1.5.2　洗脱实验

洗脱实验也是一种常用的研究蛋白质-蛋白质之间相互作用的实验方法,实验室过程如下。首先准备6个标签连接到蛋白质 A 上,这种标签可以绑定到二价的镍(Ni^{2+}),蛋白质 B 不需要标签处理,如图1.6蛋白质 A 上面的标签所示;然后依次把蛋白质 A 和蛋白质 B 分别倒入装有二价镍的小珠子的试管中,这种小珠子会紧紧地黏在实验柱子上,如图1.7所示。这种二价的镍的小珠子能够与蛋白质 A 上的标签绑定从而固定住蛋白质 A。

依次用无菌水冲刷和含有咪唑的溶液洗脱，由于咪唑能够与二价的镍更强地结合，从而断开镍与标签的结合。在洗脱之后，观察冲刷下来的蛋白质的顺序，可以判断蛋白质 A 和蛋白质 B 是否有相互作用。倒入试管的时候，蛋白质 A 与带有二价的镍的小珠子结合。如果蛋白质 A 和蛋白质 B 有物理上的相互作用，那么蛋白质 B 会绑定住蛋白质 A，此时冲刷，由于蛋白质 B 绑在蛋白质 A 上，蛋白质 A 绑在小珠子上，小珠子黏在实验柱上，所以都不会被冲刷下来。然后倒入含有咪唑的溶液洗脱的时候，由于咪唑能够与二价的镍更强的结合，从而断开镍与标签的结合，这时蛋白质 A 和蛋白质 B 会一起被冲刷下来。反之，如果蛋白质 A 和蛋白质 B 没有物理上的相互作用，蛋白质 B 就无法结合到蛋白质 A 上，那么第一次冲刷下来的就是蛋白质 B，第二次洗脱下来的就是蛋白质 A。

　　洗脱实验只能判定蛋白质 A 和蛋白质 B 有没有物理的相互作用，如果要判断蛋白质上某一个具体的蛋白质残基是否有相互作用，就需要结合前面的丙氨酸突变实验，再把某个特定的蛋白质残基突变之前和之后分别做一遍洗脱实验，综合这两个实验的结果来判定某一个具体的蛋白质残基在蛋白质相互作用中是否是结合位点。

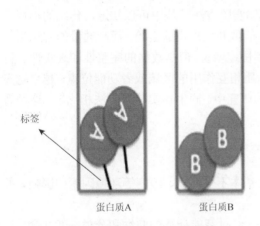

图 1.6　蛋白质 A 上面的标签

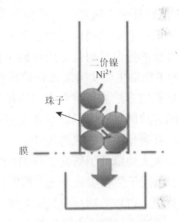

图 1.7　洗脱实验试管

1.5.3　高通量实验方法

　　随着科学技术的发展，蛋白质相互作用的研究进入了高速发展的阶段，高通量技术的发展能够高效地鉴定出更多的蛋白质及其之间的相互关系。蛋白质相互作用的高通量研究在近些年得到快速发展，越来越多的酵母双杂交筛选技术用于大规模的蛋白质研究领域。主要的方法大致有以下几种。

　　阵列法[35]（array approach）是首先将两类蛋白进行配对，一类是来自酵母单倍体菌株的表达诱导蛋白（bait protein），另一类来自不同靶蛋白（target protein）的单倍体菌株的阵列；接着在瑕疵性培养基上进行二倍体菌株选择；最终能够在该培养基上生长的阳性酵母二倍体细胞就是发生了蛋白质相互作用的。

　　文库法[36]（library approach）是以目标文库为基础的，目标文库可以是 cDNA 片段文库，可以是随机基因组片段文库或者是全长 cDNA 文库。然后用相对较少的已知或者未知表达诱导蛋白的酵母单倍体菌株与目标文库配对。最后对在选择培养基上面选择的阳性酵母二倍体细胞进行扩展和测序，以此方法鉴定发生相互作用的目标蛋白质。

蛋白质芯片[37]（protein chip）是基因芯片技术的延伸，是一种自动化的蛋白质功能分析方法。用特定的检测系统分析通过待测靶蛋白质与其反应得到样品中的靶蛋白质，即可得到蛋白质相互作用的信息。现在，蛋白质芯片技术除了用于蛋白质相互作用研究外，还广泛应用于生物制药、生物医疗和食品卫生等方面。

总的来说，这些高通量的方法在研究蛋白质相互作用中发挥着极大的作用。借助高通量的高效性，这些年蛋白质相互作用相关数据呈现指数级别递增，但是这些数据中含有许多的假阳性和假阴性噪声，数据的完整性和真实性程度一直备受争议。

1.6 智能计算方法

1.5 节已介绍了研究蛋白质相互关系的生物实验方法，从中可以知道，传统的小规模实验方法虽然准确度高但是由于效率低，不可能展开大规模的实验。而高通量的方法则可以让所得到的蛋白质相互作用数据呈指数级别快速增长，但是数据的完整性和真实性有待改善。为了辅助生物实验高效快速地锁定蛋白质相互作用的区域或者功能位点，越来越多的智能计算的方法被运用到蛋白质相互作用的研究中。同生物实验的方法相比较，这种智能计算的方法的优点包括以下 4 个主要方面。

（1）显著地缩短研究的周期。

（2）大大地降低了研究工作的成本。

（3）不同于生物实验方法，智能计算方法基本不受温度、湿度等环境因素的影响，并且在计算机上可以多次反复地进行实验。

（4）通过计算机采集的大规模的实验数据，经过智能计算的归纳和分类，可以建立在线数据库供相关领域的研究者共同使用，这种分析处理蛋白质数据的能力和效率是生物实验方法所不具备的。

在过去的几年时间里，从事生物信息学研究的人员以智能计算为基础，开发了众多研究方法。这些方法基于不同的属性预测蛋白质之间的相互作用，这些不同的属性包括结构特征、进化倾向性、蛋白质序列、基因组位点等。这些方法主要有[38]：基于基因信息、基于蛋白质结构信息、基于氨基酸序列信息。

1.6.1 基于基因信息的方法

这类方法利用高通量测序得到的全基因组信息。完全测序的基因组提供了基因的序列信息和组织信息。通过多序列比对可以找到在进化过程中相对保守的序列模块，通过序列模块特征预测蛋白质-蛋白质相互作用。基于基因信息方法的局限性在于，预测的准确性依赖于高通量测序的基因组数量，并且得到的具有相互作用的蛋白质是功能上相关的，而仅凭基因信息是无法判断这些蛋白质之间是否存在物理上的直接接触。

基于基因信息的方法有多种，这里主要介绍以下几种：基因邻接（gene neighborhood）方法、基因融合（gene fusion event）方法、系统发育谱方法（phylogenetic profile）、密码子用法相似性方法（codon usage similarity）。

1. 基因邻接方法[39]

基因邻接方法是通过研究相邻基因在不同物种中的进化保守性来判断蛋白质间的相互作用。这种基因之间的邻接关系在不同物种中的进化过程中具有较强的保守倾向性，能够在一定程度上反映基因与蛋白质功能之间的联系。因此，蛋白质相互作用的预测可以通过不同生物基因组中的相邻基因在进化中的保守性来进行。

2. 基因融合方法[40]

基因融合方法认为，在物种进化的过程中，如果发生了基因融合事件，那么这两个蛋白质具有相互作用。这里的基因融合事件指的是在一个物种中独立编码的两个或多个功能相关的蛋白质，在另一个物种中融合成一个蛋白质而发挥功能。

3. 系统发育谱方法[41]

功能类似的基因，在全基因组中可能会同时存在或者缺失，这种称为系统发育谱。如果两个从序列特征上不是同源的基因，但其系统发育谱却是一致或者相似的，那么很可能它们会同时出现共同完成某些特定的生物功能，据此推断它们很可能存在相互关系。

4. 密码子用法相似性方法[42]

密码子用法相似性方法是结合密码子出现频率和贝叶斯网络来预测蛋白质相互作用。研究表明有直接物理接触的蛋白质，即使不是同源基因，它们的密码子用法在功能上也是相关的，这些先前没有注意到的密码子其实包含了大量的信息，这些信息可以在判定蛋白质相互作用上发挥重要作用。

1.6.2　基于蛋白质结构信息的方法

基于蛋白质结构特征的预测方法可以从原子水平来判断蛋白质分子之间的相互作用。与那些仅利用序列信息的预测方法相比，基于蛋白质结构特征的预测方法要更加准确。但是由于已知结构的蛋白质数量远远少于已知序列的蛋白质数量，结构数据的缺乏给利用蛋白质结构的预测方法带来了局限性。然而，随着蛋白质领域研究的不断深入，蛋白质结构数据量也会日益增加，这种基于蛋白质结构特征的预测方法也会应用得越来越普遍。

1. 基于同源建模的方法

基于同源建模的方法利用同源结构蛋白质来预测蛋白质相互作用，认为蛋白质同源家族中的成员若有相似的结构，则它们就发生相互作用。Aloy 等[43]利用已知三维结构的蛋白质复合物和同源家族成员,结合势能计算这些同源家族成员在相互作用界面位点的保守倾向性,然后利用保守倾向性预测蛋白质相互作用。

2. 基于穿线的方法

如果蛋白质已知同源结构,那么同源建模的方法可行,但是已知的同源结构的蛋白质毕竟是少数。对于大多数其他蛋白质,研究人员利用穿线的方法来取得这些序列上相关甚至完全不相关区域的信息。Lu 等[44-45]提出了一种基于穿线的方法预测蛋白质相互作用。首先,对所蛋白质的单链使用传统的穿线方法建模,形成潜在模板结构。然后,研究这些模板是不是已知结构蛋白质中的一部分,如果是,就对该蛋白质的两条链都利用穿线方法再次建模。

3. 基于机器学习的方法

Hue 等[46]以蛋白质结构为基础,结合机器学习和智能计算方法预测蛋白质相互作用。这类方法通过度量结构相似性将蛋白质三维结构特征转化为机器学习中的特征向量。研究者分别比较了使用支持向量机(support vector machine,SVM)方法、K 近邻方法和使用序列相似性编码的机器学习方法对蛋白质相互作用进行预测。实验结果表明,在基于序列和基于结构的方法的比较中,准确率高的是基于结构的方法,而在基于结构的方法中,与K 近邻方法相比,SVM 的预测准确率更高。

SVM 由 Gortes 和 Vapnik[47]提出,其特点是具有较强的泛化能力。SVM 是基于结构风险最小化理论,寻找最优界面来实现最小泛化误差而不是经验误差,因此 SVM 能较好解决高维数、非线性局部最小等问题,并且能从根本上解决传统机器学习算法过拟合现象,已被成功用于众多模式识别领域中,包括语音识别、蛋白质空间结构探索与功能预测等[48-49]。SVM 用于解决线性问题的中心思想是找到一个最佳分类超平面,最大化两类样本的分类间隔。对于非线性问题的解决方法,首先是通过非线性映射 ϕ,将样本映射到某个高维特征空间,然后利用线性方法解决。为了实现映射,SVM 引入核函数:$K(x,x_i) = \phi(x)\phi(x_i)$ 来实现高维映射。通过引入核函数,可有效避免维数过高影响分类器性能。

Bock 和 Gough[50]基于蛋白质相互作用数据库 DIP,训练蛋白质相互作用的预测模型。在特征选择方面,该模型仅仅依赖蛋白质的结构理化属性,其中理化属性包括电荷(charge)、疏水性(hydrophobicity)、残基的表面张力(surface tension)等。在训练方法方面,该模型使用 SVM 构建分类器。最后该模型使用十则交叉验证获得了 80%正确率。这类方法的局限性是,仅用少数几个属性显然不能完全代表各种氨基酸对相互作用发生的影响。

1.6.3　基于氨基酸序列信息的方法

基于蛋白质序列的预测方法越来越得到研究人员的广泛关注[51]。研究人员普遍认为,蛋白质的功能和结构信息是由蛋白质序列决定的,也就是说氨基酸序列包含了蛋白质的功能信息。氨基酸序列中包含了某些特殊功能的蛋白质相互作用信息,因此可以利用蛋白质序列特征来预测蛋白质相互作用。基于氨基酸序列信息的方法具有广泛的适用性，而且氨基酸序列可以直接地通过高通量测序得到，并且蛋白质测序速度远远大于解析蛋白质结构的生物实验速度。近些年，研究人员已经提出了诸多基于蛋白质序列信息的预测方法。

Martin 等[52]将一种称之为信号积（signature product）的质谱核（spectrum kernel）方法用于蛋白质相互作用预测。信号积是氨基酸序列中子序列的数量积。Martin 的方法和 Bock 的方法都只是仅用到了实验数据和氨基酸序列，但与 Bock 的方法不同的是，信号积的质谱核方法不需要利用物理化学属性。

Ben-Hur 和 Noble[53]则提出了多核方法，例如将序列核（sequence kernel）、非序列核（non-sequence kernel）、组合核（combining kernel）和配对核（pairwise kernel）等用于预测蛋白质相互作用。这里的序列核包含 Pfam 核（Pfam kernel）、模体核（motif kernel）和谱核（spectrum kernel）。在这类方法中，多种不同类型的数据源被用作研究蛋白质相互作用。这些数据源包括序列信息、蛋白质局部属性特征和其他物种中的同源相互作用信息。实验显示，质谱核方法在某些指标下，比如 ROC 测度下要比模体核和 Pfam 核的预测效果好。

Shen 等[54]提出结合 S-核函数的 SVM 和蛋白质序列的三联体组合信息编码对蛋白质相互作用进行预测。这类方法首先将 20 种氨基酸分为 7 类，同时按照序列顺序编码，每次取 3 位从而得到 343 维的序列特征向量。分类的依据是根据氨基酸的理化属性包括侧链的偶极性和体积大小。在蛋白质相互作用数据集上可以达到 83.9%预测准确度。同时该方法在蛋白质相互作用单中心网络、多中心网络以及复杂网络上都有不错的预测效果。

Guo 等[55]提出基于氨基酸序列的自协方差编码方法预测蛋白质相互作用。该方法首先根据 20 种氨基酸的 7 种理化属性（电荷参数、亲水性、疏水性、极化率、残基大小、极性、ASA），通过自协方差方法对这些矢量化数据进行编码，然后利用基于径向核函数的 SVM 对蛋白质相互作用进行预测。

第 2 章 蛋白质三维结构预测分析

2.1 引 言

结构预测的方法大致可分为两大类[4]。第一类是假设蛋白质分子天然构象处于热力学最稳定、能量最低状态，考虑蛋白质分子中所有原子间的相互作用以及蛋白质分子与溶剂之间的相互作用，采用分子力学的能量极小化方法，计算出蛋白质分子的天然空间结构。第二类是找出数据库中已有的蛋白质的空间结构与其一级序列之间的联系，并总结出一定的规律，逐步从一级序列预测二级结构，再建立可能的三维模型，根据总结出的空间结构与其一级序列之间的规律，排除不合理的模型，再根据能量最低原理得到修正的结构，这也就是所谓"基于知识的预测方法"[56]。

利用第一类方法来研究蛋白质问题取得了很大的成绩，人们相继提出了许多简化模型。这些模型的求解最后都转化为了 NP 问题(non-deterministic Pilynomiad problem)的求解，因此，蛋白质折叠问题也就成为计算机理论科学中的核心问题。通过理论抽象，蛋白质被认为是由疏水性氨基酸（hydrophobic amino acid）和亲水性氨基酸（hydrophilic amino acid）组成。目前主要有两类模型，一类是国际上广泛认同的格点模型（lattice model），另一类是非格点模型（off-lattice model）。

Dill[57]提出的 HP 格点模型（HP lattice model）是最简单的格模型，因为它模拟了体积、疏水性和构象的灵活性，而蛋白质的其他性质都被忽略了。重要的是它是一种在格上表示的聚合物链，当两个疏水残基在链上不相邻而在格上相邻的时候，它们有稳定的相互作用。格模型的主要特征为：①单体（或残基）用一个统一的尺寸代表；②键长是统一的；③单体的位置被严格的限制在格位置上；④简化的能量函数[58]。然而即使是简化模型，找出蛋白质序列的最低能量构象仍然是 NP 困难的[59]，其求解时间呈指数增长，随着序列长度 n 的增大，求解变得十分困难。1993 年，Stillinger 等[60]提出 AB 非格点模型（AB off-lattice model），不同于格模型的是它的折叠角度。AB 非格点模型中，连接三个氨基酸残基的两个键之间的角度是可以任意变化的，即两两相邻的键是可以任意转动的，而且该模型同时考虑了链上不相邻单体之间的势能，以及相邻两键之间的势能。

上述模型比蛋白质折叠问题本身大大简化，利用这些模型计算出来的结果与实际蛋白质构型仍然具有较强的一致性[61]，因为模型比较简单，影响因素也比较少，对理解影响蛋白质结构预测和蛋白质折叠的原理非常有利。不过，由于蛋白质系统的复杂性，以及人们对蛋白质折叠机理尚不清楚，人们试图从蛋白质一级序列直接预测其空间结构时，仍遇到了种种困难。蛋白质结构预测目前存在的主要问题是：预测精度不够高，计算速度不够快，对蛋白质折叠模式认识不够清楚，预测模型与真实蛋白质还有一定的距离。随着计算机技术的发展，以及各领域学者的共同参与，相信这一难题终究将被攻克，人们将清楚各种生命现象的根源、各种疾病的发生机制，从而预测、控制它们，为人类创造更加美好的生活。

本章介绍多种优化算法对蛋白质空间折叠结构进行预测，通过遗传退火算法（genetic annealing algorithm，GAA）与局部微调遗传退火算法（local adjustment genetic annealing algorithm，LAGAA）对二维 AB 非格模型和三维 AB 非格模型进行蛋白质折叠结构预测的实验比较，验证 GAA 和 LAGAA 方法在蛋白质折叠结构预测中的有效性；将多种群粒子群算法（multi-swarm particle swarm optimization，MPSO）与自适应分工粒子群优化算法（adaptive division particle swarm optimization，ADPSO）用于人工和真实蛋白质序列进行折叠结构预测，不仅在一定程度上提高了效率和精度，而且提高了局部极值解的质量，增强了收敛性；通过优化获得的遗传禁忌算法（genetic algorithm based on tabu search，GATS）预测蛋白质三维折叠结构，保持了良好的全局搜索和并行处理能力。

2.2　蛋白质折叠结构优化模型

天然蛋白质与其所处的环境构成一个热力学系统，处于一定环境中的蛋白质的天然结构是整个系统最稳定时的结构，即系统能量最低时的结构，这个结构是唯一的。要在此假定的基础上预测蛋白质结构，首先应建立一个能区别蛋白质天然结构和其他结构的能量函数，然后在蛋白质的结构空间寻找能量函数的全局极小点。这一问题的数学模型可以表示为

$$\min f(x)，其中 x \in D \tag{2.1}$$

式中：$f(x)$ 为目标函数，通常采用经验势能函数或平均势能函数；D 为构象空间。

2.2.1　二维 AB 非格模型

Stillinger[60]等于 1993 年提出的 AB 非格模型，该模型同时考虑了疏水性和亲水性。其中，连接三个氨基酸残基的两个键之间的角度是可以任意变化的。它将 20 种氨基酸根据亲水性和疏水性分为两类，用 A 和 B 表示，即蛋白质序列简化为由 A、B 两个字符组成的序列。在二维平面上用单位长度的键把蛋白质序列连成一个非定向的线性链，任何一个由 n 个氨基酸组成的蛋白质序列，对应 $n-2$ 个角度 $\theta_2,\cdots,\theta_{n-1}$，如图 2.1 所示。规定 θ_i 的

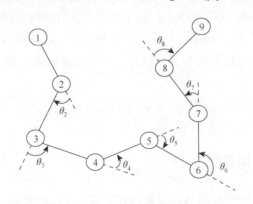

图 2.1　蛋白质序列在二维空间中的折叠表示

范围为：$-\pi \le \theta_i < \pi$ $(i = 2, \cdots, n-1)$。当 $\theta_i = 0$ 时，相邻的三个残基在同一直线上，相应的两个键夹角为 π，当 θ_i 为正角时表示逆向旋转。

该模型假设任何一个蛋白质序列的能量包括两部分：主链的能量 V_1 和任意两个不相邻的残基之间的能量 V_2。前者与残基的极性无关，只与折叠角度有关，后者与两个残基的相隔距离，以及两者的极性有关，同时，主链键上每一对非直接接触的残基的变化都会影响到后者。为方便计算，将残基用一组二进制变量 δ_i 进行编码，若第 i 个残基为 A，则 $\delta_i = 1$，若第 i 个残基为 B，则 $\delta_i = -1$。一个长度为 n 的蛋白质序列的能量定义如下[60]：

$$\Phi = \sum_{i=2}^{n-1} V_1(\theta_i) + \sum_{i=1}^{n-2} \sum_{j=i+2}^{n} V_2(r_{ij}, \delta_i, \delta_j) \tag{2.2}$$

距离 r_{ij} 记作键角的函数：

$$r_{ij} = \left\{ \left[\sum_{k=i+1}^{j-1} \cos\left(\sum_{l=i+1}^{k} \theta_l \right) \right]^2 + \left[\sum_{k=i+1}^{j-1} \sin\left(\sum_{l=i+1}^{k} \theta_l \right) \right]^2 \right\}^{1/2} \tag{2.3}$$

V_1 是一个关于 θ_i 的简单三角函数，如果没有什么作用力，连续键趋于线性（$\theta_i = 0$）：

$$V_1(\theta_i) = \frac{1}{4}(1 - \cos\theta_i) \tag{2.4}$$

V_2 函数表达式为

$$V_2(r_{ij}, \delta_i, \delta_j) = 4\left(r_{ij}^{-12} - C(\delta_i, \delta_j) r_{ij}^{-6} \right) \tag{2.5}$$

式中：系数 $C(\delta_i, \delta_j)$ 为

$$C(\delta_i, \delta_j) = \frac{1}{8}(1 + \delta_i + \delta_j + 5\delta_i\delta_j) \tag{2.6}$$

从式（2.6）中可知，AA 成对时，$C(\delta_i, \delta_j) = 1$，BB 成对时，$C(\delta_i, \delta_j) = 0.5$，AB 成对时，$C(\delta_i, \delta_j) = -0.5$。结果表明，两个疏水残基有很强的引力，两个亲水残基之间有轻微的引力，疏水残基和亲水残基则有轻微的斥力，这在一定程度上更真实地反映出了蛋白质的性质。在二维 AB 非格模型中，对于长度为 n 的蛋白质序列就是要找出一组合适的 $\theta_i (i = 2, \cdots, n-1)$，使得能量函数（2.2）取得最小值，这样就可以找到蛋白质序列的二维结构。优化算法中的目标函数也就是该模型中的势能函数，即求目标函数为 Φ 的约束最小值问题：

$$\min_{\theta_i \in (-\pi, \pi)} \Phi(\theta_2, \cdots, \theta_{n-1}) \tag{2.7}$$

2.2.2　三维 AB 非格模型

三维 AB 非格模型[62]也由 A（亲水残基）和 B（疏水残基）两种残基组成。如图 2.2

所示，$\boldsymbol{b}_i$ 是第 i 个残基与第 $i+1$ 个残基之间的向量，且 $\boldsymbol{b}_i \cdot \boldsymbol{b}_{i+1} = \cos\theta_i$，$\boldsymbol{b}_i \cdot \boldsymbol{b}_{i+2} = \cos\alpha_i$。

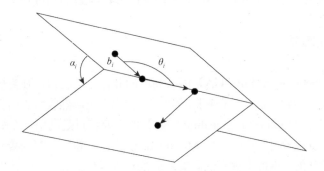

图 2.2　蛋白质序列在三维空间中的折叠表示

在三维空间中，任何一个由 N 个氨基酸组成的蛋白质序列，对应 $N-1$ 个向量 $\boldsymbol{b}_i$、$N-2$ 个键角 θ_i 和 $N-3$ 个扭转角 α_i，势能函数如下[62]：

$$E = -k_1 \sum_{i=1}^{N-2} \boldsymbol{b}_i \cdot \boldsymbol{b}_{i+1} - k_2 \sum_{i=1}^{N-3} \boldsymbol{b}_i \cdot \boldsymbol{b}_{i+2} + \sum_{i=1}^{N-2} \sum_{j=i+2}^{N} E_{LJ}(r_{ij}; \sigma_i, \sigma_j) \tag{2.8}$$

式中：Lennard-Jones 势能为[62]

$$E_{LJ}(r_{ij}; \sigma_i, \sigma_j) = 4C(\sigma_i, \sigma_j)(\frac{1}{r_{ij}^{12}} - \frac{1}{r_{ij}^{6}}) \tag{2.9}$$

式中：r_{ij} 为残基 i 和残基 j 之间的距离，它与键角和扭转角有关；$\sigma_1, \cdots, \sigma_N$ 为一组二进制变量，若第 i 个残基为 A，则 $\sigma_i = 1$，若第 i 个残基为 B，则 $\sigma_i = -1$。为了有利于形成蛋白质疏水核，设定系数 $C(\sigma_i, \sigma_j)$ 为

$$C(\sigma_i, \sigma_j) = \begin{cases} 1 & \text{AA} \\ 1/2 & \text{BB或AB} \end{cases} \tag{2.10}$$

势能函数式（2.8）中的参数 k_1 和 k_2 会影响蛋白质局部交互作用的强度，为了弄清楚这些局部交互作用的重要性，文献[62]对这两个参数进行了大量测试，结果表示，当 $(k_1, k_2) = (-1, 0.5)$ 时，有利于蛋白质序列的构象趋向稳定状态。

在三维 AB 非格模型中，对于长度为 N 的蛋白质序列就是要找出一组合适的键角 $\theta_i(i=2,\cdots,n-1)$ 和一组合适扭转角 $\alpha_i(i=3,\cdots,n-1)$ 使得势能函数式（2.8）取得最小值，这样就可以找到蛋白质序列的空间结构。优化算法中的目标函数就是该模型中的势能函数，即求目标函数为 Φ 的约束最小值问题：

$$\min_{\theta_i, \alpha_i \in (-\pi, \pi)} E(\theta_2, \cdots, \theta_{n-1}; \alpha_3, \cdots, \alpha_{n-1}) \tag{2.11}$$

2.3　基于遗传退火算法的蛋白质折叠结构预测算法

2.3.1　遗传退火算法

遗传算法（genetic algorithm，GA）因其高度的并行处理能力、强鲁棒性和全局搜索能力而成为一个常用的搜索算法，但在实际应用中，会表现出早熟收敛、局部寻优能力较差等不足。模拟退火算法（simulated annealing，SA）的主要特点是利用一个概率机制来控制跳坑的过程，在其反复求解过程中，按照 Metropolis 法则接受新解，即除接受优化解外，还以一定的概率接受劣化解。模拟退火算法具有较强的局部寻优能力，并能使搜索过程避免陷入局部最优解，但把握整个搜索过程的能力不够，不便于使搜索过程进入最有希望的搜索区域，从而使得运算效率不高。因此，结合 GA 和 SA 的特性，本节提出遗传退火算法（genetic annealing algorithm，GAA），并给出排序策略、变异策略和交叉策略。

1. 排序策略

根据达尔文的适者生存原则，算法在每一次迭代中，根据适应度函数评估群体中的所有成员，然后从当前群体中用概率方法选取适应度最高的个体产生新一代群体。为了将当前个体的优秀特征保留到下一代，需要设计一个适应度函数用于识别最好的个体。由于目标是搜索最低能量，因此具有最低能量值的个体应该有一个较高的适应度。这里采用排序策略，在算法每一次更新假设群体 P 以后，都会依照个体能量值由小到大的顺序重新排列个体。不妨将个体的能量值称为个体认识度，将群体 P 中最小的个体认识度称为群体的群体认识度，这样排序以后，可以保证位于群体前列的一定是与群体有相近或相同认识度的个体，因而也可以定义在群体 P 中位置为 i 的个体的适应度函数为

$$Fitness(i) = (n-i+1)/(n+1) \tag{2.12}$$

式中：i 为个体在群体中的位置，当 i 增加时，$Fitness(i)$ 随之减小，也就是说，在群体中，位于前面的个体有一个较高的适应度。式（2.12）是一个与要寻找的最优能量状态没有直接关系的函数，可以避免个体的适应度直接受到当前较优状态的影响，为搜索全局最优状态提供一个较为独立的指导性依据。

2. 变异策略

算法容易陷入局部最小值的主要原因是在优化后期由于种群缺乏多样性过早收敛，这里的多样性是指种群个体之间的差异。由于经过多次进化操作之后，种群个体之间的差异越来越小，为了保持种群较好的多样性，采用一定的变异策略，将个体扰动思想引入变异过程中。假设个体定义为 $h_i(\theta_1,\theta_2,\cdots,\theta_n)$，其中 θ_i 表示两个相邻残基间的键角，那么 h_i 中的每个参数有一个扰动值：

$$\theta_i' = \theta_i + \Delta\theta \tag{2.13}$$

纵观整个搜索最优解的过程，有两个方面需要注意。

首先，在当前状态接近局部较优状态时，要减轻对个体的扰动，以免算法越过全局最

优解。由于位于群体前面的个体的能量值比较接近局部最小值，这里设计一个函数 $fn(i)$ 表示个体扰动力度与个体在群体中位置的关系，记作：

$$fn(i) = 2\pi Rand(0, \cdots, 1)(1 - Fitness(i)) \tag{2.14}$$

式中：i 是当前个体在群体 P 中的位置，n 是群体规模。群体中位于较前的个体有一个较轻的扰动。

　　另一个需要注意的方面是，因为 SA 接受劣化解的概率是随着温度降低而逐渐趋向于 0 的，也就是说，当温度足够低时，系统陷入局部最优解的概率是比较大的。所以，当温度降低时，必须同样保持较大强度的扰动。这里设计一个函数 $ft(T)$ 表示个体扰动力度与当前温度的关系，记作：

$$ft(T) = 2\pi Rand(0, \cdots, 1)(T_{\max} - T) / T_{\max} \tag{2.15}$$

式中：$T_{\max}$ 是初始温度，T 是当前温度。当 T 逐渐降温到零时，$ft(T)$ 则随之增大，也就是说，扰动力度随着温度的降低要不断增强。

　　考虑到上述两个方面，GAA 设计了一个新的扰动值 $\Delta\theta$，它是一个关于当前状态、当前个体适应度和当前温度的联合函数，记作：

$$\Delta\theta = (f(x_1)\pi - \theta_i)Rand(0, \cdots, 1) + f(x_2)fn(i) + f(x_3)ft(T) \tag{2.16}$$

式中系数 $f(x_i)$ 定义为

$$f(x_1) = \begin{cases} -1, & x_i < 0.5 \\ 1, & x_i \geqslant 0.5 \end{cases} \quad \text{随机数} x_i \in [0,1) \tag{2.17}$$

　　在变异过程中，当温度较高时，越是接近最优解的个体抖动越小，当温度较低时，个体仍然可以保持一定强度的扰动，从而为寻找全局最优解提供一个较为有效的群体多样性保持策略。

3. 交叉策略

　　假设当前具有最低能量值的个体被定义为 $h_{\min} = \left\{ \theta_1^{\min}, \theta_2^{\min}, \cdots, \theta_n^{\min} \right\}$，其中 θ_i 是相邻残基的键角。在 GAA 的交叉过程中，从假设池中以 $Rand(0, \cdots, 1) > 1 - Fitness(i)$ 的概率选择 $r*n$ 个成员，这里 r 是交叉率，n 是群体规模，也就是说，有较高适应度的个体被选中的机率较高，当然，适应度较低的个体也有被选中的可能。假设被选中的个体定义为 $h_i = \left\{ \theta_1^i, \theta_2^i, \cdots, \theta_n^i \right\}$，则将选中的个体与当前具有最低能量值的个体 $h_{\min}$ 进行交叉操作，交叉后的个体为

$$h_i' = \left\{ \theta_1^{i'}, \theta_2^{i'}, \cdots, \theta_n^{i'} \right\} \tag{2.18}$$

式中：

$$\theta_m^{i'} = \begin{cases} r\theta_m^i + (1-r)\theta_m^{\min}, & \alpha < 0.8 \\ \left(\theta_m^i + \theta_m^{\min} \right) / 2, & \alpha \geqslant 0.8 \end{cases} \quad (\text{其中} 1 \leqslant m \leqslant n) \tag{2.19}$$

这里 α 是算法搜索的进度，$\theta_m^{i'} = r\theta_m^i + (1-r)\theta_m^{\min}$ 是一个线性随机组合，其将个体 h_i 中的每

个分量与 $h_{\min}$ 中对应分量形成随机线性组合，这可以提高算法初始阶段的搜索能力，$\theta_m^{i'} = \left(\theta_m^i + \theta_m^{\min} \right) \big/ 2$ 有强收敛性[63]，可以提高解的质量，但容易导致早熟从而陷入局部最优，因此用于算法的后期。采用新的交叉策略的目的是提高交叉过程中的性能，每个被选中的个体与具有最低能量值的个体 $h_{\min}$ 进行交叉是为了能将 $h_{\min}$ 的优秀特征保留到下一代，进而有利于搜索到高质量的解。

2.3.2 算法描述

基于 AB 非格模型的 GAA 方法的总体算法步骤如下。

步骤 1：随机产生 n 个假设，组成群体 P；初始化交叉比例 r，变异率 m，最小能量 $E_{\min}$，能量最小的个体 $h_{\min}$，初始温度 $T_{\max}$，终止温度 $T_{\min}$，同温下最大迭代次数 $L_{\max}$，温度下降因子 Δt。

步骤 2：计算群体 P 中每一个个体的能量值 $Energy_i$，按照能量由小到大的顺序重新排列数组 $Energy$ 和群体 P，若 $E_{\min} > Energy_0$（群体 P 中的最小能量值），则 $E_{\min} = Energy_0$，$h_{\min} = h_0$（群体 P 中能量最小的个体）。

步骤 3：设定当前温度 $T = T_{\max}$。

步骤 4：如果 $T > T_{\min}$，转到步骤 5，否则算法终止，并返回 $E_{\min}$。

步骤 5：设定同温下迭代次数 $L = L_{\max}$。

步骤 6：如果 $L > 0$，转向步骤 7，否则计算 $T = \Delta t T$ 并转向步骤 4。

步骤 7：从 P 中按照概率 $P_r = 1 - 2(i+1) \big/ (n+1)$ 选择 $r * n / 2$ 对个体 $\left\{ \{h_i, h_j\}, \cdots \right\}$ 作为父本，对于每一对父本 $\{h_i, h_j\}$ 按照如下公式进行均匀交叉，产生子代 $\{C_i, C_j\}$。

步骤 8：对于交叉产生的子代 $\{C_i, C_j\}$，计算其能量值 $\{E_i, E_j\}$，并计算能量差 $\Delta E_i = E_i - E_{\min}$，$\Delta E_j = E_j - E_{\min}$。根据 Metropolis 法则，判断是否接受新解，若接受，则用 C_m 替换群体 P 中个体 h_m。

步骤 9：按照能量由小到大的顺序重新排列 $Energy$ 和群体 P，若 $E_{\min} > Energy_0$，则 $E_{\min} = Energy_0$、$h_{\min} = h_0$，并设 $Energy_i = E_m$。

步骤 10：从 P 中随机选择 $m * n$ 个个体 $\{h_i, \cdots\}$，对于每一个选中的个体 h_i，以均匀概率选择 h_i 中的一个表示位 k，对 h_i^k 进行变异操作产生子代个体 C_i。

步骤 11：对于变异产生的子代 C_i，计算其能量值 E_i，并计算能量差 $\Delta E_i = E_i - E_{\min}$。根据 Metropolis 法则，判断是否接受新解，若接受，则用 C_i 替换群 P 中个体 h_i，并设 $Energy_i = E_i$。

步骤 12：按照能量由小到大的顺序重新排列 $Energy$ 和群体 P，若 $E_{\min} > Energy_0$，则 $E_{\min} = Energy_0$、$h_{\min} = h_0$，计算 $L = L - 1$ 并转向步骤 6。

首先，随机产生一个包含 n 个个体的群体 P，每个个体是蛋白质序列的一组 θ_i 值），并利用 AB 非格模型计算群体中每一个个体的能量值，然后按照能量值由小到大的顺序重新排列 P，同时保存最小的能量值及具有最小能量值的个体。在退火过程中，不断对群体进行交叉和变异操作，同时按照上述的排序策略对群体进行排序，并记录最小值，直到算法结束。这样，算法最终保存的能量值和个体就是全局最优解，流程如图 2.3。

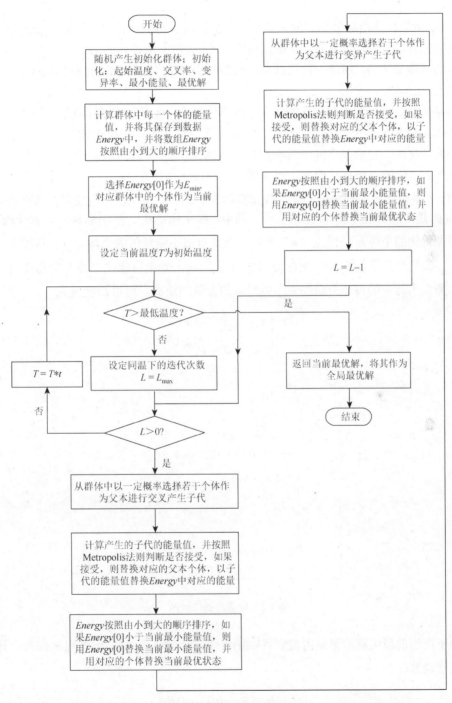

图 2.3　GAA 算法流程图

2.3.3　局部微调遗传退火算法

　　GAA 可以找到全局最优点的大致位置，但若要求得到高精度的解则比较困难，而局部微调方法有助于加快收敛速度、提高精度。因此，对上节描述的 GAA 方法进行了改进，加入了局部微调策略，创建一种局部微调遗传退火算法（local adjustment genetic annealing algorithm，LAGAA）[64]。

　　诱导微调策略根据当前最优个体 $h_{\min}$ 的属性特征，将问题的属性域划分为 2^n（n 表示任意个体 h_e 中的属性个数）个子空间，让每个子空间中的待优化个体 h_i（h_i 不等于 h_e）的每个属性按照一定的速率向当前全局最优个体 $h_{\min}$ 逼近，其目的是让个体 h_i 在当前全局最优个体 $h_{\min}$ 附近进行有益探索，以便发现全局最优个体 $h_{\min}$。

　　图 2.4 是蛋白质序列长度为 4 的局部微调示意图。根据 AB 非格模型，四聚物分子的能量 $\Phi(\theta)$ 是由两个键角 θ_x 和 θ_y 决定的。图中，横坐标是 θ_x，纵坐标是 θ_y，四个圈 "○"表示待被优化的个体 h_i，黑点 "●"表示当前具有最小能量值的个体 $h_{\min}$。从图中可以看出，$h_{\min}$ 的两个分量将 $\theta_x - \theta_y$ 坐标分成 2^2 个子空间。如果待优化个体 h_i 分布在这些子空间中，那么个体 h_i 的每个分量与 $h_{\min}$ 中对应的分量的距离，可以被定义为

$$\begin{cases} \Delta\theta_x = \theta_x^i - \theta_x^{\min} \\ \Delta\theta_y = \theta_y^i - \theta_y^{\min} \end{cases} \tag{2.20}$$

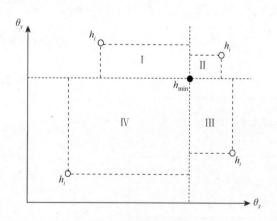

图 2.4　局部微调示意图

　　由于在当前最优解的邻域内搜索可以加快收敛到全局最优解，因此对 h_i 的每个分量用下式进行调整：

$$\begin{cases} \theta_x^i = \theta_x^i + Rand(0,\cdots,1)\Delta\theta_x \\ \theta_y^i = \theta_y^i + Rand(0,\cdots,1)\Delta\theta_y \end{cases} \tag{2.21}$$

当然，如果全局最优解不在 $h_{\min}$ 附近，也就是说，最低能量值在图 2.4 中子空间I，II，III，IV之外，那么在这次进化中局部微调策略将不起任何作用。在接下来的进化中，交叉和变异策略会重新组织所有的个体，将这些个体分布在不同的空间中以保持种群的多样性，避免过早收敛。

LAGAA 的主要步骤如下。

步骤 1：设置各种参数并初始化。

步骤 2：随机产生包含 n 个假设的群体。

步骤 3：计算群体中每个假设的目标函数值，并且按照其能量值由小到大的顺序对群体中的假设进行重新排序。

步骤 4：重复下面的模拟退火过程：

①采用交叉策略；

②采用变异策略；

③采用局部微调策略。

步骤 5：返回全局最低能量值和最低能量构型。

局部微调遗传退火算法如下。

输入：蛋白质序列

输出：全局最低能量值和最低能量构型

参数设置：

　　n：群体规模

　　r：每一步中通过交叉取代群体成员的比例

　　m：变异率

　　TStart：模拟退火的初始温度

　　TStop：模拟退火的终止温度

　　innerLoopTimes：同温循环次数

```
GAA(n,r,m,TStart,TStop,dT,innerLoopTimes){
        初始化群体:P←随机产生的 n 个假设;
        评估:对于 P 中的每一个假设 h,计算其能量值 ToyModel.CountValue(h);
        排序:按照 P 中个体能量值由小到大的顺序对 P 中的个体进行排序,P 中
        位置为 i 的个体 hi 的适应度 Fitness(hi) = (n-i + 1)/(n + 1),
        将 h1 作为当前局部最优个体保存到 hmin;
        T = TStart;
        While(T * dT>TStop)do{
    For(loopCounter = 0, loopCounter +  + <innerLoopTimes){
        用概率方法选择 P 的 r*n 个成员与 hmin 进行交叉,然后排序;
        用概率方法选择 P 的 m*n 个成员利用变异策略产生新的个体,然后排序;
        对所有的个体进行局部微调;
```

```
                }
            }
        }
```

2.3.4　实验结果与分析

　　GAA 和 LAGAA 算法已经在系统中实现蛋白质折叠结构分析预测系统，如图 2.5 所示。这个系统可以根据需要选择二维 AB 非格模型或三维 AB 非格模型，也可以选择优化算法，如：GAA，LAGAA 等，同时也可以设置不同的参数，在选择了要预测的蛋白质序列文件之后，就可以对序列进行结构分析，如图 2.6 所示。

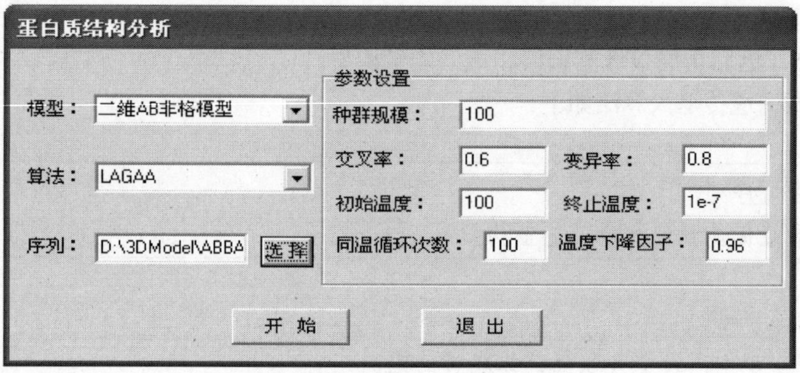

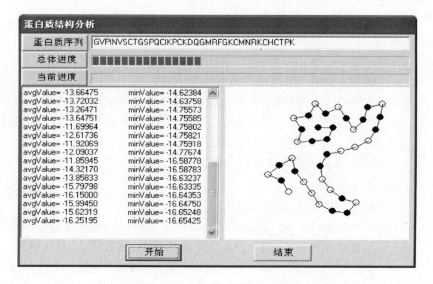

图 2.5　蛋白质结构分析系统

图 2.6　基于二维 AB 非格模型和 LAGAA 算法的蛋白质结构分析

使用这个系统，分别对二维 AB 非格模型和三维 AB 非格模型进行蛋白质折叠结构预测的实验，用于搜索蛋白质序列自由能最低时的构型，从而验证 GAA 和 LAGAA 方法在蛋白质折叠结构预测中的有效性。

实验采用的数据分为三种：第一种是采用人工实验数据进行蛋白质折叠结构预测，数据中 A、B 分别表示亲水性和疏水性两类氨基酸，该实验的目的是验证 GAA 和 LAGAA 方法的可靠性以及是否可以收敛到 AB 非格模型的全局最优解；第二种是被国内外研究者广泛使用的斐波那契序列；第三种是采用从蛋白质数据库（PDB）中取出的真实蛋白质。实验中设定 GAA 和 LAGAA 的起始温度为 100℃，终止温度为 10^{-7}℃，温度下降因子 0.96，同温循环次数 100，变异率 0.8，交叉率 0.6，群体规模 100。

1. 基于二维 AB 非格模型的蛋白质折叠结构预测

这里采用文献[13]中相同的人工实验数据，对二维 AB 非格模型进行了蛋白质序列的二维空间结构预测。对于这些短序列，GAA 和 LAGAA 都能很快得出表 2.1 中的最小能量值，而且两种方法 GAA 和 LAGAA 算出的最小能量值与 Stillinger 等[60]获得的最小能量值完全一致。

表 2.1　序列长度为 3、4、5 的所有分子的最小能量值

SEQUENCE	ENERGY	SEQUENCE	ENERGY
AAA	−0.65821	AAAAA	−2.84828
AAB	0.03223	AAAAB	−1.58944
ABA	−0.65821	AAABA	−2.44493
ABB	0.03223	AAABB	−0.54688
BAB	−0.03027	AABAA	−2.53170
BBB	−0.03027	AABAB	−1.34774
		AABBA	−0.92662
AAAA	−1.67633	AABBB	0.04017
AAAB	−0.58527	ABAAB	−1.37647
AABA	−1.45098	ABABA	−2.22020
AABB	0.06720	ABABB	−0.61680
ABAB	0.64938	ABBAB	−0.00565
ABBA	−0.03617	ABBBA	−0.39804
ABBB	0.00470	ABBBB	−0.06596
BAAB	0.06172	BAAAB	−0.52108
BABB	−0.00078	BAABB	0.09621
BBBB	0.13974	BABAB	−0.64803
		BABBB	−0.18266
		BBABB	−0.24020
		BBBBB	−0.45266

二维 AB 非格模型中 α-螺旋和 β-折叠的定义[60]在下图 2.7 中给出，其中图（a）表示螺旋，序列中残基 $[(i,i+3),(i+2,i+5)\cdots(i+2n,i+2n+3)]$ 至少有两个非共价键连接；图（b）表示反平行折叠 $[(i,j),(i+1,j-1)\cdots(i+n,j+n)]$；图（c）表示平行折叠 $[(i,j),(i+1,j+1)\cdots(i+n,j+n)]$。

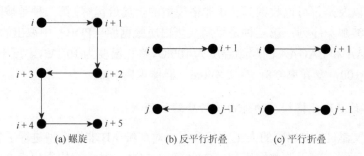

(a) 螺旋　　　　　　　(b) 反平行折叠　　　　　　(c) 平行折叠

图 2.7　二维 AB 非格模型中的二级结构

为了测试 GAA 和 LAGAA 方法是否可以获得蛋白质序列的二级结构，采用文献[60]中两个相同的序列"AABABB"和"AAABAA"，并给出这两个序列的二维构型，如图 2.8 所示。从图中可以看出，"AABABB"可被分类为 α-螺旋，"AAABAA"可被分类为 β-折叠。

(a) AABAAB的最低能量构型($\Phi=-1.36198,\theta/\pi=$ [$-0.33271,-0.62129,0.57021,0.32097$])　　(b) AAABAA的最低能量构型($\Phi=-3.69750,\theta/\pi=$ [$0.00660,0.33109,0.62353,0.04255$])

图 2.8　螺旋和折叠模拟示意图（黑球是疏水残基 A，白球是亲水残基 B）

2. 斐波那契（Fibonacci）序列的结构预测

这部分实验选取被研究者广泛使用的所有 13≤N≤55 的斐波那契序列，并与不同方法得到的最低能量值进行比较。斐波那契序列定义如下：

$$S_0 = A, S_1 = B, S_{i+1} = S_{i-1} * S_i$$

式中，"*"是连接操作。如：$S_2 = AB$，$S_3 = BAB$，$S_4 = ABBAB$ 等等。疏水残基 A 在序列中总是单独出现，而亲水残基 B 或者单独出现或者成对出现，则斐波那契序列有一个层次结构：

$$S_i \equiv S_{i-2} * S_{i-3} * S_{i-2}$$
$$\equiv \left(S_{i-4} * S_{i-5} * S_{i-4}\right) * \left(S_{i-5} * S_{i-6} * S_{i-5}\right) * \left(S_{i-4} * S_{i-5} * S_{i-4}\right)$$
$$\equiv \cdots\cdots$$

表 2.2 中是不同算法获得的最低能量值，E_{perm} 是通过 PERM[65] 算法得到的最小能量值，E_{min}^* 是 Stillinger 等[66]得到的最小能量值，E_{GAA} 和 E_{LAGAA} 分别是设计的 GAA 和 LAGAA 算法获得的最小能量值。通过比较可以发现，GAA 和 LAGAA 得到的能量值比其他两种方法得到的能量值小，也就是说用改进的方法[64]计算的最小能量值较优，这说明提出的算法对蛋白质折叠预测是可行的、有效的，对解的优化程度有所提高。此外可以看出，LAGAA 优于 GAA，这说明局部微调策略可以提高算法的性能。

表 2.2　不同算法获得的最低能量值（2D）

n	序列	E_{min}^*	E_{perm}	E_{GAA}	E_{LAGAA}
13	ABBABBABABBAB	−3.2235	−3.2167	−3.2940	−3.2940
21	BABABBABABBABBABABBAB	−5.2881	−5.7501	−6.1838	−6.1896
34	ABBABBABABBABBABABBABABBABBABABBBAB	−8.9749	−9.2195	−10.5992	−10.7068
55	BABABBABABBABBABABBAB ABBABBABABBABBABABBAB BABBABBABABBAB	−14.4089	−14.9050	−16.0046	−18.4615

图 2.9 是由 LAGAA 算法得到的上述 4 个序列在二维空间中的最低能量构型，对应表 2.4 中的能量值 E_{LAGAA}，其中黑球是疏水残基 A，白球是亲水残基 B。从图 2.9 中可以看出 $n=13$ 的序列有一个疏水核，这模拟了真实蛋白质的结构，因为在真实蛋白质中，水溶性球状蛋白质分子折叠的重要驱动力是疏水作用力，它将疏水侧链置于分子内部，产生一个疏水内核和一个亲水表面。但在其他三个结构中，疏水残基产生了多个粒子簇，而且疏水残基和亲水残基有明显的隔离带。这说明，虽然二维 AB 非格模型能够在一定程度上反映蛋白质的特性，但它并不完善。

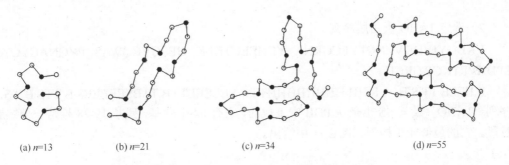

(a) n=13　　　　(b) n=21　　　　(c) n=34　　　　(d) n=55

图 2.9　由 LAGAA 得到的二维最低能量构型

3. 真实蛋白质的结构预测

为了验证方法是否对真实蛋白质有效，同样采用文献[60]中相同的两个真实蛋白质用以比较。真实蛋白质可以从蛋白质数据库（PDB）中下载。本章同样采用 K-D 方法[67]来区别它们的疏水和亲水性质，简单地说，I，V，L，P，C，M，A，G 是疏水的，D，E，F，H，K，N，Q，R，S，T，W，Y 是亲水的。两个真实蛋白质"1AGT"和"1AHO"的序列及由 LAGAA 获得的最低能量构型如下所示。

1）选定 1AGT 蛋白质序列

GVPINVSCTG SPQCIKPCKD QGMRFGKCMN RKCHCTPK

EE　B　SS STTHHHHHHH HTBSEEEEET TEEEEEE

以上是从 PDB 中得到的"1AGT"的序列和二级结构信息。其中第一行是蛋白质的氨基酸序列，第二行是相应的 SS。它有 38 个氨基酸，其中包括 1 个螺旋片段，2 个折叠片段。它的最低能量构型在图 2.10 中给出。

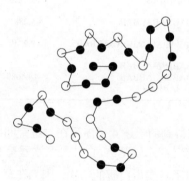

图 2.10　1AGT 的最低能量构型

$\Phi = -19.50661$, $\theta / \pi =$ [0.62693, 0.33344, 0.01285, 0.61661, −0.26825, 0.60988, −0.26594, 0.60968, −0.55599, 0.60458, −0.09704, −0.61506, −0.14041, 0.32640, 0.62424, 0.04416, 0.09125, 0.16892, 0.06572, 0.10664, 0.05343, −0.17515, −0.18573, −0.10139, −0.12001, 0.61987, 0.33106, 0.12914, 0.13434, −0.27472, −0.13666, 0.15734, −0.61844, −0.04357, −0.61804, 0.16257]

2）选定 1AHO 蛋白质序列

VKDGYIVDDV NCTYFCGRNA YCNEECTKLK GESGYCQWAS PYGNACYCYK LPDHVRTKGP GRCH

B EEEE TT S B　　S HH HHHHHHHHTT　SEEEEETTB TTBSEEEEES B TTS B　S S

序列"1AHO"及其 SS 也是从 PDB 中下载的，它有 64 个残基，残基 19-28 号是一个螺旋片段。它的最低能量构型在图 2.11 中给出。

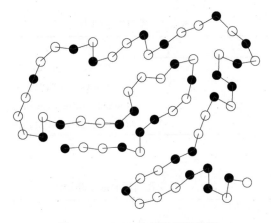

图 2.11 1AHO 的最低能量构型

$\Phi = -18.37535,\ \theta/\pi = [0.01731, -0.04515, 0.13266, -0.61535, 0.28319, 0.09451, -0.09331, -0.18008, -0.06626, -0.60577,$
$-0.16863,\ 0.25751,\ -0.26256,\ -0.34772,\ 0.37608,\ 0.23737,\ 0.01643,\ -0.08314,\ 0.15920,\ -0.61401,\ 0.56971,\ 0.33329,$
$0.25844,\ -0.04667,\ 0.02875,\ 0.12635,\ 0.28722,\ -0.17765,\ 0.61749,\ -0.57250,\ -0.14146,\ 0.07805,\ 0.58286,\ -0.61090,$
$-0.01754,\ 0.06743,\ -0.00936,\ 0.38138,\ -0.02257,\ 0.11443,\ 0.61612,\ 0.19605,\ -0.62128,\ -0.33401,\ 0.33547,\ 0.62582,$
$-0.51538,\ -0.01718,\ -0.03123,\ 0.29150,\ -0.06902,\ 0.04996,\ -0.07293,\ -0.56919,\ -0.32337,\ -0.05822,\ -0.06256,\ 0.09796,$
$0.61724,\ -0.33351,\ -0.62199,\ 0.54561]$

将 GAA 和 LAGAA 都用于求解两个真实蛋白质在二维 AB 非格模型上的折叠构型,并与文献[60]中的 PSO 和文献[68]中的 SA 做了比较,见表 2.3。从结果中可以看出,对于"1AGT",GAA 和 LAGAA 得出的最低能量值略差于 PSO,但优于 SA;对于"1AHO",GAA 和 LAGAA 的结果明显比 PSO 和 SA 的结果好。当然,对于这两种方法来说,LAGAA 由于加了局部微调策略,效果还是优于 GAA。此外,从图 2.10 和图 2.11 中也可以看出,虽然二维 AB 非格型能够模拟真实蛋白质的一些特性,但是与真正的蛋白质的特性相比,还是存在不同之处。

表 2.3 两个真实蛋白质的最低能量值比较

PDB ID	PSO	SA	E_{GAA}	E_{LAGAA}
1AGT	−19.61686	−17.36282	−19.07243	−19.50661
1AHO	−15.19110	−14.96127	−17.93291	−18.37535

另外,从 PDB 库中取得一些其他的真实蛋白质序列用于实验,由于随着序列长度的增加,目标函数的求解复杂度也会随之增加,求解时间就会变长,因此,这里选择几个较短的真实蛋白质用于讨论,蛋白质序列见表 2.4,PDB ID 是蛋白质在该库中的唯一标识码,序列代表蛋白质氨基酸残基序列。表 2.5 中是求得的蛋白质最低能量值,由于现有的文献中没有可以比较的数据,这里只列出 GAA 和 LAGAA 求得的结果。从这些结果中同样可以看出,用了局部微调策略的 LAGAA 方法略优于 GAA。

表 2.4　蛋白质序列表

编号	PDB ID	序　列
1	1BXP	MRYYESSLKSYPD
2	1BXL	GQVGRQLAIIGDDINR
3	1EDP	CSCSSLMDKECVYFCHL
4	1EDN	CSCSSLMDKECVYFCHLDIIW

表 2.5　真实蛋白质的最低能量值

PDB ID	E_{GAA}	E_{LAGAA}
1BXP	−2.24484	−2.24484
1BXL	−8.74685	−8.81260
1EDP	−5.60713	−6.64530
1EDN	−7.09609	−7.81925

图 2.12 是由 LAGAA 方法求得的真实蛋白质的最低能量构型,对应于表 2.5 中的最低能量值 E_{LAGAA}。从图中可以看出除了"1EDP"和"1BXL"的最低能量构型有一个疏水核外,其他两个蛋白质序列只形成了粒子簇。这个实验再次说明二维 AB 非格模型虽然能够反映蛋白质的某些特性,但它与真实蛋白质的构型相比还是有一定的区别。

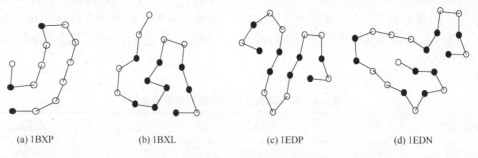

(a) 1BXP　　　　　(b) 1BXL　　　　　(c) 1EDP　　　　　(d) 1EDN

图 2.12　真实蛋白质的最低能量构型

为了更好地说明本节方法用于蛋白质折叠结构预测的性能,图 2.13～图 2.16 分别给出序列"ABBABBBABABBBAB"和真实蛋白质"1BXP"在不同迭代次数下的能量曲线图。

图 2.13～图 2.16 的横轴 L 表示迭代次数,纵轴 E 表示能量值。图 2.13、图 2.14 是算法所记录的全局最优解曲线,图中的每个阶梯表示一个局部最优解。很明显,在进化过程中,无论对于短序列还是较长序列,曲线都几乎以垂直的速度下降,这说明该算法能很快向最优解方向定位。此外还可以看出,图 2.13 和图 2.14 曲线都在较少迭代次数下逐渐变成一条直线,这说明该算法能够快速逃离各个阶段的局部最优陷阱,并能够在保持较高精

度的情况下快速收敛到全局最优解。图 2.15、图 2.16 是群体 P 在不同迭代次数下的平均能量值,图中曲线的波动比较大,而且从图中可以看出平均值与全局最小值始终保持较大的距离,这说明群体中个体的差异较大,这是因为变异策略使得个体在其定义域内始终保持适当强度的抖动,从而使得群体 P 始终保持优异的多样性,所以群体 P 的最优解不会局限于一个特定解的附近,而是在整个解空间中有较好的分布,从而避免过早收敛,为找出全局最优解提供了强有力的保证。

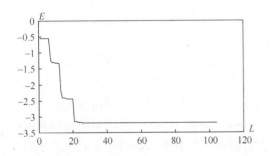

图 2.13 序列 ABBABBABABBAB 全局最优解曲线

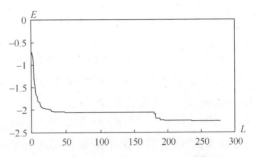

图 2.14 真实蛋白质 1BXP 全局最优解曲线

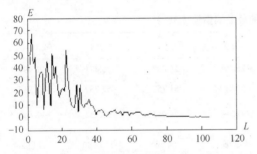

图 2.15 序列 ABBABBABABBAB 的群体平均能量值曲线

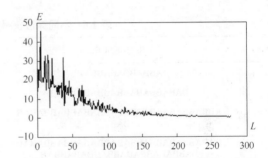

图 2.16 真实蛋白质 1BXP 的群体平均能量值曲线

4. 基于三维 AB 非格模型的蛋白质折叠结构预测

经过前面的实验表明,LAGAA 方法有较好的性能,这里也将其用于模型二进行蛋白质三维空间折叠结构的预测与模拟[64]。这里仅介绍斐波那契序列进行实验的结果。

LAGAA 方法是随机的产生初始化构型,会导致求得的结构不稳定。根据真实蛋白质的折叠特性,疏水性残基总是被亲水性残基包围着,形成单一的疏水核,这里采用一个启发式初始化机制,诱导最低能量构型的产生。主要思想是:初始化时,将所有的疏水残基 A 放于三维空间的中心位置,而将所有的亲水残基 B 环绕着疏水残基,如图 2.17 所示。

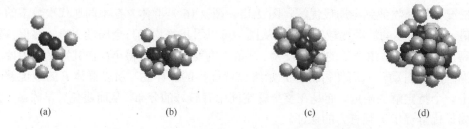

图 2.17　通过启发式初始化机制产生的初始化构型

（a）$n=13$；（b）$n=21$；（c）$n=34$；（d）$n=55$。红色球表示疏水性残基 A，灰色球表示亲水性残基 B。

表 2.6列出了不同算法得到的所有$13 \leqslant n \leqslant 55$的斐波那契序列的最低能量值，$E_{CSA}$是 Kim 等[69]使用的 CSA（conformational space annealing）方法求得的最低能量值，E_{ELP}是 Bachmann 等[70]使用的 ELP（energy landscape paving minimizer）方法得出的最低能量值，E_{ACMC}是 Liang[71]使用的 ACMC（annealing contour monte carlo）。从结果中可以看出，LAGAA 求得的四个最小能量值都比 CSA 求得最小能量值低，而对于$n=21$的序列，LAGAA 的结果较优于 ACMC，却与 ELP 的结果完全一致，对于其他情况，除了$n=13$的序列较差于 ACMC 方法，LAGAA 都能获得较好的结果。

表 2.6　不同算法获得的最低能量值（3D）

n	SEQUENCE	E_{ELP}	E_{ACMC}	E_{CSA}	E_{LAGAA}
13	ABBABBABABBAB	−26.498	−26.507	−26.471	−26.498
21	BABABBABABBBABBABBAB	−52.917	−51.757	−52.787	−52.917
34	ABBABBABABBABBABABBABABBABBABAB BAB	−92.746	−94.043	−97.732	−98.692
55	BABABBABABBABBABABBABABBABBABAB BABBABABBABABBABBABABBAB	−172.696	−154.505	−173.980	−174.928

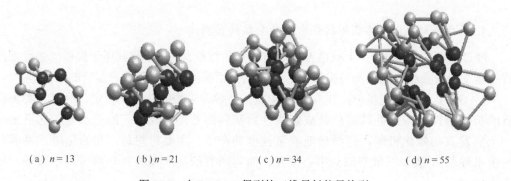

　（a）$n=13$　　　　（b）$n=21$　　　　（c）$n=34$　　　　（d）$n=55$

图 2.18　由 LAGAA 得到的三维最低能量构型

图 2.18 描述了由 LAGAA 方法得出的基于三维 AB 非格模型的最低能量构型，对应于表 2.6 中的最低能量值E_{LAGAA}。图中黑球表示疏水性残基 A，灰色球表示亲水性残基 B。

从图 2.18 中可以看出, 所有的构型都形成了一个疏水核, 这说明三维 AB 非格模型比二维 AB 非格模型更真实地反映蛋白质的重要特征, 更加接近真实的蛋白质。

从本节的实验结果中可以看出, 对于 AB 非格模型, 设计的 GAA 和 LAGAA 方法与同类方法相比, 可以更有效地求得蛋白质序列的最低能量构型, 在蛋白质折叠预测问题研究中有应用潜力。此外, 经过大量的实验可以看出, 加了局部微调策略的 LAGAA 方法求解的质量明显优于 GAA, 局部微调策略对于全局优化算法而言是有效的。

至于二维 AB 非格模型, 从模拟结构图中可以发现, 其能够在一定程度上反映蛋白质的某些特性, 但是与真正的蛋白质的特性相比, 还是存在差距。二维 AB 非格模型对于研究蛋白质的折叠结构有一定的价值, 但需要进一步完善与提高。实验中, 基于斐波那契序列的结果表明, 三维 AB 非格模型比二维 AB 非格模型更能反映出蛋白质的某些重要特性。

2.4　基于粒子群优化算法的蛋白质折叠结构预测

2.4.1　多种群粒子群优化算法

粒子群优化算法 (particle swarm optimization, PSO) 概念简单, 容易实现, 和其他优化算法相比, 这是它的优点之一。从 1995 年开始, PSO 算法已经获得很大的发展, 并且已经在一些领域得到应用。但是在处理多变量和多极值的问题上, 易陷入局部极点, 导致搜索精度不高。

一种有效的算法应该同时具备局部开采能力和全局勘探能力。局部开采能力是引导算法朝着问题的解空间中可能最优区域进行搜索的能力; 全局勘探能力是指引导算法在整个解空间中不断搜索, 提高解的多样性。在求解复杂问题时, 标准 PSO 算法存在的问题是: 开采能力较强, 勘探能力不足。在进化后期, 粒子将追随当前已知的最优位置, 并且吸引其他粒子进入该区域搜索, 增加搜索到局部最优值的概率。这种进化策略利用有效信息提高了局部开采能力, 但同时减弱了种群的全局勘探能力, 很难再寻找到更优解。因此, 如何在开采和勘探之间进行有效的权衡是 PSO 算法能否获得高效的关键。基于这个认识, 本节对标准 PSO 算法结构进行改进, 提出多种群粒子群优化算法 (multi-swarm particle swarm optimization, MPSO)[72], 使其针对蛋白质折叠结构问题, 能够有效地跳出局部最优解, 搜索到更优解。

MPSO 在标准算法的框架下, 基于不同分工种群建模, 提出了一种新的 PSO 算法结构。在该结构中, $t+1$ 时刻的种群 $P(t+1)$ 由精英种群 $P_1(t)$、开采种群 $P_2(t)$、勘探种群 $P_3(t)$ 三部分进化而来。首先将种群 $P(t)$ 中的 n 个粒子按其适应值由低到高排序并编号, 精英种群由群体中适应值较低的 $1 \sim n_1$ 号粒子组成, 开采种群由 $(n_1+1) \sim (n_1+n_2)$ 号粒子组成, 勘探种群由适应值较高的 $(n_1+n_2+1) \sim (n_1+n_2+n_3)$ 号粒子组成 $(n_1+n_2+n_3=n)$。当种群最优粒子位置在不断变化时, 精英种群通过对适应值低的 n_1 个粒子进行微调获得, 当种群最优粒子位置连续无变化或者连续变化非常小时, 精英种群由变异策略对适应值低的 n_1 个粒子进行变异获得; 开采种群在整个进化过程中选择上一代种群中适应值较低的 n_2 个粒子通过标准 PSO 算法进化获得；勘探种群是从上一代种群中适应值高的 n_3 个粒子通过勘探策略获得。其中，精英种群主要是体现算法精细搜索能力，开采种群的数量体现算法对开采能力的重视程度，而勘探种群的数量体现算法对勘探能力的重视程度。

MPSO 算法相对标准 PSO 算法主要有三个改进策略，分别为微调策略、变异策略和勘探策略，下面将对它们进行描述。

1. 微调策略（micro-adjustment strategy）

种群中的每个粒子的下一时刻的位置是由当前位置和当前速度共同决定的，可表示为

$$v_i = \omega * v_i + c_1 * \mathrm{rand}_1() * (P_{\mathrm{ibest}} - x_i) + c_2 * \mathrm{rand}_2() * (P_{\mathrm{gbest}} - x_i) \tag{2.22}$$

因此可能出现粒子位置已经趋近于全局最优位置，但是由于公式（2.22）中 $\omega * v_i$ 这一分量较大，引起更新位置矢量 x_i 的速度矢量 v_i 较大，有可能越过全局最优位置，降低求解的效率。当解空间维度较大时，可能出现当前最优粒子某些维的位置已经达到更优解相应维度的位置，因此很难使粒子达到全局最优位置。为提高算法的精度，精英种群 $P_1(t)$ 根据式（2.24）进行局部微调。

$$x_i = x_i + v_i \tag{2.23}$$

$$x_i = \begin{cases} x_i + 0.001 * f(\alpha) * rand() & T(t) \leqslant T_0 \\ x_i + G(v_i) & T(t) > T_0 \end{cases} \tag{2.24}$$

式中：$rand()$ 和 α 为均匀分布在 [0,1] 的随机数；系数 $f(\alpha)$ 可表示为

$$f(\alpha) = \begin{cases} -1 & \alpha < 0.5 \\ 1 & \alpha \geqslant 0.5 \end{cases} \tag{2.25}$$

$T(t)$ 表示迭代次数计数器，如公式（2.26），初始状态 $T(0) = 0$。

$$T(t) = \begin{cases} T(t-1)+1 & \varepsilon > \varepsilon_0 \\ 0 & \varepsilon \leqslant \varepsilon_0 \end{cases} \tag{2.26}$$

ε 表示相邻两代最低能量值之差（ε_0 表示 ε 的阈值），可表示为

$$\varepsilon = F_{\mathrm{best}}(t+1) - F_{\mathrm{best}}(t) \tag{2.27}$$

式中：$F_{\mathrm{best}}(t)$ 表示 t 时刻的最优适应值。

在式（2.24）中，当 $T(t) = T_0$ 时，表示当种群历史最优位置在不断变化时，精英种群中每个粒子是在其附近很小的范围内进行扰动，提高寻找较优解的速度，避免粒子越过更优解的情况出现，在一定程度上提高算法的效率和精度；当 $T(t) > T_0$ 时，表示当种群历史最优位置连续无变化或者变化非常小时采用的变异策略，式（2.24）中的 $G(v_i)$ 表示采用变异策略得到的下一时刻的位移 v_i。

2. 变异策略（mutation strategy）

粒子当前速度由三个分量决定：粒子上一时刻速度 v_i，粒子历史最优位置 P_{ibest} 和种群历史最优位置 P_{gbest}。迭代后期，PSO 算法收敛速度较快，粒子逐渐向种群历史最优位置 P_{gbest} 聚集，粒子的速度 v_i 将会逐渐变小，所有的粒子将逐渐逼近 P_{gbest} 并且停止运动。实际上，PSO 算法并不能保证每次收敛到全局最优位置，而仅仅是收敛到种群的历史最优位置 P_{gbest}，即算法可能出现早熟收敛。此时采用变异策略，可以有效地使部分粒子跳出局部搜索区域，变异策略的原理如图 2.19 所示[73]。

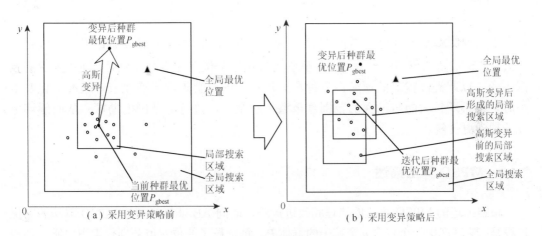

图 2.19　变异策略原理示意图

种群历史最优位置 P_{gbest} 经过高斯变异变更为新的位置 P'_{gbest}，通过改变式（2.22）一个分量 P_{gbest} 来改变粒子的前进方向和大小，从而让粒子进入其他区域进行搜索。由于仍然保留了粒子上一时刻速度 v_i 和粒子当前极值 P_{ibest}，这两个分量，使得新的搜索区域有一定的指导性，接近全局最优解的周围区域，提高搜索的速度。高斯变异函数可表示为

$$P_{gbest} = P_{gbest} * (1 + Gaussion(\eta * \sigma)) \tag{2.28}$$

式中：σ 为满足标准高斯分布的随机数，η 的初始值为 1.0，每隔 20 代 $\eta = \beta * \eta$，β 为[0.01，0.9]的随机数，式（2.24）中 $G(v_i)$ 即可表示为

$$G(v_i) = \omega * v_i + c_1 * rand_1() * (P_{ibest} - x_i) + c_2 * rand_2() * (P'_{gbest} - x_i) \tag{2.29}$$

采用变异策略的目的是提高种群的多样性，从而为寻找更优解提供一个较为合适的群体多样性，避免过早地陷入局部极值。

3. 勘探策略（exploration strategy）

算法容易陷入局部最优解的主要原因，是在进化后期所有粒子都集中在某个局部区域内无法跳出。因此，将上一代种群中适应值高的粒子用随机搜索产生的粒子代替，加强种

群的多样性。这里的随机搜索是有指导的随机搜索，并不是盲目的随机搜索。勘探函数可定义为

$$x_i = x_{\mathrm{gbest}} + R * rand() * f(\alpha) \qquad (2.30)$$

式中：x_{gbest} 为当前种群最优位置；R 为随机勘探半径；$rand()$ 为[-1,1]的随机数；$f(\alpha)$ 与式（2.25）相同。式（2.30）表示以上一时刻的种群历史最优位置为中心，以 R 为半径进行勘探，R 是一个动态调整函数：

$$R = \begin{cases} R*(1+\delta) & T(t) > T_0 \\ R & T(t) \leqslant T_0 \end{cases} \qquad (2.31)$$

引入控制参数 $T(t)$ 和 T_0 与式（2.26）中表示的含义相同，目的是判断勘探范围是否扩大；δ 表示勘探范围的扩大率。种群历史最优粒子位置在不断变化时，随机勘探的范围不变，以此提高搜索的速度；当种群最优粒子的位置连续无变化或者连续变化非常小时，将不断扩大随机勘探的范围直至整个解空间，进行大范围的勘探，从而能够更好地搜索更优解。

2.4.2　MPSO 算法描述

根据上述的 MPSO 算法的原理和改进策略，面向 AB 非格模型的 MPSO 算法的寻优过程是：随机产生一个包含 n 个粒子的群体 P，每个粒子的位置值分别代表蛋白质序列构象的角度值，并根据 AB 非格模型中的势能函数计算群体中每个粒子的能量值，然后按照升序排列，同时保存最低能量值和具有最低能量值的粒子。按能量值由低到高将种群划分为三部分：精英种群，开采种群，勘探种群。在每次的进化过程中按照微调策略、变异策略和勘探策略进行全局和局部搜索，再对群体进行升序排序，并记录最低能量值和对应粒子的位置，直到算法结束。以下为 MPSO 算法的思想。

输入：蛋白质序列

输出：空间折叠结构最低能量值

开始：

对每个粒子进行初始化

当最大迭代次数或最小误差标准没有达到时

　　对每个粒子计算其能量值

　　　　如果该粒子能量值优于之前最好的能量值 P_{ibest}，

　　　　则将该能量值设为当前新的最好的能量值 P_{ibest}

　　按能量值由低到高将种群划分为三个子群：精英种群,开采种群,勘探种群

　　选择能量值最大的粒子记为 P_{gbest}

　　对精英种群中的粒子

　　如果该粒子在早期的进化阶段

```
            更新粒子位置
        否则
            计算能量值最大的粒子 $P_{gbest}$
            计算粒子速度
            更新粒子位置
        对开采种群中的粒子
            计算粒子速度
            更新粒子位置
        对勘探种群中的粒子
            更新粒子位置
结束
```

2.4.3　基于 MPSO 算法的实验结果

为了评价和比较算法的性能，本小节基于 AB 非格模型采用若干人工和真实蛋白质序列进行了折叠结构预测的实验，应用 MPSO 算法求解蛋白质序列的能量最低值。

1. 仿真实验相关参数设定

初始化参数设置为：对较短的蛋白质测试序列进行预测时，迭代次数 $Iteration_{max} = 50$；对长的测试序列时，迭代次数 $Iteration_{max} = 500$。其他参数初始化如下：种群个数 $n = 5000$，在式（2.22）中，惯性权重系数 ω 是从 0.9 到 0.4 线性递减，保留因子 $n_1 = 100$，开采因子 $n_2 = 1300$，勘探因子 $n_3 = 600$，$T_0 = 50$，$\varepsilon_0 = -0.01$，$\delta = 0.01$，$R = 0.5$。

2. 仿真实验结果

选用标准 Fibonacci 测试序列进行仿真实验。本实验首先采用文献[60]中较短的 Fibonacci 序列作为测试序列来判断本算法是否得到最低能量值。再对采用文献中长度为 13、21、34 和 55 的蛋白质序列作为测试序列，并与之比对。在预测复杂度方面，长度为 34、55 的测试蛋白质序列接近于真实的蛋白质序列，具有结构复杂，目标势能函数中极小值数量巨大等特点。这里的较短序列指的是序列长度在 3～5 的序列，而长序列指的是长度为 13～55 的序列。

表 2.7 列出了不同算法对长度为 13，21，34 和 55 的 Fibonacci 序列进行预测得到的最低能量值。E_{HTMC} 是文献[66]通过 PREM[65] 的方法得到的最低能量值，E_{nPREM} 是先用 PREM 方法再用共轭梯度法得到的最低能量值，即首先采用 PREM 方法得到的最低能量值和最优粒子，并将最优粒子作为新种群的初始化的基础，接着采用共轭梯度法进行再次预测，得到新的最低能量值和最优粒子。因此，用 PREM 方法和共轭梯度法得到的最低能量值 E_{nPREM} 被认为是最低能量值。E_{MPSO} 是 MPSO 算法得到的最低能量值。

表 2.7　长 Fibonacci 测试序列的结果比较

长度	序列	E_{HTMC}	E_{PREM}	E_{nPREM}	E_{MPSO}
13	ABBABBABABBAB	−3.2235	−3.2167	−3.2939	−3.2941
21	BABABBABABBBABBABAB	−5.2281	−5.7501	−6.1976	−6.1977
34	ABBABBABABBABBABABB ABABBABBABABBAB	−8.9749	−9.2195	−10.7001	−10.7036
55	BABABBABABBABBABABB ABABBABBABABBABABB ABBABBABABBABBAB	−14.4089	−14.9050	−18.5154	−18.6701

　　由表 2.7 可以看出，对于长度为 21，34，55 的序列，用 MPSO 算法得到的最低能量值均明显优于用 HTMC 方法和用 PREM 方法得到的最低能量值；对于长度为 13 的序列，MPSO 算法的最低能量值则是略有提高。对于所有序列，用 MPSO 算法得到的最低能量值与最低能量值（先用 PREM 方法再用共轭梯度法得到的最优能量值）近似，而对长度为 55 的序列有较好的改善。

　　从 MPSO 算法得到的蛋白质序列的构象（如图 2.20 所示）中发现：在长度为 13 的蛋白质序列的构象中，A 类残基（疏水性残基）形成了一个紧密的疏水核，被 B 类残基（亲水性残基）包围，完全符合蛋白质的特性。在长度分别为 21，34，55 的蛋白质序列的构象中，A 类残基形成多个束，基本上是被 B 类残基包围，较为符合真实蛋白质的特性。

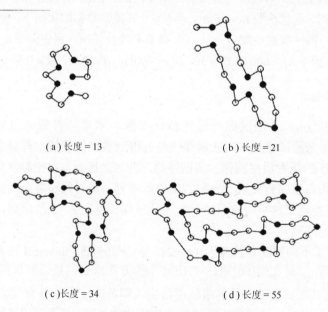

（a）长度 = 13　　　　　　　　（b）长度 = 21

（c）长度 = 34　　　　　　　　（d）长度 = 55

图 2.20　测试蛋白质序列二维最低能量构象

注：黑色球和白色球分别代表疏水性残基 A 和亲水性残基 B

2.4.4　自适应分工粒子群优化算法

本小节针对 MPSO 算法和其他多种群算法结构所存在的弊端，提出了自适应分工粒子群优化（adaptive division particle swarm optimization，ADPSO）算法。其在算法结构上主要有三个方面的改进：动态调整子种群规模、引入局部环境因数以及自适应分工策略。根据搜索中开采和勘探分工的不同，将整个种群 P 分成开采子种群 P_1 和勘探子种群 P_2。开采子种群 P_1 是由最优秀的个体组成，根据 PSO 算法进行迭代进化，主要的目的是加速开采逼近局部区域内的极值；而勘探子种群 P_2 的主要任务则是在局部范围以外勘探更优解。算法改进后能够有效地平衡开采和勘探能力，更为有效地利用有限的计算资源。通过实验表明，与其他改进算法相比较，ADPSO 算法不仅提高了局部极值解的质量，并且提高了收敛效率。

构建 ADPSO 算法的关键是如何设计种群的检测方式和响应方式。这里利用集中式处理模式来完成种群的检测，利用分工策略完成种群的响应。

1. 自适应分工原理

计算资源分配是对算法效率和精度的保证。对于 PSO 算法，每计算一次适应值都会消耗一个单位的计算资源，种群数量的分配是算法资源分配的一种重要的手段。假设进化种群总规模为恒定值 N，设开采子种群 P_1 和勘探子种群 P_2 数量分别为 N_1 和 N_2（$N_1 + N_2 = N$）。基于以上的假设，下面将以二维空间搜索空间为例，简述 ADPSO 算法的原理。当种群 P 中有微粒探测到局部开采区域 1，就吸引更多的微粒加入种群 P_1，则局部区域种群密度增加，从而加速了当前局部区域的开采。当局部开采区域 1 内不能搜索到更优解时，ADPSO 算法将触发一个相应的计时器，记录种群未发现更优解的持续时间（对应算法中的迭代次数）。如果该时间超过一定限度，认为局部开采潜力很小，种群 P_1 中的一些微粒将自动地退出区域 1 并加入种群 P_2，扩散到局部开采区域 2 进行勘探。种群 P_2 将重新初始化到一个新的状态（包括位置和速度），而种群 P_1 仍然按照原先的更新方式进行计算。一旦有微粒探测到局部开采区域 2（存在新的更好解）时，开采子种群 P_1 将迁移到区域 2，循环以至达到停止条件。

2. 局部环境因数 η

如何定量地评价局部开采区域的优劣是自适应分工策略的关键。局部开采环境的信息一般是不能直接获得，却能从开采子种群 P_1 的表现间接获得。即若开采子种群 P_1 的表现越好，说明局部开采潜力越大，反之亦然。

大多数进化算法是通过计算个体适应值评估个体优劣，适应值仅用于个体之间的定性比较，没有充分利用其定量计算的信息。基于最优适应值变化梯度，提出了局部环境因数 η 用于评价局部区域开采潜力。换而言之，局部环境因数 η 用于定量地评价局部开采的环

境状况。令在时刻 t，局部环境因数为 $\eta(t)$。$\eta(t)$ 的值越大，反映出 t 时刻局部开采环境越好，应投入开采子种群 P_1 更多的计算资源，加快局部区域开采的效率；反之 $\eta(t)$ 的值越小，说明在 t 时刻局部开采环境较差，甚至很恶劣，开采资源枯竭，应减少分配给 P_1 的计算资源，而相应地给予勘探子种群 P_2 更多地投入。由于局部环境因数 η，与相对开采量 ε 和计数累加器 Counter（用 C 表示）相关，这里先分别描述 ε 和 C 的具体含义。假设目标函数为 Min $F(x_1, x_2, \cdots, x_n)$。$F^*(t)$ 表示在 t 时刻目前所能搜索到的函数最小值，$\left| F^*(t) - F^*(t-1) \right|$ 是相邻两代之间函数最小值之差的绝对值，即绝对开采量，它反映了局部开采的潜力。而它与上一代的最小值之比，就反映了局部开发的相对潜力。因此，t 时刻的相对开采量 $\varepsilon(t)$ 由式（2.32）表示。另外，在进化后期，$\varepsilon(t)$ 的数值会非常小，需要适当的放大（这里采用幂函数放大，通常情况下底数用 e），可将式（2.32）转换为式（2.33）：

$$\varepsilon(t) = \left| \frac{F^*(t) - F^*(t-1)}{F^*(t-1)} \right| = \left| 1 - \frac{F^*(t)}{F^*(t-1)} \right| \tag{2.32}$$

$$\varepsilon'(t) = \exp\left[\varepsilon(t) \right] = \exp\left| 1 - \frac{F^*(t)}{F^*(t-1)} \right| \tag{2.33}$$

从式（2.32）中可以看出，ε 的取值是 $[0.1]$。ε 值越大，更有理由相信在局部开采区域内能够发现更优解，开采潜力较大；反之，ε 值越小，以一定的概率相信在局部开采区域内开采潜力变小。若 ε 值小于一定的程度时（即 $\varepsilon = \varepsilon_0$，$\varepsilon_0$ 是 ε 的阈值），算法对此触发一个计数累加器 C，它是用于记录种群没有改善解的质量的持续时间（对应算法中的迭代次数）。因此，时刻 t 的计数累加器 $C(t)$ 由式（2.34）表示：

$$C(t) = \begin{cases} C(t-1) + T(t) = \sum_{i=s}^{t} T(i), & T(t) = 1 \\ 0, & T(t) = 0 \end{cases} \tag{2.34}$$

式中：T 为一个信号。当 $\varepsilon > 0$ 时，$T = 0$；当 $\varepsilon = 0$ 时，$T = 1$。即

$$T(t) = \begin{cases} 1, & \varepsilon(t) = 0 \\ 0, & \varepsilon(t) > 0 \end{cases} \tag{2.35}$$

根据求解具体问题的性能要求，需要预先设定全局极值停滞时限 $C_{\max}$。由式（2.34）和（2.35）可知，若在时刻 s 到时刻 t 之间，有连续 $C_{\max}$ 次函数最小值没有更新（即 $\varepsilon = 0$），就有较充分的理由认为局部开采环境变差，需要重新分配计算资源。为了计算的统一，将 C 归一化处理得到 C'，具体表达式如式（2.36）：

$$C'(t) = \frac{\sum_{i=s}^{t} T(i) + 1}{C_{\max} + 1} \tag{2.36}$$

根据相对开采量 ε 和计数累加器 C 的定义，下面给出局部环境因数的表达式。将式

（2.33）和（2.36），代入式（2.37）中整理得到式（2.38）：

$$\eta(t) = \frac{\varepsilon'(t)}{C'(t)} \quad\quad\quad (2.37)$$

$$\eta(t) = \frac{(C_{\max} + 1) * \exp\left|1 - \dfrac{F*(t)}{F*(t-1)}\right|}{\sum_{i=s}^{t} T(i) + 1} \quad\quad\quad (2.38)$$

3. 种群自适应分工策略

上节引入了局部环境因数 η，它将为自适应分工策略提供定量的依据。这里将根据 η 的值来调节两个不同分工子种群的行为，从而建立种群自适应分工模型。下面将分别描述开采子种群 P_1 和勘探子种群 P_2 的自适应策略。

在种群规模恒定为 N 的情况下，用 τ 表示开采子种群 P_1 的个体数量 N_1 在种群 P 中所占的比重，即反映了开采任务和勘探任务相对重要程度。因此，称 τ 为开采因数，如式（2.39）所示：

$$\tau = \frac{N_1}{N} = \frac{N_1}{N_2 + N_1} \quad\quad\quad (2.39)$$

根据变化的局部环境，应该自适应地调整分配计算资源。即根据局部环境因数 η，来确定开采因数 τ 的变化。具体来说，当 η 大于它的上限 η_u 时，说明这里找到更好解的概率较大，应该增大 τ 值，增加开采资源的分配，加速开采更优解，充分利用有效资源。反之亦然。因此，公式（2.40）表示子种群 P_1 的自适应策略：

$$\tau(t) = \begin{cases} (1 + \alpha_\tau) * \tau(t-1) & \eta(t) \geqslant \eta_u \\ \tau(t-1) & \eta_l \leqslant \eta(t) < \eta_u \\ (1 - \beta_\tau) * \tau(t-1) & \eta(t) < \eta_l \end{cases} \quad\quad (2.40)$$

式中：η_u 和 η_l 分别为 η 的最大、最小阈值；α_τ 为种群增长率；β_τ 为种群减少率。

另外，勘探子种群 P_2 的任务是：通过在一定区域内随机产生个体，开拓新的搜索空间。随机搜索是一种概率搜索机制，种群密度（即单位空间内搜索的个体数量）越大，搜索到更优解的概率就越大。要增大种群密度有两种办法：其一是增加种群个体数量，其二是缩小搜索空间。减小开采因数 τ；增加子种群 P_2 的数量来增大其种群密度；自适应的扩大或缩小搜索空间也是改变种群密度的方法之一。

改变随机搜索空间的策略是对称随机分布初始化。具体来说，是以 t 时刻的历史最优解 $x^*(t) = \{x_1, x_2, \cdots, x_n\}$ 为中心，通过改变空间立体半径 $R(t)$ 来改变随机搜索空间。因此，子种群 P_2 的自适应勘探策略由式（2.41）表示：

$$R(t) = \begin{cases} (1+\alpha_R)*R(t-1) & \eta(t) < \eta_l \\ R(t-1) & \eta_l \leqslant \eta(t) < \eta_u \\ (1-\beta_R)*R(t-1) & \eta(t) \geqslant \eta_u \end{cases} \tag{2.41}$$

式中：η_u 和 η_l 分别为 η 的最大、最小阈值；α_R 为半径增长率；β_R 为半径减少率。

2.4.5　自适应分工粒子群优化算法描述

根据上节中阐明的自适应分工原理，先引入局部环境因数 η 来间接地定量评价当前搜索区域开采价值的好坏，使之能够与搜索种群进行信息交互。搜索区域的局部信息又能够调整两个种群的自适应行为，在一定的时间内，能够以更大的概率发现更优解，从而使 ADPSO 算法有效地跳出局部最优，提高了算法的精度。

下面给出 ADPSO 算法思想。该算法的优点是：在不改变 PSO 算法机理和计算资源一定的前提下，设置较少的粒子数量，通过相互吸引和扩散过程来实现两个子种群的并行搜索，能够充分的利用有限的计算资源。

输入：蛋白质序列

输出：空间折叠结构最低能量值

开始：

对每个粒子进行初始化

当最大迭代次数或最小误差标准没有达到时

　　对每个粒子计算其能量值[73]

　　如果该粒子能量值优于之前最好的能量值 P_{ibest}

　　　　则将该能量值设为当前新的最好的能量值 P_{ibest}

　　按能量值由低到高将种群划分为两个子群：开采种群，勘探种群

　　选择能量值最大的粒子记为 P_{gbest}

　　对开采种群中的粒子

　　　　计算粒子速度

　　　　更新粒子位置

　　对勘探种群中的粒子

　　　　随机更新粒子位置

结束

2.4.6　基于自适应分工粒子群优化算法的实验结果

为了评价和比较算法的性能，本节基于 AB 非格模型，除了采用若干人工蛋白质之外，还对真实蛋白质序列进行了折叠结构预测的仿真实验，应用 ADPSO 算法求解蛋白质序列

的能量最低值，并画出真实蛋白质序列相应的构像图。

1. 仿真实验相关参数设定

仿真实验条件：IntelIA Server（Server）、Intel Xeon 3.06GHZ（CPU）、1GB DRR2/667MHZ（RAM）、Windows Server 2003（Operation System）、VC＋＋6.0、Matlab7.0。

参数初始化如下：种群数量 $N = 2000$；迭代次数 $Iteration_{\max} = 5000$；开采因数 $\tau(0) = 0.9$；种群增长率 $\alpha_{\tau} = 0.05$；种群减少率 $\beta_{\tau} = 0.01$；半径增长率 $\alpha_R = 0.001$；半径减少率 $\beta_R = 0.005$；全局极值停止时限 $C_{\max} = 2$。

2. 仿真实验结果之一：人工蛋白质序列

在上一节中已经对 Fibonacci 测试序列做了相应的仿真实验，并得到相关结果和结论。为了验证提出的 ADPSO 算法的性能和效果，本节仿真实验对象分为两个部分：其一是上节提到蛋白质序列的最低能量值；其二是 MPSO 算法与 ADPSO 算法预测花费的时间。

首先选用标准 Fibonacci 测试序列进行仿真实验。仿真实验结果是：长度在 3～5 之间的较短序列与 2.4.3 节中所得到的结果完全一样，而长度为 13～55 的长蛋白质序列的最低能量略有不同，结果见表 2.8。表中相关参考值也与 2.4.3 节中选用的完全一样。

表 2.8 长 Fibonacci 测试序列的结果比较

长度	序列	E_{PREM}	E_{HTMC}	$E_{n\text{PREM}}$	E_{MPSO}	E_{ADPSO}
13	ABBABBABABBAB	−3.2167	−3.2235	−3.2939	−3.2941	−3.2941
21	BABABBABABBABBABABBAB	−5.7501	−5.2281	−6.1976	−6.1977	−6.1977
34	ABBABBABABBABBABAB BABABBABBABABBAB	−9.2195	−8.9749	−10.7001	−10.7036	−10.7226
55	BABABBABABBABBABABB ABABBABABBABBABABBB ABBABBABBABABBAB	−14.9050	−14.4089	−18.5154	−18.6701	−18.6258

表 2.9 长 Fibonacci 测试序列的 MPSO 算法与 ADPSO 算法时间比较

长度	时间（MPSO）/s	时间（ADPSO）/s
13	1433	929
21	3690	1955
34	12453	8498
55	20114	12007

由表 2.8 可见，对于长度为 13、21、34 的序列，用 ADPSO 算法得到的最低能量值与用 MPSO 算法得到的值基本相同，但是与 HTML 和 PERM 相比有很大的提高；对于长度 55 的序列，ADPSO 算法得到的最低能量值则比 MPSO 算法略有差距。此外，由表 2.9 可见在预测花费的时间方面，ADPSO 算法比 MPSO 算法有较大的改善。

3. 仿真实验结果之二：真实蛋白质序列

为了更好地体现算法的实用性，从 PDB 真实蛋白质数据库中选取两条真实的蛋白质序列，采用 ADPSO 算法求解其能量最低值并进行结构预测，检验 ADPSO 算法对真实蛋白质序列结构预测的有效性。

然而，与标准的 Fibonacci 人工测试序列不同的是：真实蛋白质序列较长，所以将初始化参数调整为：种群数量 $N = 3000$；迭代次数 $Iteration_{max} = 3000$；其他参数不变。在此，本节选用文献[60]中所用到的 SA 和标准 PSO 算法的结果进行比较，结果见表 2.10。同时，获得了这两条真实蛋白质序列的最低能量的构象。

表 2.10　真实蛋白质的最低能量值

PDB	蛋白质序列	E_{SA}	E_{PSO}	E_{ADPSO}
1AGT	GVPINVSCTGSPQCIKPCKDQGMRF GKCMNRKCHCTPK	−17.3628	−19.6168	−19.6241
1AHO	VKDGYIVDDVNCTYFCGRNAYCNEEC TKLKGESGYCQWASPYGNACYCYKL PDHVRTKGPGRCH	−14.9612	−15.1911	−19.3571

从表 2.10 中的结果中可以看出，对于 1AGT，ADPSO 得出的最低能量值比通过 PSO 算法得到的最低能量值略优，但明显优于 SA 算法；对于 1AHO，ADPSO 方法的结果明显优于通过 PSO 算法和 SA 算法得到的结果。

2.5　基于遗传禁忌算法的蛋白质折叠结构预测

2.5.1　禁忌算法

禁忌搜索（tabu search，TS）算法是 Glover 提出的一种全局性邻域搜索算法[74-76]，是对人类记忆功能的一种模拟。其主要思想是对已搜索到的局部最优解进行存储，并在下一步的搜索中尽量地避开这些对象，从而避免了迂回搜索，保证算法对不同的有效搜索途径的探索。

TS 算法在邻域搜索的基础上，通过设置禁忌表来存储近期的历史操作，并利用藐视准则（后面有相应解释）来激励某些优良解，而不在乎这些优良解是否被禁忌。此原则使算法具有一定的局部极小突跳性，从而避免陷入局部极小值和迂回搜索。算法步骤描述如下。

步骤 1：产生初始解 x，设当前最优解 $x_{best} = x$，禁忌表 TS 置空。

步骤 2：采用邻域函数产生当前解 x 的邻域解，并从邻域解集中选择若干候选解。

步骤 3：判断候选解是否满足藐视准则，若满足，则用满足藐视准则的最佳候选解 x'_{best} 替代当前解和当前最优解，即 $x = x'_{best}$，$x_{best} = x'_{best}$，并将 x'_{best} 对应的对象替换最早进入禁忌表 TS 的对象（即禁忌表的淘汰方式为先进先出），然后转步骤 5；否则，执行以下步骤。

步骤 4：在候选解中选择没有被禁忌（即候选解不在 TS 中）的解 x' 作为新的当前解 $x = x'$，忽视其劣势，并将 x' 对应的对象替换最早进入 TS 的对象。

步骤 5：判断是否满足终止条件，若不满足，则反复执行步骤 2～步骤 4，否则退出，返回全局最优解 x_{best}。

2.5.2　禁忌算法优化

禁忌表和藐视准则的使用，让禁忌算法在搜索过程中接受一定的劣解，因此，该算法具有较强的爬山能力，能跳出局部最优，从而更好地进行全局搜索。然而，TS 算法也有两大缺点：第一，由于 TS 算法基于贪婪思想持续地在当前解的邻域中进行搜索，因而它过多地依赖初始解，差的初始解会明显降低其性能；第二，迭代搜索是在解空间中串行进行的，而不是并行前进，易导致对解空间搜索不充分。与 GA 算法类似，TS 算法也有三种改进方法：其一，基础操作的改进，即改进 TS 算法的关键策略。其二，基于知识的改进，即在 TS 算法中引入问题信息，或与 GA 算法和神经网络等相结合，形成混合算法。其三，并行化 TS 算法，可通过分解解空间或邻域的方式，形成并行策略，或者将多个 TS 算法以多任务方式并行运行。下面对基础操作的改进进行介绍。

1. 初始解的产生

由于 TS 算法对初始解的依赖性较大，可以利用优化问题的特定信息采用启发式方法产生初始解。

2. 邻域函数

TS 算法是串行迭代的搜索，每次迭代的当前解都是从上一次迭代中当前解的邻域解集中选取的，因此，为了保证对解空间充分搜索，邻域函数应能产生尽量多样化的邻域解集。通常，在算法搜索前期，邻域函数可对当前解产生较大扰动或变化，使邻域解集中的个体间有较大差异，使算法跳过局部最优，在后期则应对当前解产生小的扰动或变化，避免跳过全局最优解。

3. 禁忌表

禁忌表的设置让 TS 算法避免了迂回搜索，包括禁忌对象和禁忌长度两个内容。禁忌对象指禁忌表中存放（被禁忌）的变化的元素。一般，解的变化可分为三种情况：解的简单变化、解向量分量的变化和目标函数值的变化。第一种情况使解的受禁范围变小，可搜索范围增大，但造成了搜索时间的增加；后两种则使解的受禁范围变大，虽然减少了算法的搜索时间，但可能因此陷入局部最优。

禁忌长度指禁忌对象被禁忌的迭代次数，即禁忌对象的任期。每次迭代后，新的禁忌对象会进入禁忌表，此时，禁忌表中各禁忌对象的任期都应减 1，类似先进先出的思想。禁忌长度的设置也很重要，可为定值，可在一定范围内变化，也可自适应变化。若禁忌长度设置过大，理论上能遍历整个解空间，但需要高额的计算量；若设置过小，则不能完全发挥禁忌表的作用，算法还是容易陷入迂回搜索。

4. 藐视准则

藐视准则激励对优良状态的搜索，是算法全局搜索的关键策略。当最佳候选解优于当前最优解，或者出现全禁忌（所有候选解均被禁忌）的情况时，藐视准则就会使某些候选解解禁，以保证算法更好的搜索。藐视准则有三种常用的设置方式。

（1）基于适应度的准则，即当存在某个最佳候选解优于当前最优解时，忽视其是否被禁忌，将最佳候选解设置为当前解，并更新当前最优解；

（2）基于最小错误的准则，即候选解集中没有满足藐视准则的最佳候选解，且全被禁忌时，将目前最好的候选解设置为当前解，进行下一次迭代；

（3）基于影响力的准则，若解禁一个禁忌对象，能给之后的算法搜索带来较大的影响，那么可将其解禁，期望在以后的搜索中找到更好的解。

5. 终止准则

理想的收敛条件是 TS 算法遍历了整个解空间后退出，但这在实际应用中是不可行的。因此常采用三种近似的收敛条件：①设置最大迭代次数；②设置对象的最大禁忌频率；③若在一定迭代次数内，目标值没有改进，可终止退出。

2.5.3　遗传禁忌算法优化策略

GA 算法的并行处理和全局搜索能力，使其能有效地解决多参数多极值的复杂优化问题。然而，它过于依赖交叉过程，不容易找到最优解，因而收敛速度很慢。此外，由于其变异的能力可能太小，导致算法过早收敛，局部搜索能力较弱。TS 算法的最大特色是强大的局部搜索能力，但由于过于依赖初始解，且以串行迭代的方式搜索解空间，致使全局搜索能力不够。因此，可结合两个算法，用一个算法的优点来弥补另一个算法的缺点，设计一个兼有全局搜索和局部搜索能力的混合优化算法，既保持 GA 算法全局搜索和并行处理能力强的优势，又继承 TS 算法爬山能力强的特点。针对蛋白质三维折叠结构问题，提出以下 5 个改进策略。

1. 染色体编码

个体的表现形式影响着 GA 算法的性能。由于高斯坐标简单易处理，适合将其作为染色体编码方式。对于含有 n 个残基的蛋白质，个体可以表现为 $h(\theta_1,\cdots,\theta_{n-2},\beta_1,\cdots,\beta_{n-3})$，体现了蛋白质三维结构的 $(n-2)$ 个键角和 $(n-3)$ 个扭转角。个体 h 的第 i 个氨基酸残基的高斯坐标可以表示为

$$pos(i)=\begin{cases}(0,0,0), & i=1\\(0,1,0), & i=2\\(\cos(\theta_1),\sin(\theta_1),0), & i=3\\ \left[pos(i-1)_x+\cos(\theta_{i-2})\cos(\beta_{i-3}),pos(i-1)_y+\sin(\theta_{i-2})\cos(\beta_{i-3}),pos(i-1)_s+\sin(\beta_{i-3})\right],4\leqslant i\leqslant n\end{cases}$$

$$(2.42)$$

蛋白质的前三个氨基酸坐标依次为 $(0,0,0),(0,10)$ 和 $(\cos(\theta_1),\sin(\theta_1),0)$，后序的氨基酸残基坐标均在其前一个残基坐标的基础上计算而来。

2. 可变群体规模

算法容易未成熟收敛的主要原因是在优化后期群体缺乏多样性。在经过多次进化后，群体的个体之间差异性越来越小，应采取可变群体规模策略。在进化计算过程中，为了尽量保持个体之间的多样性，应适当增加或减少群体规模。当群体的最优状态非常接近群体平均能量值时，应自动引入一定数量的新个体，以保持群体的多样性。

另外，初始群体规模对 GA 算法影响很大。初始群体规模过小易使算法未成熟收敛，而陷入局部最优；过大则导致计算量太大，收敛速度慢。因此，将初始群体大小 N 设置为染色体长度 n 的两倍，即 $N=(2n-5)\times 2$，实验中取得了良好效果。

3. 排序选择

在进化过程中，对于每一代群体，算法会以个体的适应度为基础，选择适应度高的个体进入下一代，或者通过配对交叉、变异的方式产生新个体再遗传到下一代群体。因为个体的能量值越低，其适应度越大，所以采用排序选择策略，在群体更新后，算法将个体按照能量值从小到大排序，排在前面的个体具有较高的适应度，被选择的概率更大，从而使个体的优良特性得到更好的继承。此外，该选择策略将不对群体中适应度最高的少数个体进行交叉和变异操作，而是直接复制到下一代，保证了每一代的优秀个体不被破坏，从而加快了算法的收敛速度。

4. 变异算子

变异算子（tabu search mutation，TSM）与标准变异算子的不同之处是它将变异的父本（被选择变异的个体）作为初始解，经过若干次 TS 算法后的当前解作为变异的子代。由于 TS 算法过程采用了禁忌表和藐视准则，可以接受一定的劣解，因而 TSM 的爬山能力强于很多其他算子。TSM 的操作过程如下。

开始：

　　初始化参数：被选中变异的个体 h_i 设为当前解，其能量值 E_i；禁忌表 TS 置空；当前最优解 $h_{\min}$ 的最小能量值 $E_{\min}$；$TSLength$：禁忌表长度；$proLength$：领域解长度；$CanLength$：候选解长度；$TSMaxloop$：禁忌搜索次数。

　　For($tsloopCounter$ = 0, $tsloopCounter$ ++ ＜$TSMaxloop$){

　　1. 扰动变异得到当前解的邻域解：搜索前期采用两点变异，搜索后期采用单点变异。

　　2. 产生候选解集 $Candidate$

　　　　2.1 对于每个邻域解中的每一个个体，使用势能函数（4.1）计算能量值；

　　　　2.2 按个体能量值由小到大排序，选取最小的 $CanLength$ 个个体作为候选解。

　　3. For(i = 0, i ++ ＜$CanLength$){

3.1 全禁忌处理标志 *AllTabuFlag* = True;

3.2 If（*Candidate*[i]＜E_{min}）Then 更新全局最优解；

3.3 If（*Candidate*[i]＜E_i）Then *Candidate*[i] 设置为当前解，并将存入禁忌表 *TS*，*AllTabuFlag* = False;

　　Else If（*Candidate*[i] is not in TS）Then 概率接受 *Candidate*[i] 是否设为当前解，*AllTabuFlag* = False;

　}

4. If（*AllTabuFlag* = True）Then 全禁忌处理。

}

将 *TS* 搜索到的最后的当前解 h'_i 作为变异的子代输出

结束

TSM 的主要操作步骤如下。

（1）用扰动变异的方法产生当前解的邻域解。

在算法进行的不同阶段，采用不同的变异方式：前期采用两点变异方式以保持假设群体的多样性，后期则采用单点变异方式来加快算法的收敛。假设对当前解 h 的第 j 个参数 h^j 进行扰动，则变异后的新个体 h' 的第 j 个参数为

$$h^{j'} = h^j + 2\pi \times \left(1 - r^{(1-\alpha)^2}\right) \times Base^{g(j)} \times f(r) \tag{2.43}$$

式中：r 为 0 到 1 的随机函数；$\alpha \in [0,1]$ 为算法搜索的进度。因子 $1 - r^{(1-\alpha)^2}$ 的作用是使算法在进化过程中有不同的扰动度，即在算法的初始阶段（α 趋近于 0）时，对当前解产生较大的扰动力度，从而保证邻域解的多样性，而在算法后期（α 趋近于 1），对当前解则产生较小的扰动力度，以避免跃过全局最优状态，保证算法全局收敛。因子 $Base^{g(j)}$ 用于增加邻域解的多样性，其中，$Base \in [0.9, 0.99]$ 是参数 h^j 的影响因子，指数 $g(j)$ 定义为

$$g(j) = \begin{cases} j, & r < 0.5 \\ n-j, & r \geq 0.5 \end{cases} \quad r \in [0,1) \tag{2.44}$$

式中：n 为解向量的参数个数。

式（2.43）中系数 $f(r)$ 可定义为

$$f(r) = \begin{cases} -1, & r < 0.5 \\ 1, & r \geq 0.5 \end{cases} \quad r \in [0,1) \tag{2.45}$$

（2）将邻域解集中的解按能量值从小到大排列，并选择位于前面的若干个候选解。

（3）根据禁忌表和藐视准则，确定一个合适的候选解作为当前解。当迭代次数大于预先设定的最大迭代次数时，终止 TS 算法，并将此时的当前解设置为 TSM 的变异子代。

为了达到更好的记忆和爬山效果，采用两个禁忌表，一个用于存储解向量，另一个则由当前解对应的势能函数值构成。判断候选解 $h(\theta_1, \cdots, \theta_{n-2}, \beta_1, \cdots, \beta_{n-3})$ 是否禁忌的规则

是：设候选解 h 对应的能量值为 $E(h)$，若禁忌表中存在这样的解向量 $y(\theta'_1,\cdots,\theta'_{n-2}, \beta'_1,\cdots,\beta'_{n-3})$ 和能量值 $E(y)$，使得 $|E(y)-E(h)| \leq \psi$，并且两个解向量间的距离满足 $\|y-h\| \leq \eta$，则说明该候选解 h 满足禁忌条件，应被禁忌。在 TSM 搜索过程中也会出现全禁忌的情况，此时所有候选解均存在于禁忌表中，处理方式是解禁其中的最优候选解，并设置为当前解，然后进行下一次迭代。

从变异算子 TSM 的操作过程可以看出，将变异的父本作为 TS 的初始解，进行一定次数的迭代搜索后，返回搜索得到的最后当前解作为变异的子代，使遗传禁忌算法（genetic algorithm based on tabu search，GATS）有很强的局部随机搜索能力。由于邻域解的产生方式使算法前期个体的抖动较大，可以维持群体的多样性，后期个体抖动较小，可避免破坏或者跳过全局最优解，从而保证了算法的全局收敛。

5. 交叉算子

交叉算子（tabu search recombination，TSR）也使用了禁忌表，并将父代群体的平均能量值作为 E_{avg}，用于判断交叉产生的新个体是否可以进入下一代群体。TSR 作用于种群时，首先将假设群体按能量值由小到大排序，并按概率选择距离尽可能远的个体进入交叉池，以避免近亲繁殖，再将交叉池中每一个父本 $h(\theta_1,\cdots,\theta_n)$ 与当前最优解 $h_{\min}\left(\theta_1^{\min},\cdots,\theta_n^{\min}\right)$ 交换信息，交叉的方式采取随机线性组合，该方式可增强算法在解空间的搜索能力。若交叉的子代为 $h'\left(\theta'_1,\cdots,\theta'_n\right)$，则有

$$\theta'_i = r\theta_i + (1-r)\theta_i^{\min}, (1 \leq i \leq n) \tag{2.46}$$

最后比较交叉子代 h' 的能量值 $E(h')$ 和渴望水平 E_{avg} 的大小，若 $E(h') \leq E_{\mathrm{avg}}$，说明子代 h' 优于渴望水平，则将其破禁，并进入下一代群体；若 $E(h') > E_{\mathrm{avg}}$，表明子代 h' 劣于渴望水平。此时，若 h' 不在禁忌表中，则也被接受并进入下一代，若 h' 在禁忌表中，则接受子代 h' 和父本 h 中的能量较低者。TSR 的优点在于它根据禁忌表和父代群体的整体素质，对交叉产生的新个体进行了重组，使父代的优秀特性在子代中得到更大的遗传和继承。此外，禁忌表的使用避免了相同的个体在下一代群体中多次出现，从而保证了个体的多样性，防止算法过早收敛。

GATS[78-80] 优化三维 AB 非格模型的总体思路是：首先用合适的值初始化各个参数，随机产生拥有 N 个个体的群体 P，再利用势能函数式计算各个个体的能量，并将个体按能量值从小到大排序，将具有最低能量值的个体和能量分别记作 $h_{\min}$ 和 $E_{\min}$。在搜索过程中，TSR 和 TSM 轮流作用于群体 P，且每次更新群体 P 后，都将其进行排序，并更新 $h_{\min}$ 和 $E_{\min}$。当 TSR 处理时，从群体中后 90% 的位置选择 $r*N$ 个交叉父本进入交叉池，群体前 10% 位置的个体被复制直接进入下一代，然后将交叉池中的个体依次与当前最优解 $h_{\min}$ 进行交叉，并根据禁忌表和渴望水平的情况判断交叉产生的个体是否被下一代群体接受。TSM 操作时，按概率选择 $m*N$ 个变异父本，每一个父本将作为初始解，分别进行若干次 TS 后产生的当前解即作为变异的子代。满足一定次数的迭代搜索后，算法终止退出，最

后记录的 $h_{\min}$ 和 $E_{\min}$ 便是全局最优解。算法步骤如下。

步骤 1：初始化参数：群体规模 N，交叉率 r，变异率 m，GA 最大循环次数 $GAMaxloop$，禁忌表 TS 置空，禁忌表长度 $TSLength$，邻域解长度 $proLength$，候选解长度 $CanLength$，TS 最大迭代次数 $TSMaxloop$，最小能量值 $E_{\min}$ 及最优个体 $h_{\min}$，设置 GA 当前迭代次数 $galoopcount = 0$。

步骤 2：随机产生 N 个个体 $h\left(\theta_1,\cdots,\theta_{n-2},\beta_1,\cdots,\beta_{n-3}\right)$，组成群体 P。

步骤 3：用势能函数式算群体 P 中每个个体的能量值 E_i，并按照能量值从小到大排列 P 和数组 E，则 E_0 为 P 中最小能量者，若 $E_{\min} > E_0$，则更新当前最优解及最优能量 $h_{\min} = h_0$，$E_{\min} = E_0$。

步骤 4：计算 $galoopcount = galoopcount + 1$，如果 $galoopcount < GAMaxloop$，则转步骤 5，否则终止算法，返回全局最优解 $h_{\min}$ 和 $E_{\min}$。

步骤 5：从 P 中后 90% 位置选择 $r*N$ 个用于交叉的个体 h_i，分别与 $h_{\min}$ 进行随机线性交叉，产生子代 h_i'。

步骤 6：用式（4.1）计算交叉子代的能量值 E_i' 和群体 P 的平均能量值 E_{avg}，如果 $E_i' < E_{\min}$，则 h_i' 被接受进入下一代，否则，判断 h_i' 是否在禁忌表 TS 中，若不在，则也接受 h_i'，若在，则下一代群体将接受 h_i 和 h_i' 中的更优者。

步骤 7：按照能量值从小到大排列群体 P 和能量数组 E，若 $E_{\min} > E_0$，则更新当前最优解及最优能量 $h_{\min} = h_0$，$E_{\min} = E_0$。

步骤 8：按概率选择 $m*N$ 个用于变异的个体 h_i。选择方式为随机产生 0~1 之间的随机数 $r_i (i=1,2,\ldots,N)$，如果 $r_i < i/N$，则 P 中第 i 位置的个体 h_i 将被选取。

步骤 9：将每一个变异父本 h_i 作为初始解，利用 TSM 操作对其进行 TS，产生变异的子代。

步骤 10：按照能量值从小到大排列群体 P 和能量数组 E，若 $E_{\min} > E_0$，则更新当前最优解及最优能量 $h_{\min} = h_0$，$E_{\min} = E_0$，转步骤 4。

2.5.4　实验结果与分析

表 2.11 列出了 GATS 在 AB 非格模型下计算出的蛋白质最低自由能 $E_{\min}^{\mathrm{GATS}}$，为了比较，也列出了其他方法获取的最低能量值，$E_{\min}^{\mathrm{SA}}$ 是 SA 算法[81]得到的最低能量值，$E_{\min}^{\mathrm{ELP}}$ 表示 ELP 算法[70]搜索到的最低能量值，$E_{\min}^{\mathrm{CSA}}$ 为 CSA 算法[69]得到的最优值，$E_{\min}^{\mathrm{TS}}$ 则是 TS 算法[82]计算出的最低自由能。

通过表 2.11 的比较可知，GATS 搜索到的四条斐波那契序列的最低能量值都优于 SA、ELP 和 CSA 得到的最优值，而且对于长度为 13、21 和 55 的序列，GATS 都比 TS 算法得到了更低的值。虽然在长度为 34 的序列时，GATS 的结果略差于 TS 的 0.02‰，但是对于长度 55 的序列，GATS 取得的最优能量值明显优于 TS 的结果。这表明改进的 GATS 能有效地得到较高精度的预测蛋白质三维折叠结构，且序列越长，该混合优化方法的优化效果越好。

表 2.11　不同算法获得的斐波那契序列的最低能量值比较

长度	序列	E_{min}^{SA}	E_{min}^{ELP}	E_{min}^{CSA}	E_{min}^{TS}	E_{min}^{GATS}
13	ABBABBABABBAB	-4.9746	-4.967	-4.9746	-6.5687	-6.9539
21	BABABBABABBABBABABBAB	-12.0617	-12.316	-12.3266	-13.4151	-14.7974
34	ABBABBABABBABBABABBAB ABBABBABABBAB	-23.0441	-25.476	-25.5113	-27.9903	-27.9897
55	BABABBABABBABBABABBAB ABBABBABABBABBABABBAB ABBABBABABBAB	-38.1977	-42.428	-42.3418	-41.5098	-42.4746

　　图 2.21 为 4 条序列基于三维 AB 非格模型的最优能量构像图，分别对应于表 2.11 的最低能量值。图中，黑球表示疏水性残基 A，白球表示亲水性残基 B。从 4 个构像图可以看出，它们都形成了一个位于构型内部的疏水核，亲水残基包围在外面，这一特点与 AB 非格模型建立的出发点是一致的，该模型认为蛋白质氨基酸的疏水作用是其结构型成的主要作用力，当疏水残基在空间上相邻时可促使能量降低，使蛋白质结构趋于稳定。这与蛋白质的真实特性也是相符的，说明采用斐波那契序列在三维 AB 非格模型下模拟真实蛋白质结构是合理的，同时，提出的 GATS 可以有效地优化该模型。

表 2.12　真实蛋白质序列和最优能量值

PDB 编号	长度	序列	E_{min}^{TS}	E_{min}^{GATS}
1BXL	16	GQVGRQLAIIGDDINR	-15.7164	-15.8246
1EDP	17	CSCSSLMDKECVYFCHL	-12.8392	-13.7769
1AGT	38	GVPINVSCTGSPQCIKPCKDQGMRFGKCMNRKCHCTPK	-44.2656	-46.0842
1CB3	13	XIDYWLAHKALAX		-8.25151
2H3S	25	PVEDLIRFYNDLQQYLNVVTRHRYX		-18.16397
2KPA	26	VSVDPFYEMLAARKKRISVKKKQEQP		-25.10033
1TZ4	37	YPSKPDNPGEDAPAEDLAQYAADLRHYINLITRQRYX		-39.34443
1TZ5	37	APLEPVYPGDNATPEQMARYYSALRRYINMLTRPRYX		-45.30194
1AHO	64	VKDGYIVDDVNCTYFCGRNAYCNEECTKLKGESGYC QWASPYGNACYCYKLPDHVRTKGPGRCH		-69.02568

　　为了验证 GATS 用于真实蛋白质折叠预测的可行性和有效性，本节实验采用从 PDB 数据库中获取的 9 条真实序列作为数据。其 PDB 编号分别是 1BXL、1EDP、1AGT、1CB3、2H3S、2KPA、1TZ4、1TZ5 和 1AHO。这里，PDB 编号是蛋白质序列在 PDB 中的唯一标识。其中，蛋白质 1BXL 和 2H3S 含有两条肽链，均取其 B 链作为实验数据，其他的蛋白质都是单链的。表 2.12 是 GATS 优化基于三维 AB 非格模型的真实蛋白质序列得到的最

低能量值，由于国内外少有研究从 AB 非格模型预测真实蛋白质三维结构的文献，将前三条序列与 TS 算法得到的结果进行比较，而其他序列均只列出搜索到的最优结果。从表 2.13 可以看出，GATS 搜索到的最低能量值均低于比 TS 算法优化的结果，特别是长序列 1AGT，能量值有很大改善。这表明，用混合优化方法 GATS 预测蛋白质三维折叠结构时，表现出的全局优化能力明显优于 TS。

　　图 2.22 为 9 条真实蛋白质序列基于三维 AB 非格模型的粗粒构象，从中可以看出，所有蛋白质的构象都形成了被亲水残基包围着的疏水核，体现出与蛋白质天然结构相一致的特性，而且疏水核更加清晰而紧凑。说明 GATS 对真实蛋白质的三维结构预测是可行的、有效的，且比 TS 算法有更好的优化能力。

　　此外，从图 2.22 还可以看出，蛋白质 1AHO 的疏水核虽然明晰，却不够紧凑，这说明简化的 AB 非格模型虽能在一定程度上表征真实蛋白质的主要特征，但对长序列而言，尚存在不足之处。对于序列 1TZ4 和序列 1TZ5，它们虽有着一定的相似性，但其最低能量值和最优构象还是有较大区别。

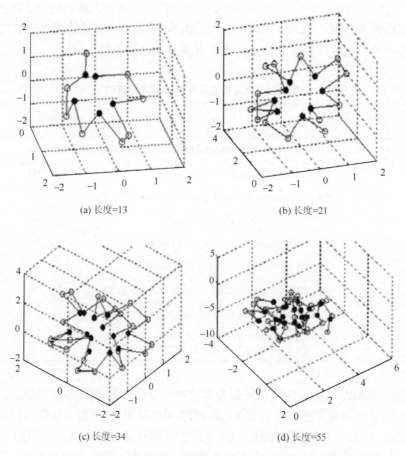

(a) 长度=13　　　　　　　　　　　　　(b) 长度=21

(c) 长度=34　　　　　　　　　　　　　(d) 长度=55

图 2.21　GATS 搜索到的四条斐波那契序列的最低能量构象

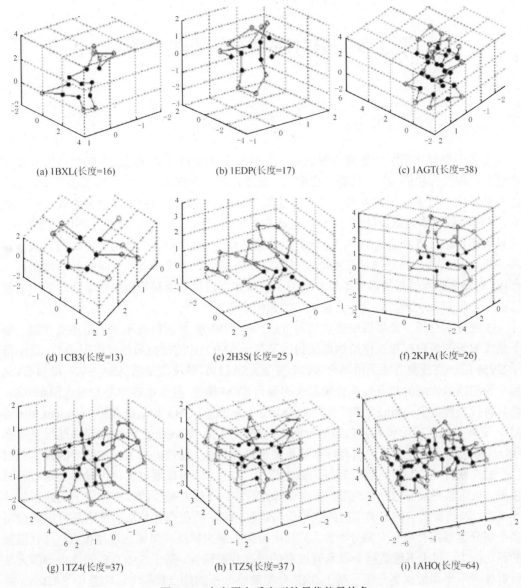

(a) 1BXL(长度=16)　　　　　　(b) 1EDP(长度=17)　　　　　　(c) 1AGT(长度=38)

(d) 1CB3(长度=13)　　　　　　(e) 2H3S(长度=25)　　　　　　(f) 2KPA(长度=26)

(g) 1TZ4(长度=37)　　　　　　(h) 1TZ5(长度=37)　　　　　　(i) 1AHO(长度=64)

图 2.22　真实蛋白质序列的最优能量构象

第 3 章　蛋白质相互作用热点预测

3.1　引　　言

蛋白质相互作用[83-84]是两个蛋白质之间或者多个蛋白质之间通过生物结合位点的结合进而实现蛋白质的功能。这些结合位点,是蛋白质相互作用结合面上的最小分子,也叫作残基。这些残基在蛋白质与蛋白质发生相互作用形成复合物的时候会吸收或者释放能量,这种能量被称为结合自由能。在蛋白质相互作用界面上,结合自由能是不均匀分布的,并且大部分结合自由能是由小部分的界面残基贡献的,这些对结合自由能贡献较大残基被称为热点残基[85]。热点残基在维持蛋白质功能和相互作用的稳定性方面起着非常重要的作用。对界面热点残基的研究不仅有助于了解未知蛋白质功能和特定生物学功能的生物学特性,而且有助于新药物设计的发展[86-87]和疾病研究[88-89]。

本章分别介绍三类蛋白质热点预测方法:基于 SVM 的蛋白质相互作用热点预测、基于集成学习的蛋白质相互作用热点预测以及基于 SMOTE 的蛋白质相互作用热点预测。基于 SVM 的热点预测方法采用混合 SVM 模型 ASA∪PI,该模型是将 ASA-SVN 和 PI-SVM 两个预测模型预测的热点残基叠加起来的混合 SVM 模型。基于集成学习的热点预测方法,将具有代表性的 Boosting、梯度提升(gradient boosting,GB)和随机森林(random forest,RF)三种方法应用于预测蛋白质结合面上的热点残基:Boosting 算法的训练过程呈阶梯状,其每次训练过程中会对所有样本的重要性进行评估,通过提高上一次错分的样本的权值,最终获得一个稳定且表现较好的分类模型;GB 方法可以通过优化可微损失函数训练模型,从而获得最好的分类结果,每次训练过程中,在残差减少的梯度方向上创建新的分类模型,以确保之前的分类模型的残差保持梯度下降;随机森林算法的优点是可以通过将多个弱分类器组合成一个强分类器,其利用投票机制来抵抗决策树的过度拟合,具有很强的泛化能力,对于多维数据分类具有很高的效率和准确性。基于 SMOTE 的热点预测方法针对处理不平衡数据集介绍了基于 SRF 分类策略分析的热点预测方法和基于 SABoost 算法的热点预测方法;基于 SRF 分类策略分析的热点预测方法采用 SMOTE 和 RF 结合起来对蛋白质相互作用中的热点残基和非热点残基进行分类;基于 SABoost 算法的热点预测方法使用 SMOTE 算法对数据进行平衡处理,再使用 AdaBoost 算法对经过预处理的数据进行建模。

3.2　蛋白质热点残基

热点残基发现于 20 世纪 90 年代,当时 Clackson 等[90]观察生长激素结合蛋白质和生长激素相互作用时,发现蛋白质相互作用界面上的有些残基突变后会释放出比其他的残基大得多的能量,因此,就定义这些突变后释放能量较大的残基为关键残基。后来又有研究人员通过研究丙氨酸突变实验数据,发现蛋白质结合面残基对结合能的贡献不是平均分配的,只有占很小比例的一部分残基在蛋白质相互作用中贡献了绝大部分的能量,这些关键残基称之为热点(hot spot)[90-91]。在一个有着 1200～2000 个残基的典型的蛋白质相互作用界面,只有少于 5%的界面残基的结合自由能是大于或者等于 2.0kcal/mol 的。因此,在一个蛋白质中大约只有 1.4%的热点残基。通过对热点残基氨基酸种类的分析,热点的氨基酸构成并非随机的,色氨酸、精氨酸和酪氨酸分别位居前三位,分别为 21%、13.3%和12.3%,而亮氨酸、丝氨酸、苏氨酸和缬氨酸是出现的最少的。热点残基与氨基酸的种类有一定的关系,这可能是由于氨基酸侧链的极性和侧链构象熵的差别导致的。

　　蛋白质热点与非热点的划分是界定阈值上的差异。在实验中,通常定义突变前后结合自由能变化值大于或者等于 2.0kcal/mol 的残基为热点残基,定义突变前后结合自由能变化值小于或者等于 0.4kcal/mol 的残基位点为非热点残基。虽然这部分热点残基所占数量较少,但是为蛋白质相互作用的能量变化所贡献的结合自由能变化值较大,无论是对蛋白质结构的研究,还是对蛋白质的功能的研究,都起着不可替代的作用。靶点蛋白质属于蛋白质的一种,因此,靶点蛋白质与蛋白质一样存在热点残基,热点残基是研究结合位点的重要内容,而靶点蛋白质的热点残基是研究药物作用于靶点蛋白质结合位点重要的理论基础。

3.3　热点数据集

3.3.1　数据集的获取与处理

　　因为在蛋白质热点残基和热区的研究中对热点的定义不同、数据集不同,甚至有些评价标准也不完全相同,所以在对预测方法评估时不能达到完全的公平。为了更有效地评价预测结果,本章针对不同的热点残基定义,以及不同的数据集,从多个角度进行了比较。使用的通用数据集分别来自丙氨酸热力学扫描数据库(ASEdb)、蛋白质相互作用热力学突变数据库(SKEMPI)和结合面数据库(BID)。

1. ASEdb 数据集

　　ASEdb 作为训练样本集,包含 265 个丙氨酸突变界面残基(见附录 1)。基于热点残基的定义,这些残基可分为热点残基和非重要的残基(这里称为非热点残基)。已经公开的文献中存在三种热点的定义。

　　(1)结合自由能变化量 $\Delta\Delta G \geqslant 2.0$kcalmol 的残基称为热点。

　　(2)结合自由能变化量 $\Delta G \geqslant 1.0$kcal / mol 的残基称为热点。当使用 $\Delta G \geqslant 2.0$kcal / mol 定义热点时,结合面残基被分为 65 个热点和 200 个非热点,记为数据集 ASEdb1;而 $\Delta G \geqslant 1.0$kcal / mol 定义热点时,结合面残基被分为 119 个热点和 146 个非热点,记为数据集 ASEdb2。这两个数据集都作为训练集去创建热点分类模型,而且对第一种定义,还采用了十折交叉验证进行评估。

（3）结合自由能变化量 $\Delta G \geqslant 2.0 \text{kcal}/\text{mol}$ 的残基称为热点，$\Delta G \leqslant 4.0 \text{kcal}/\text{mol}$ 的残基称为非热点，删除 $0.4 \text{kcal}/\text{mol} \leqslant \Delta G \leqslant 2.0 \text{kcal}/\text{mol}$ 的残基，包括 90 个非热点残基和 65 个热点残基，该数据集称为 ASEdb3 数据集。

2. SKEMPI 数据集

SKEMPI 也是作为训练样本集，包含来自 66 个复合物的 3047 条蛋白质残基突变的数据，这里筛选出数据库中丙氨酸单点突变的 1057 条数据。在数据库中，同一结合位点、同一类型丙氨酸的突变，由于实验温度、湿度等因素的差异，有可能存在多个不同的结合自由能值，这里采用取平均值的方式获得最终的结合自由能值。由于现有公开的文献中对该数据集的研究都采用的是 $\Delta G \geqslant 2.0 \text{kcal}/\text{mol}$ 的热点定义，包括 136 个热点和 349 个非热点。为了便于评价方法的性能，保持一致性，对 SKEMPI 数据集的研究，只采用了第一种热点定义方式，并采用十折交叉验证进行评估。

3. BID 数据集

BID 数据集通常作为独立测试集对模型进行评估，其蛋白质复合物也是非同源蛋白。BID 数据库包括 18 个蛋白质复合物中的 127 个丙氨酸突变结合数据。丙氨酸突变数据被标记为"强"、"中"、"弱"和"无关"四个状态。在 BID 数据集中，只有"强"丙氨酸突变数据被认为是热点残基，其他残基被认为是非热点残基。因此，BID 数据集包括 39 个热点残基和 88 个非热点残基（见附录 2）。

4. ASEdb1 + SKEMPI 数据集

训练数据集的大小对创建一个好的分类模型起着非常重要的作用。为了评价数据集对分类模型性能的影响，在 $\Delta G \geqslant 2.0 \text{kcal}/\text{mol}$ 的定义下，将 ASEdb1 和 SKEMPI 数据集混和在一起，获得 750 个残基，包括 201 个热点残基和 549 个非热点残基。

表 3.1 列出了 4 个不同的训练数据集：ASEdb1（$\Delta G \geqslant 2.0 \text{kcal}/\text{mol}$）数据集、ASEdb2（$\Delta G \geqslant 1.0 \text{kcal}/\text{mol}$）数据集、SKEMPI（$\Delta G \geqslant 2.0 \text{kcal}/\text{mol}$）数据集和 ASEdb1 + SKEMPI（$\Delta G \geqslant 2.0 \text{kcal}/\text{mol}$）数据集，以及一个独立测试集 BID 数据集，并详细列出了每个数据集中的残基总数、热点残基个数、非热点残基个数，以及热点残基和非热点残基在不同数据集中的比例。

表 3.1 不同数据集中热点残基和非热点残基的个数

数据集类型	数据集名称	残基总数	热点残基个数	非热点残基个数	比例
	ASEdb1	265	65	200	0.32
	ASEdb2	265	119	146	0.82
训练集	ASEdb3	155	65	90	0.72
	SKEMPI	485	136	349	0.39
	ASEdb1 + SKEMPI	750	201	549	0.37
测试集	BID	127	39	88	0.44

　　此外，我们还获得了 DateHub 数据集和 PartyHub 数据集（见附录 3）。最终获得的
DateHub 数据集中有 2906 个残基，包括 1056 个热点残基和 1850 个非热点残基；PartyHub
数据集中有 3013 个残基，其中 1033 个热点残基和 1980 个非热点残基。详细的比例分布
见表 3.2。数据集中结合面的 ASA 等属性值，以及蛋白质残基的热点状态是从 HotPoint
服务器获得。HotPoint 服务器使用经验模型预测蛋白质结合面上的热点。只要输入蛋白质
的四位 PDB 编码，或者上传 PDB 格式的结构文件，同时输入两条形成结合面的蛋白质链
的信息，服务器就能提供热点预测的结果。此外，该服务器还可以设置两条链上的两个残
基的原子间距离，默认值为范德华半径加上 0.5Å。表 3.3 是通过 HotPoint 服务器获得的
结合面 1A0AAB（PDB ID：1A0A，链 A 和链 B）上的热点和非热点信息。除了热点（H）
和非热点（NH）信息外，还提供了单体的 ASA 值（RelMonomerASA）、复合物的 ASA
值（RelCompASA），以及势能值（potential）。

表 3.2　DateHub 数据集和 PartyHub 数据集中热点和非热点的比例

数据集	热点残基个数	非热点残基个数	残基总数	比例
DateHub	1056	1850	2906	0.57
PartyHub	1033	1980	3013	0.52

表 3.3　结合面 1A0AAB 的热点和非热点结果

残基个数	残基名称	链名	复合物的 ASA 值	单体的 ASA 值	势能值	预测结果
13	R	A	38.53	52.63	10.14	NH
15	R	A	52.68	67.88	7.31	NH
16	L	A	10.95	60.72	35.77	H
19	A	A	1.45	45.07	22.58	H
20	L	A	2.33	8.68	42.84	H
22	E	A	57.14	73.16	6.22	NH
23	L	A	3.02	34.68	58.03	H
26	L	A	17.81	80.88	10.37	NH
42	K	A	57.33	62.59	4.05	NH
43	A	A	12.53	51.39	15.99	NH
44	T	A	6.38	24.85	10.07	NH
46	V	A	0.07	43.89	38.87	H
47	E	A	30.39	58.51	12.12	NH
49	A	A	1.37	8.1	33.27	H
50	C	A	13.84	48.79	20.96	H
52	Y	A	11.72	22.16	18.73	H
53	I	A	4.15	53.75	33.6	H
56	L	A	16.07	44.91	21.94	H
57	Q	A	40.97	73.61	7.42	NH

续表

残基个数	残基名称	链名	复合物的 ASA 值	单体的 ASA 值	势能值	预测结果
13	R	B	55.31	66.66	10.14	NH
15	R	B	28.5	53.49	15.78	NH
16	L	B	10.56	55.16	35.77	H
19	A	B	17.69	55.95	10.54	NH
20	L	B	2.31	14.58	36.78	H
22	E	B	29.36	52.13	11.42	NH
23	L	B	3.32	51.54	48.73	H
28	P	B	30.84	48.17	5.59	NH
42	K	B	37.16	52.39	15.85	NH
43	A	B	16.24	62.34	21.25	H
46	V	B	0	31.65	43.69	H
47	E	B	28.73	51.27	13.48	NH

3.3.2　理化结构属性

1. 氨基酸组成

氨基酸组成（AAC）编码是最早被提出来的用于描述蛋白质序列的特征表达方法，它计算 20 种氨基酸中的每一类在蛋白质序列中出现的百分含量，于是一条蛋白质序列能被转化为一个 20 维的特征向量，并可以表示为

$$X = (f_1, f_2, \cdots, f_{20}) \tag{3.1}$$

式中：$f_i = \dfrac{q_i}{\sum_{i=1}^{20} q_i}$，$i = 1, \cdots, 20$；$f_i$ 为各种氨基酸的百分含量；q_i 为各种氨基酸的出现次数。

2. 氨基酸理化属性

蛋白质序列是由若干氨基酸脱水缩合而成，各个氨基酸自身的理化属性与整体蛋白质有着密切影响。于是在蛋白质序列信息的基础上，引入氨基酸的各种理化属性信息，并将氨基酸理化属性组成编码方法[92]。20 种氨基酸根据各种理化属性均被分为了三类[93]，具体分类情况见表 3.4。

表 3.4　20 种氨基酸在 6 种理化属性下的分类

理化属性	类别 I	类别 II	类别 III
疏水性	R,K,E,D,Q,N	G,A,S,T,P,H,Y	C,L,V,I,M,F,W
范德华体积	G,A,S,C,T,P,D	N,V,E,Q,I,L	M,H,K,F,R,Y,W
极性	L,I,F,W,C,M,V,Y	P,A,T,G,S	H,Q,R,K,N,E,D

续表

理化属性	类别I	类别II	类别III
极化率	G,A,S,D,T	C,P,N,V,E,Q,I,L	K,M,H,F,R,Y,W
电荷	K,R	A,N,C,Q,G,H,I,L,M,F,P,S,T,W,Y,V	D,E
二级结构	E,A,L,M,Q,K,R,H	V,I,Y,C,W,F,T	G,N,P,S,D

按照该分类，一条蛋白质序列可以被转换为 6 条数值序列，分别依次对应 6 种理化属性下的 3 种类别。将氨基酸以及与它相邻的两个氨基酸视为一个整体，每个氨基酸有三种类别，三个氨基酸构成的片段共 $3 \times 3 \times 3 = 27$ 种可能。依次计算 6 条数值序列中这些"三联体"氨基酸片段以各种排列方式出现的次数，可以得到一个 $6*27 = 162$ 维的特征向量。显而易见，该向量的取值与蛋白质序列长度有关，通常序列长度大的蛋白质包含的氨基酸残基个数多，各种氨基酸片段的出现次数相应变多，因此序列编码的特征向量值会变大。为了消除蛋白质序列长度不一对得到的特征向量的影响，最后需要对其进行数据标准化处理。

通过对热点残基的系统分析，它们组成并不是随机的，研究发现亮氨酸、丝氨酸、苏氨酸和缬氨酸在热点残基中出现的很少，而天冬氨酸和天冬酰酸比谷氨酸和谷氨酰酸在热点残基出现的概率要大，这些研究说明热点残基可能与氨基酸的理化属性有关。以下列举了 10 种氨基酸的理化属性，包括氨基酸中的静电荷数、氨基酸中的原子数目、疏水性、亲水性、氢键数、倾向性、质量、等电位、电子-离子相互作用势和半径为 14Å 的球面内的预期接触数。研究表明这 10 种属性与蛋白质结合面性质有较强的相关性。表 3.5 给出了 20 种氨基酸的这 10 种理化属性。

表 3.5　20 种氨基酸的 10 种理化属性

氨基酸	静电荷数	原子数目	疏水性	亲水性	氢键数	倾向性	质量	等电位	作用势	接触数
A	0	5	0.25	3	2	−0.17	71.1	6.11	0.0373	−0.22
C	0	6	0.04	−1	2	0.43	103.1	6.31	0.0829	4.66
D	−1	8	−0.72	3	4	−0.38	115.1	5.945	0.1263	−4.12
E	−1	9	−0.62	3	4	−0.13	129.1	5.785	0.0058	−3.64
F	0	11	0.61	−2.5	2	0.82	147.2	5.755	0.0946	5.27
G	0	4	0.16	0	2	−0.07	57	6.065	0.005	−1.62
H	0	10	−0.4	−0.5	4	0.41	137.1	5.565	0.0242	1.28
I	0	8	0.73	−1.8	2	0.44	113.2	6.04	0	5.58
K	1	9	−1.1	3	2	−0.36	128.2	5.61	0.0371	−4.18
L	0	8	0.53	−1.8	2	0.4	113.2	6.035	0	5.01
M	0	8	0.26	−1.3	2	0.66	131.2	5.705	0.0823	3.15

续表

氨基酸	静电荷数	原子数目	疏水性	亲水性	氢键数	倾向性	质量	等电位	作用势	接触数
N	0	8	−0.64	0.2	4	0.12	114.1	5.43	0.0036	−2.65
P	0	7	−0.07	0	2	−0.25	97.1	6.295	0.0198	−3.03
Q	0	9	−0.69	0.2	4	−0.11	128.1	5.65	0.0761	−2.76
R	1	11	−1.76	−0.5	4	0.27	156.2	5.405	0.0959	−0.93
S	0	6	−0.26	0.2	4	−0.33	87.1	5.7	0.0829	−2.84
T	0	7	−0.18	−0.4	4	−0.18	101.1	5.595	0.0941	−1.2
V	0	7	0.54	−1.5	2	0.27	99.1	6.015	0.0057	4.45
W	0	14	0.37	−3.4	3	0.83	186.2	5.935	0.0548	5.2
Y	0	12	0.02	−2.3	3	0.66	163.2	5.705	0.0516	2.15

3. 蛋白质结构属性

蛋白质结构属性主要包括蛋白质单体的结构属性和蛋白质复合物的结构属性,其中包括 ASA、RASA、深度指数(depth index,DI)、突出指数(protrusion index,PI)和疏水性(Hydrophobicity)这 5 个部分,其中 ASA、RASA、DI 和 PI 这四种属性结构可以细化到更小的属性值。对于 ASA 和 RASA 而言,这几种小粒度的属性值分别是整体部分、骨架部分、侧链部分、极性部分以及非极性部分,例如蛋白质复合物中 ASA 包括复合物整体 ASA(bound total asa,BtASA)、骨架 ASA(bound backbone ASA)、侧链 ASA(bound side-chain ASA)、极性 ASA(bound polar ASA)、非极性 ASA(bound non-polar ASA)。对于 DI 和 PI 这两个结构属性而言,其更小粒度的属性值分别为全部均值部分、侧链均值部分、极大值部分和极小值部分。而蛋白质的疏水性不具备更小粒度的属性值,并且在蛋白质的单体和复合物中,该属性值不发生变化。为了进一步确定蛋白质的单体相对于复合物的变化值,可以结合单体与复合物的属性计算出蛋白质 ASA、DI 和 PI 这三个部分的相对变化值情况 RcASA、RcDI 和 RcPI,具体如下:

$$R_{\text{cASA}} = \frac{ASA_{\text{UnBound}} - ASA_{\text{Bound}}}{ASA_{\text{UnBound}}} \tag{3.2}$$

$$R_{\text{cDI}} = \frac{DI_{\text{UnBound}} - DI_{\text{Bound}}}{DI_{\text{UnBound}}} \tag{3.3}$$

$$R_{\text{cPI}} = \frac{PI_{\text{UnBound}} - PI_{\text{Bound}}}{PI_{\text{UnBound}}} \tag{3.4}$$

蛋白质结构属性的取值可以通过 PSAIA 软件工具计算获得,例如将从 PDB 数据库中下载的蛋白质文件数据加载至 PSAIA 中,该软件会输出蛋白质中每个残基的结构属性,结合上述计算出来的相对变化值,可以选取蛋白质残基的多种结构属性进行热点残基与非热点残基的分类。

　　研究表明,蛋白质的结构属性对于预测蛋白质相互作用界面上的热点残基具有重要意义。Cho 等[94]使用与 RASA 和 ASA 相关的一系列特征可以有效地识别热点残基和非热点残基;Pintar 等[95-96]通过研究表明残基的 DI 和 PI 在热点残基中有较强的作用;Mihel 等[97]提供的计算蛋白质结构信息的软件 PSAIA,可以获得单体和复合物中的 RASA、ASA、DI 和 PI 等相关属性值。

　　本节所需要的结构特征信息是通过 PSAIA 计算获得,对 RASA 和 ASA 计算 5 种属性,包括全体、主链、侧链、极性、非极性;对 PI 和 DI 计算全体均值、侧链均值、最大值、最小值。表 3.6 和表 3.7 列出了每个结构特征的描述、简称,以及在 PSAIA 中的对应属性。此外,采用式(3.2)、式(3.3)和式(3.4)计算在单体和复合物中的相对变化值,可以获得 13 个相对变化特征属性,详细信息见表 3.8。

表 3.6　复合物的结构特征描述

序号	特征描述	简称	PSAIA 对应属性
1	Bound total ASA	BtASA	ns1:total8
2	Bound backbone ASA	BbASA	ns1:backbone9
3	Bound side-chain ASA	BsASA	ns1:side_chain10
4	Bound non-polar ASA	BnASA	ns1:non_ploar11
5	Bound polar ASA	BpASA	ns1:polar12
6	Bound total RASA	BtRASA	ns1:toatl13
7	Bound backbone RASA	BbRASA	ns1:backbone14
8	Bound side-chain RASA	BsRASA	ns1:side_chain15
9	Bound non-polar RASA	BpRASA	ns1:non-polar16
10	Bound polar RASA	BnRASA	ns1:polar17
11	Bound total mean DI	BtmDI	ns1:average
12	Bound side-chain mean DI	BsmDI	ns1:average_side_chain
13	Bound maximum DI	BmaxDI	ns1:maximum
14	Bound minimal DI	BminDI	ns1:minimum
15	Bound total mean PI	BtmPI	ns1:average18
16	Bound side-chain mean PI	BsmPI	ns1:average_side_chain20
17	Bound maximum PI	BmaxPI	ns1:maximum22
18	Bound minimal PI	BminPI	ns1:minimal 23

表 3.7　单体的结构特征描述

序号	特征描述	简称	PSAIA 对应属性
1	UnBound total ASA	UtASA	ns1:total8
2	UnBound backbone ASA	UbASA	ns1:backbone9

序号	特征描述	简称	PSAIA 对应属性
3	UnBound side-chain ASA	UsASA	ns1：side_chain10
4	UnBound non-polar ASA	UnASA	ns1：non_ploar11
5	UnBound polar ASA	UpASA	ns1：polar12
6	UnBound total RASA	UtRASA	ns1：toatl13
7	UnBound backbone RASA	UbRASA	ns1：backbone14
8	UnBound side-chain RASA	UsRASA	ns1：side_chain15
9	UnBound polar RASA	UpRASA	ns1：polar16
10	UnBound non-polar RASA	UnRASA	ns1：average
11	UnBound total mean DI	UtmDI	ns1：average
12	UnBound side-chain mean DI	UsmDI	ns1：average_side_chain
13	UnBound maximum DI	UmaxDI	ns1：maximum
14	UnBound minimal DI	UminDI	ns1：minimum
15	UnBound total mean PI	UtmPI	ns1：average18
16	UnBound side-chain mean PI	UsmPI	ns1：average_side_chain20
17	UnBound maximum PI	UmaxPI	ns1：maximum22
18	UnBound minimal PI	UminPI	ns1：minimal 23

表 3.8 单体和复合物的相对变化特征属性

序号	特征描述	简称	计算公式
1	Relative change in total ASA upon complexation	RctASA	$\dfrac{(\text{unbound total ASA}) - (\text{bound total ASA})}{(\text{unbound total ASA})}$
2	Relative change in backbone ASA upon complexation	RcbASA	$\dfrac{(\text{unbound backbone ASA}) - (\text{bound backbone ASA})}{(\text{unbound backbone ASA})}$
3	Relative change in side-chain ASA upon complexation	RcsASA	$\dfrac{(\text{unbound side-chain ASA}) - (\text{bound side-chain ASA})}{(\text{unbound side-chain ASA})}$
4	Relative change in polar ASA upon complexation	RcpASA	$\dfrac{(\text{unbound polar ASA}) - (\text{bound polar ASA})}{(\text{unbound polar ASA})}$
5	Relative change in non-polar ASA upon complexation	RcnASA	$\dfrac{(\text{unbound non-polar ASA}) - (\text{bound non-polar ASA})}{(\text{unbound non-polar ASA})}$
6	Relative change in total mean DI upon complexation	RctmDI	$\dfrac{(\text{unbound total mean DI}) - (\text{bound total mean DI})}{(\text{unbound total mean DI})}$
7	Relative change in side-chain mean DI upon complexation	RcsmDI	$\dfrac{(\text{unbound side-chain mean DI}) - (\text{bound side-chain mean DI})}{(\text{unbound side-chain mean DI})}$
8	Relative change in maximum DI upon complexation	RcmaxDI	$\dfrac{(\text{unbound maximum mean DI}) - (\text{bound maximum mean DI})}{(\text{unbound maximum mean DI})}$

续表

序号	特征描述	简称	计算公式
9	Relative change in minimum DI upon complexation	RcminDI	$\dfrac{(\text{unbound minimum mean DI}) - (\text{bound minimum mean DI})}{(\text{unbound minimum mean DI})}$
10	Relative change in total mean PI upon complexation	RctmPI	$\dfrac{(\text{unboundtotal mean PI}) - (\text{bound total mean PI})}{(\text{unbound total mean PI})}$
11	Relative change in side-chain mean PI upon complexation	RcsmPI	$\dfrac{(\text{unbound side-chain mean PI}) - (\text{bound side-chain mean PI})}{(\text{unbound side-chain mean PI})}$
12	Relative change in maximum PI upon complexation	RcmaxPI	$\dfrac{(\text{unbound maximum PI}) - (\text{bound maximum PI})}{(\text{unbound maximum PI})}$
13	Relative change in minimal PI upon complexation	RcminPI	$\dfrac{(\text{unbound minimum PI}) - (\text{bound minimum PI})}{(\text{unbound minimum PI})}$

3.4　特征选择策略

特征选择也称特征子集选择（feature subset selection，FSS），是指从大量原始特征中选择最能有效表示对象的特征，组成特征子集。一个合适的特征子集有助于算法建模达到最优，是提高算法性能的一个重要方式。

3.4.1　最小冗余最大相关特征选择方法

从理论上讲，预测模型中使用的特征越多，能够识别出热点残基的能力就越强。但是事实上，对于有限的数据集，当使用的特征数量超过某一个值，会使预测模型的预测精度随着特征数量的增加而降低，而且会造成"过度拟合"，不仅如此，过多的特征还会消耗更多的模型训练时间。因此，可以从这些属性中选择一部分属性来构建预测模型，特征选择就是从提取的特征中选取一个特征子集的过程。这里采用最小冗余最大相关（minimum-redundancy-maximum-relevance，mRMR）作为特征选择策略[98]。mRMR 是由霍华德-修斯医学研究所提出的一种基于启发式搜索的特征选择方法，该方法的目标是选择一个特征子集，能够最好地描述目标分类变量的统计特征，使这些选择出来的特征之间尽量不相关，而且这些特征也尽可能地与分类目标相关。

根据 mRMR 特征选择方法，从 25 个基于 ASA 特征属性中选取 5 个特征，分别为 RcsASA、UsASA、BbRASA、BpASA 和 BnRASA；从 12 个基于 PI 的特征属性中选取 3 个特征，分别为 RctmPI、UsmPI 和 BsmPI；从 12 个基于 DI 的特征属性中选取 3 个特征，分别为 RctmDI、UsmDI 和 BsmDI；从 10 个基于理化属性的特征中选取 3 个特征，分别为原子数目、氢键数和等电位；其他特征中残基保守得分作为最后一类属性，后面将用这五类特征分别构建热点残基预测模型。图 3.1[98] 给出了采用 mRMR 特征选择方法，对 25 个与 ASA 相关特征中选出 5 个特征子集的结果。其中 Order 表示选择出的结果的排序，Fea 表示特征的编号，Name 表示特征的名称，Score 表示特征的评价得分。一般情况下，确定要选择特征数量后，按照排序结果自上而下进行选择。

```
***    mRMR    features      ***
Order           Fea          Name        Score
1               23           RcsAS                    0.168
2               13           UsASA       −0.009
3               7            BaBASA                   −0.015
4               4            BpASA       −0.014
5               10           BnRASA                   −0.020
```

图 3.1　ASA 相关特征选择结果

3.4.2　相关系数特征选择方法

由于最优特征子集中的特征之间彼此关系较弱或者不相关，但其中存在与目标类别高度相关的特征，所以可以采用基于相关系数的特征选择方法对特征进行筛选，并分析特征的关联矩阵，从而删除冗余特征。皮尔逊相关系数（pearson correlation coefficient，PCC）描述了相应变量和特征之间的关系，其结果的取值为[−1,1]。以皮尔逊相关系数为判断标准，对特征子集进行评价，以找到高度相关的特征，并删除冗余特征。皮尔逊相关系数反映了变量之间的相关性，取值越大说明两个变量间的相关性越强；反之，取值越小说明两个变量间的相关性越弱，当其中一个变量的值变大，则另一个变量的值就会变小。相关系数可以定义为

$$\rho_{x,y} = \frac{\mathrm{cov}(X,Y)}{\sigma_X \sigma_Y} = \frac{E\left[(X-\mu_X)(Y-\mu_Y)\right]}{\sigma_X \sigma_Y} \tag{3.5}$$

估算样本的协方差和标准差，可得到样本相关系数为

$$PCC = \frac{\sum_{i=1}^{n}(x_i-\overline{x})(y_i-\overline{y})}{\sqrt{\sum_{i=1}^{n}(x_i-\overline{x})^2 \sum_{i=1}^{n}(y_i-\overline{y})^2}} \tag{3.6}$$

式中：x_i 和 y_i 为 x 和 y 的样本观测值；$\overline{x}$ 和 $\overline{y}$ 为 x 和 y 的平均值。如果 $PCC>0$，表示是正相关的，那么当 $PCC=+1$，说明完全正相关；如果 $PCC<0$，表明是负相关的，那么当 $PCC=-1$，说明完全负相关；如果 $PCC=0$，说明两变量不相关。

3.4.3　支持向量机–递归特征剔除特征选择方法

在众多分类方法中，支持向量机（support vector machine，SVM）被大量应用于生物信息学的各个领域。在相同的数据集上，分别采用 SVM、贝叶斯网络、朴素贝叶斯、RBF

Network、决策树和决策表来构建分类器，结果显示 SVM 表现出最佳的分类效果，众多研究也证明了 SVM 在二分类问题上能取得较好的预测效果。

SVM 分类的目的是构造具有最大余量的最优超平面。一般来说，边界越大，分类器的泛化误差越低。给定一个训练集 (x_i, y_i)，其中 $x_i \in R^D, y_i \in [-1,1]$ 是 x_i 的标签，D 和 n 分别是样本的维数和数量，则目标函数定义为

$$J = \frac{1}{2} w^T w + C \sum_{i=1}^{n} \xi_i, i = 1, 2, \cdots, n \tag{3.7}$$

$$s.t. \quad y_i \left(w^T x_i + b \right) \geqslant 1 - \xi_i, \xi_i \geqslant 0,$$

式中：w 和 b 为超平面的权重与阈值；C 为调节参数；ξ_i 为松弛变量。C 可以平衡误分类最小化和超平面最大化之间的关系。

递归特征剔除方法（recursive feature elimination，RFE）的主要思想是在模型优化迭代构建过程中标记出最好的（或是最差的）特征，直到所有的特征被遍历完毕，同时，在迭代过程中完成对这些标记为最好的（或是最差的）特征排序。选择的特征结果是否稳定，与计算过程中采用的底层模型有很大的关系。如果特征剔除方法在只使用普通回归，而不使用正则化的回归，获得的特征子集是不稳定的，则表明 RFE 是不稳定的。使用 SVM 作为底层模型，是因为 SVM 超平面的每个维对应数据集中的每个特征或变量，可将超平面中每个维的权重可以视为特征的重要性。因此，可以根据特征对分类任务的重要性、使用权重对特征进行排序。这里结合 SVM 和 RFE 创建 SVM-RFE 特征选择方法，无关的特征可以被去除，且不会造成大量的信息丢失。下面介绍一种基于皮尔逊系数的 SVM-RFE 算法，每个特征与决定特征重要性的分数相关。在每次迭代中，利用选择的特征子集训练 SVM 生成权重向量。越早删除的特征，其被重新评估的可能性就越大。在搜索过程中，如果出现当前子集的精度与当前最佳集精度一致的情况时，通过一种互信息评价机制重新评价特征子集和类之间的关系，从而选择出最相关的特征子集作为实际最佳特征子集。互信息定义为

$$MI(f:Y) = E(f) + E(Y) - E(f,Y) \tag{3.8}$$

式中：f 为特征；Y 为类别。组合熵 $E(f,Y)$ 定义为

$$E(f,Y) = -\sum p(f,Y) log_2 p(f,Y) \tag{3.9}$$

基于皮尔逊系数的 SVM-RFE 算法如下。

输入：训练集 D

输出：特征子集 $Best\_D$

初始化：
　　　　当前特征子集 Current_D = {1, 2, …, K};
　　　　最优特征集合 $Best\_D = \varnothing$;
　　　　设置每次删除的特征的比例；

　开始：
　Repeat until Current_D = $\varnothing$:

基于 $Current\_D$ 创建 SVM 模型；

计算训练集中每个属性的精度 ACC；

计算当前训练集的权值 weight $|w|$；

按照权值对训练集进行排序，并删除权值最小的属性；

如果 $ACC(Current\_D) > ACC(Best\_D)$

　　　　　　$Best\_D = Current\_D$

如果 $ACC(Current\_D) = ACC(Best\_D)$

　　　　计算互信息 $MI(f_{current\_D} : Y)$ 和 $MI(f_{Best\_D} : Y)$

　如果 $MI(f_{current\_D} : Y) > MI(f_{Best\_D} : Y)$

　　　　$Best\_D = Current\_D$

　如果 $ACC(Current\_D) < ACC(Best\_D)$

　计算 $Current\_D$ 的皮尔逊系数

　遍历删除集合，将集合中皮尔森系数最小的属性恢复到 $Current\_D$

获得 $Best\_D$

结束

3.4.4　特征选择结果

从每个数据集的原数据中，均获得 59 个特征，包括：二十种氨基酸的 10 种理化属性（表 3.5），通过 PSAIA 获得的 18 个复合物的结构特征（表 3.6），18 个单体的结构特征（表 3.7），通过计算获得 13 个单体和复合物的相对变化特征（表 3.8）。为了提高分类的精度和速度，需要获得最优的特征子集，而且该子集应该是最小特征子集，并具有良好的稳定性。因此，采用基于相关系数的特征选择方法计算 59 个特征的线性相关程度，挑出高度关联的特征属性。

首先，需要对非数值型特征进行合理的转换，获得每个蛋白质残基特征的相关值。接着，采用 Pearson 相关系数评估蛋白质残基的特征，获得残基特征的相关系数矩阵。最后，将相关系数（PCC）的阈值设定为 0.85，输出高度关联（PCC 大于 0.85）的特征属性名称，分别为：UtASA、UtRASA、UsmPI、UtmPI、BtASA、BtRASA、BsRASA、BtmPI、BmaxPI 和 BsmPI。

接着，对上述 10 个特征属性的相关系数矩阵进行可视化处理，获得其相关系数图，如图 3.2 所示[99]。为了将有相似相关模式的变量聚集在一起，对矩阵的行和列都重新进行了排序，采用的是主成分分析（principal component analysis，PCA）方法，这使得二元变量的关系模式更为明显。PCA 方法尽可能地保留了原始数据集的信息，使观测相关变量之间的关系变得更加容易。

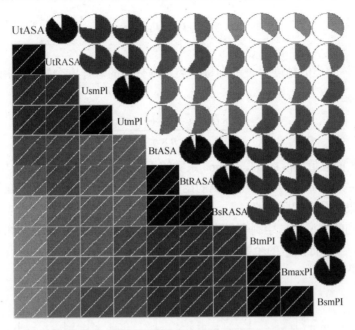

图 3.2　PCC＞0.85 的 10 个特征的相关系数图

　　图中的颜色越深，饱和度越高，说明变量相关性越大。去除一些高度关联的属性，保留一两项属性可以获得更高的准确率。从图 3.2 中颜色的深浅和被填充的饼图块的大小可以看出，有四组特征相关性很强，分别是 UtASA 和 UtRASA，UsmPI 和 UtmPI，BtASA、BtRASA 和 BsRASA，以及 BtmPI、BmaxPI 和 BsmPI。每组中随机保留其中一个特征，移除其他特征，获得的结果见表 3.9。

表 3.9　基于相关系数的特征选择结果

组号	PCC＞0.85 的特征	保留的特征	移除的特征
1	UtASA,UtRASA	UtASA	UtRASA
2	UsmPI,UtmPI	UsmPI	UtmPI
3	BtASA,BtRASA,BsRASA	BsRASA	BtASA,BtRASA
4	BtmPI,BmaxPI,BsmPI	BmaxPI	BtmPI,BsmPI

　　通过相关系数的特征选择，移除 6 个特征（UtRASA、UtmPI、BtASA、BtRASA、BtmPI 和 BsmPI）。然后，利用基于 SVM 的递归特征剔除（SVM-RFE）方法从剩下的 53 个特征中选择一个最优的特征子集。首先使用线性判别分析方法来创建特征筛选算法，对训练数据集进行反向特征筛选，删除最不相关的蛋白质残基的特征；接着计算交叉验证误差，循环上述过程；最后，从蛋白质残基特征集合中删除误差最大的特征。Kappa 系数是一种分类衡量标准，用于评估分类预测的结果与标准结果的一致性程度，具体定义为

$$k = \frac{p_0 - p_e}{1 - p_e} \tag{3.10}$$

式中： p_0 是总体分类的精度，表示为每一类正确分类的总样本个数除以所有样本的总个数，可定义为

$$p_e = \frac{a_1 \times b_1 + a_2 \times b_2 + \cdots + a_c \times b_c}{n \times n} \tag{3.11}$$

Kappa 系数的取值为[-1，1]。Kappa 系数等于 1 时，表明预测的结果与标准结果完全一致；Kappa 系数等于-1 时，表明预测的结果与标准结果完全不一致；Kappa 系数大于 0 时，预测的结果才具有实际意义。

根据所得到的模型信息绘制变量个数与预测准确率之间的关系图，如图 3.3 所示。从图中可以看出，当特征变量的个数为 22 时，模型可以达到最高的精度，预测精度为 0.83，Kappa 检验结果为 0.51。

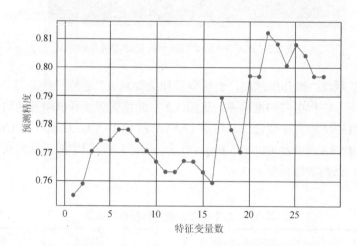

图 3.3　特征变量个数与分类精度关系图（精度 = 0.83，Kappa 系数 = 0.51）

3.5　基于支持向量机的蛋白质相互作用热点预测

3.5.1　算法描述

支持向量机（SVM）是一种基于统计学理论的有效分类方法，该方法是 70 年代末由 AT&Bell 实验室提出的一种针对小样本训练和分类的机器学习理论。SVM 在生物信息学科里有着广泛的应用，该模型可作为热点残基预测模型。

1. VC 维

VC 维（vapnik chervonenk dimension）是数学和计算机科学中一个非常重要的定量化

概念，常被用来评价分类系统的性能。VC 维在模式识别中的直观定义为：在使用某个指示函数集进行分类时，如果给定的 k 个样本的样本集以任何可能的 $2k$ 种形式分成两类，都能够被该指示函数集中的函数打散，则该指示函数的 VC 维就是能打散的最大的样本数量。如果任意数量的样本都能被打散，则函数集的 VC 维被定义成无穷大。

VC 维可以用来衡量函数集的学习能力，如果一个函数集的 VC 维越大，则表明这个学习机器越复杂。目前对 VC 维的计算只能通过一些特殊的函数集来计算，对于给定的学习函数集，用理论或实验的方法来计算它的 VC 维还是一个难点，有待继续的深入研究[100]。

2. 结构风险最小化

使用分类模型在样本数据上得到的分类结果与真实数据的应用结果之间的差值叫做经验风险 Remp（W），以前的机器学习方法都是把经验风险最小化作为目标，但是后来发现，在样本集上即使能达到百分之百的正确率，但在实际的分类中结果确不理想，即它的泛化能力很差。后来统计学习理论提出了结构风险最小化（structural risk minimization，SRM）的原则，它的主要思想是把备选的函数集划分成一个函数子集序列，并把它们按照 VC 维的大小来进行排序，同一个子集中的置信范围相同，在每个子集中寻找最小经验风险，子集之间同时考虑经验风险和置信范围，这样就可以选出实际风险最小的函数。图 3.4 是结构风险最小化的示意图。

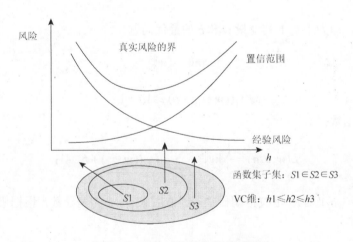

图 3.4　结构风险最小化示意图

3. 线性可分 SVM

对于一个线性可分的样本集，需要找到一个超平面来使两类样本完全隔离开来，而且要使这个分类超平面具有更好的推广能力[101]。如图 3.5 所示，存在无数个超平面可以将两类样本完全隔离开来，但要找到一个最优的分类超平面，它不仅能够将两类样本完全分离开，而且使每类数据中离分类超平面最近的点与超平面距离最大，如图 3.6 所示。

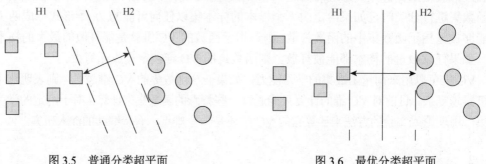

图 3.5　普通分类超平面　　　　　　　图 3.6　最优分类超平面

如何寻找最优分类超平面是 SVM 算法的关键问题。假定已知最优分类超平面的法向量 w，那么可以找到两条极端的平行直线 H_1 和 H_2，它们正好碰到某一类的训练点，H_1 和 H_2 之间的平行直线都能正确划分两类，在这些划分线中，正中间那个就是所找的最优解，因此可以把寻找最优分类超平面的问题转化成寻找法向量 w 的问题。

假如给定法向量 w 后，两条直线可分别表示为 $(w \cdot x) + b = k_1$ 和 $(w \cdot x) + b = k_2$，调整 b 可以把两直线表示成 $(w \cdot x) + b = k$ 和 $(w \cdot x) + b = -k$。取 H_1 和 H_2 中间的直线为 $(w \cdot x) + b = 0$ 为分划线，令 $w = w/k, b = b/k$，则上面两个式子等价于 $(w \cdot x) + b = 1$ 和 $(w \cdot x) + b = -1$，相应的分划线为 $(w \cdot x) + b = 0$。这时分划线到两条极端直接的距离为 $\dfrac{2}{\|w\|}$。要使这个间隔最大，即为求解下列变量 w 和 b 的最优问题：

$$\min_{w,b} \frac{1}{2}\|w\|^2 \tag{3.12}$$

$$s.t. y_i((w \cdot x_i) + b) \geqslant 1, i = 1, \cdots, l \tag{3.13}$$

引入拉格朗日函数：

$$L(w, b, a) = \frac{1}{2}\|w\|^2 - \sum_{i=1}^{l} a_i(y_i((w \cdot x_i) + b) - 1) \tag{3.14}$$

式中：$a = (a_1, \cdots, a_l)^T \in R_+$ 是拉格朗日乘子，然后求 w, b 的偏导数，根据极值的条件可以得到：

$$\sum_{i=1}^{l} y_i a_i = 0 \tag{3.15}$$

$$w = \sum_{i=1}^{l} y_i a_i x_i \tag{3.16}$$

代入式（3.14）可以得到：

$$\max_{a} -\frac{1}{2}\sum_{i=1}^{l}\sum_{j=1}^{l} y_i y_j a_i a_j (x_i \cdot x_j) + \sum_{j=1}^{l} a_j \tag{3.17}$$

$$s.t. \sum_{i=l}^{l} y_i \boldsymbol{a}_i = 0, \ \boldsymbol{a}_i \geqslant 0, i = 1, \cdots, l \tag{3.18}$$

如果对应的 $\boldsymbol{a}_j^* > 0, j = 1, \cdots, l$ 的训练集 $\boldsymbol{T}$ 中的输入 x_i 称为支持向量，设 $\boldsymbol{a}^* = (\boldsymbol{a}_1^*, \cdots, \boldsymbol{a}_l^*)^T$ 是对偶问题的任意解，则：

$$\boldsymbol{w}^* = \sum_{i=1}^{l} \boldsymbol{a}_i^* y_i x_i \tag{3.19}$$

$$\boldsymbol{b}^* = y_j - \sum_{i-1}^{l} y_i \boldsymbol{a}_i^* (x_i \cdot x_j) \tag{3.20}$$

线性可分 SVM 分类算法流程如下。

输入：训练样本集 $T = \{ (x_1, y_1), \cdots (x_1, y_1) \in (X \times Y)^l \}$，（$x_i \in X = R^n$，$y_i \in Y = \{1, -1\}$，$i = 1, \cdots, l$）

输出：决策函数 $f(x)$

1：求最优解 $\boldsymbol{a}^* = (a_l^*, \cdots, a_l^*)^T$。

2：计算 $w^* = \sum_{i=1}^{l} a_i y_i x_i$，选择 $\boldsymbol{a}^*$ 的一个正分量 $\boldsymbol{a}_j^*$，并计算

$$\boldsymbol{b}^* = y_j - \sum_{i-1}^{l} y_i \boldsymbol{a}_i^* (x_i \cdot x_j)$$

3：把 $\boldsymbol{w}^* = \sum_{i=1}^{l} \boldsymbol{a}_i^* y_i x_i$ 代入超平面方程得到决策函数：

$$f(x) = \mathrm{sgn} \left(\sum_{i=1}^{l} \boldsymbol{a}_i^* y_i (x_i \cdot x) + \boldsymbol{b}^* \right)$$

---

4. 线性不可分 SVM

线性不可分是通过引入核函数来实现分类的。把原始的数据 $x_i, i = 1, \cdots, l$ 通过非线性映射投影到高维空间 $\varphi(x_i), i = 1, \cdots, l$，使得数据在高维空间变得线性可分，这里需要引入非线性映射核函数 $K(x_i, x_j) = [\varphi(x_i), \varphi(x_j)]$，从而可以得出线性不可分 SVM 的表达式为

$$\max_a -\frac{1}{2} \sum_{i=1}^{l} \sum_{j=1}^{l} y_i y_j \boldsymbol{a}_i \boldsymbol{a}_j K(x_i \cdot x_j) + \sum_{j=1}^{l} \boldsymbol{a}_j \tag{3.21}$$

$$s.t. \sum_{i=1}^{l} y_i \boldsymbol{a}_i = 0 \ \ 0 \leqslant \boldsymbol{a}_i \leqslant C, i = 1, \cdots, l \tag{3.22}$$

线性不可分 SVM 分类算法流程如下。

输入：训练样本集 $T = \{ (x_1, y_1), \cdots (x_l, y_l) \in (X \times Y)^l \}$（ $x_i \in X = R^n$, $y_i \in Y = \{1, -1\}$, $i = 1, \cdots, l$ ）

输出：决策函数 $f(x)$

1：选择核函数 $K(x_i, x_j), i, j = 1, \cdots, l$ 和惩罚参数 $C > 0$ ，求最优解 $a^* = (a_1^*, \cdots, a_l^*)^T$ 。

2：计算 $\boldsymbol{w}^* = \sum_{i=1}^{l} a_i^* y_i \varphi(x_i)$ ，选择 $\boldsymbol{a}^*$ 的一个小于 C 的正分量 $\boldsymbol{a}_j^*$ ，并计算

$$b^* = y_j - \sum_{i-1}^{l} y_i \boldsymbol{a}_i^* K(x_i \cdot x_j)$$

3：把 $\boldsymbol{w}^* = \sum_{i=1}^{l} \boldsymbol{a}_i^* y_i \varphi(x_i)$ 代入超平面方程得到决策函数：

$$f(x) = sgn\left(\sum_{i=1}^{l} \boldsymbol{a}_i^* y_i K(x_i \cdot x) + \boldsymbol{b}^* \right)$$

3.5.2　性能评价指标

对于具有不平衡性或者偏斜数据的数据集，分类准确度不足以作为标准性能度量。表 3.10 中所示的混淆矩阵通常用于评估机器学习算法对少数类问题的性能。实验采用了一些广泛使用的评价指标来评价模型的好坏，包括：精确率（Precision）、召回率（Recall）、F-Score 和准确率（Accuracy）。*TP*, *FP*, 和 *FN* 表示被正确预测的热点残基数目，非热点残基或非热区被错误地预测为热点的数目和热点残基被错误地预测为非热点残基的数目。当这些评价指标用于衡量分类算法时，*Precision* 表示正确预测的热点的个数占预测结果中热点总个数的比例，*Recall* 表示正确预测的热点占实际热点总数的比例。

表 3.10　预测结果混淆矩阵

实际类别 ＼ 预测结果	热点	非热点
热点	*True Positives*（*TP*）	*False Negatives*（*FN*）
非热点	*False Positives*（*FP*）	*True Negatives*（*TN*）

1. 精确率（Precision）

$$Precision = \frac{TP}{TP + FP} \tag{3.23}$$

精确率是测试可重复性的度量，它表示预测出的正样本中正确的概率，即被划分为正样本的实例（样本）中实际为正样本的比例。

2. 召回率（Recall）

$$Recall = \frac{TP}{TP + FN}$$ （3.24）

召回率是测试完整性的度量，即覆盖面的度量，它表示正样本被正确划分为正样本的概率。

3. 调和平均值（F-Score）

$$F\text{-}Score = 2 * \frac{Precision * Recall}{Precision + Recall}$$ （3.25）

F-Score 是调和平均值，常用作精确率和召回率之间的重要评价，衡量精确率和召回率之间的平衡性。

4. 准确率（Accuracy）

$$Accuracy = \frac{TP + TN}{TP + TN + FP + FN}$$ （3.26）

3.5.3　实验结果与分析

本实验使用 SVM 来构建蛋白质相互作用界面中热点残基的预测模型，SVM 被证明在二分类问题上能取得较好预测效果。实验中是用 LIBSVM3.0 版本来构建的预测模型。在使用 LIBSVM 来构建分类器时，必须先把训练样本集转换成 LIBSVM 所要求的格式，然后把训练样本集进行归一化处理。对于核函数的选择，采用的是 RBF 核函数，核函数中的两个重要的参数 c 和 g，可以通过交叉验证来获得，其他参数都采取默认值。

其中 ASA-SVM 表示基于 ASA 特征属性的预测模型；PI-SVM 表示基于 PI 特征属性的预测模型。ASA-SVM 模型和 PI-SVM 模型在各项评价指标上都有较好的得分，认为这两类特征属性能有效地鉴别热点残基和非热点残基。

因为训练样本集中的数据属于非平衡数据，使用非平衡数据集来构建预测模型会使预测结果偏向于样本数据量较多的一方。针对非平衡数据对预测结果的影响，这里提出一个新的处理方法。通过对 ASA-SVN 和 PI-SVM 两个预测模型的预测结果分析发现，如果将两个预测模型预测的热点残基叠加起来，发现一共得到 68 个热点残基，非常接近训练样本集中的 65 个热点残基，将这种混合 SVM 模型称为 ASA∪PI。

目前国内外对蛋白质相互作用界面热点残基的研究已经取得了一些成绩，比较具有代表性的研究包括 Kortemme 和 Baker 的预测模型 Robetta[104]、Guerois 等的预测模型 FOLDEF[105]、Darnell 等的预测模型 KFC[106]和 Cho 等的预测模型 MINERVA[94]，其中 Cho 等的预测模型 MINERVA 是目前预测性能最好的方法之一。在这几个模型里面，Robetta 和 FOLDEF 模型是基于能量的方法，通过丙氨酸突变扫描实验来实现的，KFC、MINERVA

和混合 SVM 模型 ASA∪PI 一样，是属于基于特征的方法。根据以上四种方法，使用相同的训练样本集来构建预测模型，然后通过十折交叉验证，把得到的预测结果与 ASA∪PI 方法进行比较，比较结果见表 3.11。

表 3.11　五种分类模型使用十折交叉验证的结果

Model	Specificity	Recall	Precision	Accuracy	F1-Score
Robetta	0.90	0.49	0.62	0.84	0.55
FOLDEF	0.93	0.32	0.59	0.81	0.41
KFC	0.85	0.55	0.58	0.88	0.56
MINERVA	0.89	0.58	0.73	0.87	0.65
ASA∪PI	0.90	0.74	0.71	0.86	0.72

表 3.12　五种模型在相同测试集下的预测结果

Model	Specificity	Recall	Precision	Accuracy	F1-Score
Robetta	0.87	0.33	0.52	0.73	0.40
FOLDEF	0.88	0.26	0.48	0.73	0.34
KFC	0.85	0.31	0.48	0.74	0.37
MINERVA	0.90	0.44	0.65	0.78	0.52
ASA∪PI	0.85	0.51	0.61	0.75	0.56

从表 3.11 可以看出，ASA∪PI 能预测出 74%的热点残基，预测出的热点残基中有 71%是正确的，虽然在预测出的热点残基中的正确率比 MINERVA 稍低，但能预测出的热点残基要比 MINERVA 要高出 16%，而且 F1-Score 指标也高要出 8%，其他评价指标也都达到了较高的水平，通过对比可得出混合 SVM 模型 ASA∪PI 有着更好的预测效果。

为了更进一步说明混合 SVM 模型的有效性，将使用独立的测试样本集来对比这五个预测模型。表 3.12 给出了 5 个预测模型在独立测试样本集上的预测结果。从表 3.12 可以看出，MINERVA 模型和 ASA∪PI 模型在各项评价参数上较其他方法要高，其中 ASA∪PI 模型在 Recall 和 F1-Score 上得分最高，这说明了该模型能够鉴定出更多的热点残基，相比之下，MINERVA 模型在 Specificity 要高出很多，他的方法在预测非热点残基上面要更加好。综上所述，ASA∪PI 模型有着不输于 MINERVA 模型的预测能力，能有效地鉴定热点残基和非热点残基。

ASA∪PI 在特征提取上与 APIS 模型[110]基本一样，使用相同的测试集进行测试，APIS 模型相比 ASA∪PI 模型，在热点残基的预测能力要高些，但在非热点残基的预测能力上要低些，总体的预测精度两个方法十分接近。但由于 APIS 方法在处理非平衡数据的时候剔除了部分非热点残基，这种处理方法一般是针对大量数据集。因此，APIS 模型的预测效果相对来说依赖于选取的数据，而 ASA∪PI 模型更适合于实际应用。

3.6　基于集成学习的蛋白质相互作用热点预测

蛋白质残基分为热点残基和非热点残基,当预测结合面上的热点残基时,应该覆盖更多的热点残基,而减少假热点残基(也称假阳性,即被预测为热点的非热点残基)。因此,为了获得较好的预测效果,需要选择有效的分类器,对热点和非热点残基进行分类。而集成学习是一种将多个弱分类器组合成一个强分类器的方法,能够很好地提升算法的性能,以下列举具有代表性的 Boosting、GB 和 RF 三种方法应用于预测蛋白质结合面上的热点残基。

3.6.1　Boosting 算法

Boosting 算法是集成学习领域的一个重要分支。Boosting 是一种可将弱学习器提升为强学习器的算法,这种算法的工作机制为:先从初始训练集中训练出一个基学习器,再根据基学习器的表现对训练样本分布进行调整,使得先前基学习器错分的训练样本在后续受到更多关注,然后基于调整后的样本分布来训练下一个基学习器;如此重复进行,直至基学习器数目达到事先指定的阈值 T,最终将这 T 个基学习器进行加权结合。具体来说,Boosting 算法的训练过程呈阶梯状,其每次训练过程中会对所有样本的重要性进行评估,通过提高上一次错分的样本的权值,最终获得一个稳定且表现较好的分类模型。其基本原理如图 3.7 所示,首先对权重赋初值,训练出弱分类器。然后修改训练样本的权重值,如果上次训练样本被正确分类,则降低其权重,反之则提高其权重。在学习中产生误差率较高的样本在下一个弱分类器训练时所占的权重较大。重复上述过程直到弱分类器达到指定的数目或学习误差率足够小。最后,对所有弱分类器的预测结果进行组合,获得一个强分类器的分类结果。

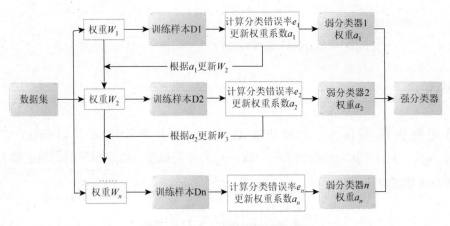

图 3.7　Boosting 算法的基本原理

3.6.2　梯度提升算法

梯度提升（gradient boosting，GB）是基于传统 Boosting 算法的一种改进算法，该算法体现出更好的学习性能。与 Boosting 算法类似，GB 算法呈阶梯状的方式训练模型。不同的是，GB 算法可以通过优化可微损失函数训练模型，从而获得最好的分类结果。每次训练过程中，在残差减少的梯度方向上创建新的分类模型，以确保之前的分类模型的残差保持梯度下降，其基本思想如下。

输入：训练集 $\{(x_1, y_1), \cdots, (x_n, y_n)\}$；

输出：$F_m(x)$

初始化：损失函数 $L(y, F(x))$，迭代次数 M；

开始：

　　初始化模型：$F_0(x) = \mathrm{argmin}_\beta \sum_{i=1}^{N} L(y_i, \beta)$；

For $m = 1$ to M do

{　　拟合为伪残差：

$$\tilde{y}_i = -\left[\frac{\partial L(y_i, F(x_i))}{\partial F(x_i)}\right]_{F(x)=F_{m-1}(x)} \quad i = 1, \cdots, N;$$

使用训练集 $\{(x_1, \tilde{y}_1), \cdots, (x_n, \tilde{y}_n)\}$ 将分类器 $\{h(x)\}$ 拟合为伪残差；

计算模型的新步长 β_m：

$$\beta_m = \mathrm{argmin} \sum_{i=1}^{N} L(y_i, F_{m-1}(x_i) + \beta h(x_i, a_m));$$

修改模型：

$$F_m(x) = F_{m-1}(x) + \beta_m h(x, a_m);$$

　　}

结束

给定数据样本 $\{x_i, y_i\}$，损失函数 $L(y, F(x))$ 和基础分类器 $\{h(x)\}$，其中 $x_i = (x_{1i}, x_{2i}, \cdots, x_{pi})$，$p$ 为预测变量的个数，y_i 为分类标签。给定模型的初始函数 $F_0(x)$，并以贪心法则逐步扩展它：

$$F_0(x) = \arg\min_\beta \sum_{i=1}^{N} L(y_i, \beta) \tag{3.27}$$

求上次迭代模型 $F_{m-1}(x)$ 的导数，即求出残差的梯度方向：

$$\tilde{y}_i = -\left[\frac{\partial L(y_i, F(x_i))}{\partial F(x_i)}\right]_{F(x)=F_{m-1}(x)} \qquad i = 1, \cdots, N \tag{3.28}$$

将计算结果作为因变量，利用弱分类器 $\{h(x)\}$ 拟合样本 $\{x_i, \tilde{y}_i\}$。然后，通过模型参数 a_m，获得拟合模型 $h(x_i, a_m)$。根据损失函数最小化原则，计算模型的新步长 β_m，即当前模型的权重：

$$\beta_m = \arg\min \sum_{i=1}^{N} L(y_i, F_{m-1}(x_i) + \beta h(x_i, a_m)) \tag{3.29}$$

更新模型为

$$F_m(x) = F_{m-1}(x) + \beta_m h(x, a_m) \tag{3.30}$$

M 次迭代结束，得到最终模型：

$$F(x) = \sum_{m=1}^{M} \beta_m h(x, a_m) \tag{3.31}$$

3.6.3　随机森林算法

随机森林（random forest，RF）算法[102]的优点是可以通过将多个弱分类器组合成一个强分类器，其利用投票机制来抵抗决策树的过度拟合。RF 算法具有较强的泛化能力，对于多维数据分类具有较高的效率和准确性。

在蛋白质热点预测问题中，可以选择随机抽样的方法对蛋白质的结合面及结合面中的热点进行识别[103]。具体来说，首先，利用 Boostrap 方法从原始数据集中随机选择子数据集，每个子数据集的特征子集也可以通过 Boostrap 方法进行动态选择。然后，根据选择的特征子集创建子决策树，并对其结果进行评估，获得 RF 算法的分类结果。由于每个子决策树是根据基尼系数选择最佳特征进行分割的，因此，RF 算法的每个决策树都是不同的，由此增加模型的多样性，提高分类性能。基尼系数的定义如下：

$$Gini(p) = \sum_{k=1}^{K} p_k(1 - p_k) = 1 - \sum_{k=1}^{K} p_k^2 \tag{3.32}$$

式中：p_k 为所选样本属于 k 类的概率，误分类概率为 $(1 - p_k)$。计算每个样本中每个特征的基尼，然后选择具有最优基尼系数的特征 θ^*：

$$\theta^* = \min Gini(\theta_i) \tag{3.33}$$

式中：θ_i 为第 i 个样本的特征。RF 算法的最大优点在于计算容易，能够高效地处理数据，对缺失数据或不平衡数据的容错度也比较高。为了避免陷入过度拟合，RF 算法采用两个随机策略进行训练：随机选择样本和随机选择特征。因此，RF 算法具有较好的抗噪能力。具体创建 RF 分类器的过程如下。

输入：训练集 $\Omega = \{X, Y\}$，$X = \{x_1, \ldots, x_N\}$，$Y = \{y_1, \ldots, y_N\}$，$x_i \in R^N$，$y_i \in \{\omega_1, \ldots, \omega_c\}$

输出：RF 分类器

开始：

For $t \leftarrow 1$ to $BestNum$ ($subtree$) do

通过 Bootstrap 方法得到训练集 Ω_t；

从 Ω_t 中随机选择大小为 v 的特征子集；

计算每个特征的基尼系数 $Gini(\theta_i)$；

End For

从特征子集中选择具有最优基尼系数的特征 $\theta^* = \min Gini(\theta_i)$；

For $i = 1$ to Ω_t do

对每个样本 $sample(x_i, y_i)$ 做以下操作：

如果 $\theta^* > TH$，then

将 (x_i, y_i) 加入左子树节点：$\Omega_l \leftarrow \Omega_l \cup \{(x_i, y_i)\}$

否则

将 (x_i, y_i) 加入右子树节点：$\Omega_r \leftarrow \Omega_r \cup \{(x_i, y_i)\}$

End For

新左子树节点：$LeftNode = GrowRandomizedTree(\Omega_l)$

新右子树节点：$RightNode = GrowRandomizedTree(\Omega_r)$

$TreeRoot_t = ParentNode(\theta^*, LeftNode, RightNode)$

直到满足停止准则；

返回 RF：$Forest = Forest \bigcup \{TreeRoot_t\}$

结束

首先，采用 Bootstrap 方法（有放回的抽样方法）得到训练集 Ω_t（其大小等于 Ω）。从 Ω_t 中选择大小为 v 的特征子集，用式（3.32）计算每个特征的基尼系数，根据基尼系数选择最优特征。为了获得最优的分裂节点，对每个样本 (x_i, y_i) 做以下处理：如果 θ^* 的值大于阈值 TH，则将其添加到左子树节点（或右子树节点）的数据集 Ω_l，否则将其添加到右子树节点（或左子树节点）的数据集 Ω_r。阈值 TH 定义为

$$TH = \min \{Gini(\theta_i = a)\} \tag{3.34}$$

式中：θ_i 为第 i 个样本的特征；a 为特征 θ_i 的所有可能值。在随后的过程中，可以独立地判断左子树和右子树的最优特征和最优分离节点。重复执行树的构建步骤，直到所有子树

都输出预测值。

3.6.4 实验结果与分析

在实验中,首先分别采用 Boosting 算法、GB 算法和 RF 算法,在不同的数据集 ASEdb1、ASEdb2、SKEMPI 和 ASEdb1 + SKEMPI 数据集上建立不同的分类模型。为了有效验证方法的准确性,要用十折交叉验证。交叉验证重复十次,每个部分验证一次,输出平均十次的结果,十折交叉验证过程如图 3.8 所示。

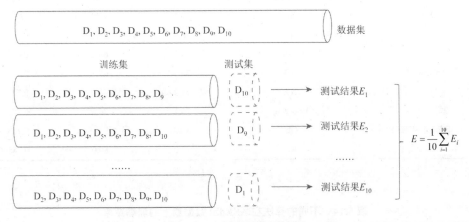

图 3.8 十折交叉验证过程

表 3.13 列出了 Boosting、GB 和 RF 算法在四个不同的数据集 ASEdb1、ASEdb2、SKEMPI 和 ASEdb1 + SKEMPI 上的训练结果。对于 ASEdb1 数据集,Boosting 算法的精度(0.741)高于 GB 算法的精度(0.716)和 RF 算法的精度(0.731),而其召回率(63.2%)和 *F-Score*(0.682)分别比 GB 算法的召回率(0.738)和 *F-Score*(0.727)低,而 RF 算法的召回率和 *F-Score* 相对较高。对于 ASEdb2 数据集,Boosting 算法具有最高的召回率(0.746),RF 算法具有较高的精度(0.787)和 *F-Score*(0.764)。对于其他两个数据集,GB 算法和 RF 算法的各项指标均高于 Boosting 算法。此外,从表 3.13 中可以看出,在数据集 ASEdb1 + SKEMPI 上创建的训练模型的性能优于在其他三个数据集上创建的模型。

表 3.14 是采用与 Cho[94]完全相同的数据集 ASEdb1($\Delta G \geqslant 2.0$kcal / mol)的训练结果,并列出了各种方法在该数据集上的结果进行比较。其中 Robetta 算法和 FOLDEF 算法是属于丙氨酸扫描方法,KFC 算法和 MINERAV 算法都是属于基于特征的方法。一般使用 *F-Score* 来评价非平衡数据集是否具有实际意义,*F-Score* 值应该大于正样本与总样本的比值。在 ASEdb1 数集中,热点残基个数(正样本数)为 65 个,残基总数(总样本数)为 265 个,因此 *F-Score* 值大于 0.25 才具有实际意义,这里用 Δ *F-Score* 表示 *F-Score* 和 0.25 的差值。从表中可以看出 FOLDEF 算法的 *F-Score* 值(0.41)低于其他五种方法,MINERVA 算法、Boosting 算法、GB 算法和 RF 算法的精度均超过了 0.7,其中 Boosting 算法的精度最高,达到 74%。而 GB 算法和 RF 算法的召回率相同,都达了 74%,说明这两种方法都

能正确预测出 74%的热点残基。此外，RF 的 *F-Score*（0.74）比 GB 算法略高一个百分点。从表 3.14 可以看出，与其他方法相比，GB 算法和 RF 算法都可以获得较好的预测性能。

表 3.13　三种集成学习算法在不同数据集上的训练结果

数据集	算法	精度/%	召回率/%	*F-Score*
	Boosting	74.1	63.2	0.682
ASEdb1	GB	71.6	73.8	0.727
	RF	73.1	74.2	0.736
	Boosting	73.5	74.6	0.740
ASEdb2	GB	76.1	73.9	0.750
	RF	78.7	74.2	0.764
	Boosting	74.1	63.2	0.683
SKEMPI	GB	74.5	67.7	0.710
	RF	71.2	73.4	0.723
	Boosting	76.1	74.6	0.753
ASEdb1 + SKEMPI	GB	82.0	75.0	0.783
	RF	78.0	80.0	0.785

表 3.14　不同的算法在 ASEdbl 数据集上的训练结果

模型和算法	精度/%	召回率/%	*F-Score*	Δ *F-Score*
Robetta[104]	62	49	0.55	+ 0.30
FOLDEF[105]	59	32	0.41	+ 0.16
KFC[106]	58	55	0.56	+ 0.31
MINERVA[94]	73	58	0.65	+ 0.40
Boosting	74	63	0.68	+ 0.43
GB	72	74	0.73	+ 0.48
RF	73	74	0.74	+ 0.49

表 3.15 是在 SKEMPI 数据集上的训练结果，由于目前对该数据集的研究较少，这里只与 Chen 等[107]的算法和 Huang 等[108]的算法进行了比较。在 SKEMPI 数据集中，热点残基个数（正样本数）为 136 个，残基总数（总样本数）为 485 个，因此在该数据集中，*F-Score* 的值大于 0.28 才具有实际意义，这里 Δ *F-Score* 表示 *F-Score* 和 0.28 之间的差值。从表中 Δ *F-Score* 值中可以看出，五种方法都具有实际的应用意义，但其中 Chen 算法的精度（31%）较低，预测出的热点残基中只有 31%的真热点残基，不到所有热点的一半。而 Huang 的算法获得的精度高于其他所有三种方法的精度，达到了 77.2%。Boosting、GB 和 RF 算法在召回率和 *F-Score* 上优于 Huang 的方法，其中 RF 算法的精度比 GB 算法的精度低，但召回率较高，说明可以正确地预测 73.4%的热点残基，预测出的热点中有 71.2%

的残基是真正的热点残基。结果表明，GB 算法和 RF 算法预测 SKEMPI 数据集中的点残基同样具有较好的性能，相对而言 RF 算法更优。

表 3.15　不同的算法在 SKEMPI 数据集上的训练结果

模型和算法	精度/%	召回率/%	*F-Score*	Δ *F-Score*
Chen[107]	31.0	55.0	0.400	+ 0.120
Huang[108]	77.2	58.3	0.665	+ 0.385
Boosting	74.1	63.2	0.683	+ 0.403
GB	74.5	67.7	0.710	+ 0.430
RF	71.2	73.4	0.723	+ 0.443

　　为了进一步验证和评估方法的鲁棒性，也将 Boosting、GB 和 RF 算法在 ASEdb1 + SKEMPI 数据集上训练的模型用于测试 BID 数据集。表 3.16 列出了十种分类模型在独立测试集 BID 上预测热点的性能。其中，Kortemme 的模型 Robetta、Guerois 的模型 FOLDEF、Darnell 的模型 KFC、Cho 的模型 MINERVA1 和 MINERVA2 非常具有代表性。这些模型中，Robetta 和 FOLDEF 模型是基于能量的方法。MINERVA1 模型和 MINERVA2 模型的区别在于训练集中对热点的定义不同，MINERVA1 模型中热点定义为：$\Delta G \geqslant 1.0\text{kcal}/\text{mol}$，而 MINERVA2 模型中热点定义为：$\Delta G \geqslant 2.0\text{kcal}/\text{mol}$。在 BID 数据集中，热点个数为 39 个，残基总个数为 127 个，则 *F-Score* 的值大于 0.31 才具有实际意义，这里 Δ *F-Score* 表示 *F-Score* 和 0.31 之间的差值。从表 3.16 中可以看出，MINERVA2 模型的精度值比 Boosting 算法的精度（64%）略高，比其他方法的精度高出 7～17 个百分点，但是它的 *F-Score*（52%）低于 APIS 模型（64%）、Boosting 算法（61%）和 GB 算法（65%）将近 10 个百分点。此外，Boosting 算法的精度比 GB 算法和 RF 算法的精度高，达到 64%，但 GB 算法的召回率（71%）和 *F-Score*（65%）高于 Boosting 算法，相比之下，RF 算法可以正确预测出 74% 的热点残基，预测出的热点残基中有 61% 的残基是真热点残基。该实验进一步表明，GB 算法和 RF 算法对于预测热点残基是可行和有效的。从上面几个实验发现，GB 算法和 RF 算法有较好的召回率，而且其在 ASEdb1 + SKEMPI 数据集中训练的模型有较好的性能。

表 3.16　不同的算法在独立测试集 BID 上的预测结果

模型和算法	精度/%	召回率/%	*F-Score*	Δ *F-Score*
Robetta[104]	52	33	0.40	+ 0.09
FOLDEF[105]	48	26	0.34	+ 0.03
KFC[106]	48	31	0.37	+ 0.06
MINERVA1[94]	53	62	0.57	+ 0.26
MINERVA2[94]	65	44	0.52	+ 0.21
Zhang's method[109]	50	71	0.59	+ 0.28
APIS[110]	57	72	0.64	+ 0.33

续表

模型和算法	精度/%	召回率/%	F-Score	Δ F-Score
Boosting	64	59	0.61	+ 0.30
GB	60	71	0.65	+ 0.34
RF	61	74	0.67	+ 0.36

表 3.17　数据集 DateHub 和 PartyHub 上的不同方法的热点预测比较

数据集	算法	精度/%	召回率/%	F-Score
DateHub	Boosting	64.9	53.7	0.580
	GB	61.3	71.9	0.660
	RF	88.5	85.7	0.871
PartyHub	Boosting	62.9	53.9	0.581
	GB	60.9	71.1	0.656
	RF	84.3	77.9	0.810

　　为了从多方面对分类模型进行评估，还将 Boosting 算法和 GB 算法用于预测 DateHub 数据集和 PartyHub 数据集中的热点，并和 RF 算法进行比较，采用十折交叉验证进行评估。表 3.17 显示 GB 算法在两个数据集上的精度值都低于 Boosting 算法的精度值，而召回率和 F-Score 都优于 Boosting 算法的预测值。同时，可以看出 RF 算法在两个数据集上的精度、召回率和 F-Score 都明显优于其他两种方法。

3.7　基于合成少数类过采样技术的蛋白质相互作用热点预测优化

3.7.1　不平衡数据处理

　　由于获得的初始数据集类别不均衡，模型分类倾向于多数类，高度不平衡的训练数据会对分类器的准确性产生负面影响。处理不平衡数据集有两种不同类型的方法：过采样和欠采样。欠采样方法通过随机减少大多数类的样本数量，或者通过使用一些统计知识来平衡类别分布。但是，在此过程中可能会丢失某些信息。相反，过采样方法通过对原始少数类的随机重新采样或通过为少数类创建合成样本来添加少数样本，而随机过采样会造成样本重复，也会影响精度。

　　合成少数类过采样技术（synthetic minority oversampling technique，SMOTE）致力于处理不平衡数据集。SMOTE 通过创建新的样本，而不是通过重复对少数类样本进行过采样，其主要思想是将新样本插入少量类似样本中以平衡数据集。SMOTE 算法不是随机过采样方法（简单地复制样本），而是添加新样本达到避免过度拟合分类器的目的。

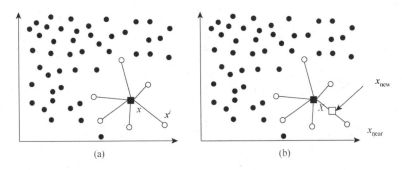

图 3.9　SMOTE 核心思想

算法的核心思想如图 3.9 所示，在少数类样本点 x 与该点同类的近邻样本 x_{near} 之间的连线上随机选取样本点 x_{new}，以此作为新增的少数类样本，使正负类样本逐渐达到平衡。主要步骤如下：对于不平衡数据中的每一个少数类样本 x，根据传入的参数，搜索其同类最近邻样本 k 个。假设采样倍率设置为 n（k 值的设定一般大于 n 值），则每次从 k 个近邻样本中随机抽选出一条样本 x_{near}，通过插值公式在样本 x 与 x_{near} 之间进行插值操作，得到新的插值样本 x_{new}，重复该过程 n 次。故对于每一个少数类样本 x，通过插值操作可以得到 n 个新样本。具体地，由插值公式（3.35），得到新插值 x_{new} 为

$$x_{new} = x + rand(0,1) * (x_{near} - x) \tag{3.35}$$

式中：$rand(0,1)$ 为随机生成 $0\sim1$ 的数；$(x_{near}-x)$ 为属性之间的差值。从公式可以看出，除去随机数的影响，新样本 x_{new} 主要依赖于少数类的原始分布，当某一个少数类样本被确定，其近邻样本也就被确定了。下面通过一个具体的例子阐述 SMOTE 合成新样本的过程。

假设在二维空间存在着一个不平衡数据集，其中点（3，4）为一个正类样本点，对于点（3，4），在正类样本点中搜索与其最近邻的 k 个点，假设 $k=3$，搜索到的最近邻点为（2，4）、（3，5）和（4，4）。随机选择一个最近邻样本点，假设为点（3，5），且对应的随机数 $rand(0,1)$ 设置为 0.6，则本次新生成的样本点为

$$(x,y) = (3,4) + 0.6 * [(3,4) - (3,5)] \tag{3.36}$$

以下两种方法是基于 SMOTE 的热点预测算法。

3.7.2　基于 SRF 分类策略分析的热点预测

1. 算法描述

SRF（random forest with SMOTE）是一种使用 SMOTE 优化过后的 RF 算法。SRF 算法是一种用于分类的集成学习方法，其通过在训练时构建多个决策树并输出该类来操作。算法流程图如图 3.10 所示，首先对训练样本使用 SMOTE 算法进行不平衡数据处理，然后建立 RF 算法得到分类结果。

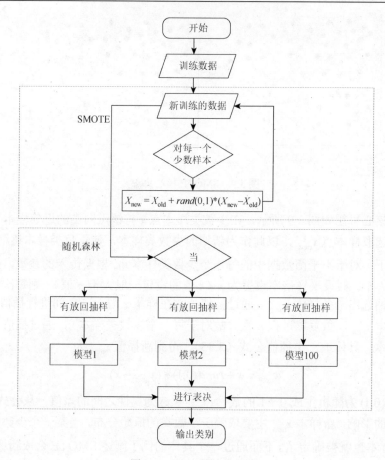

图 3.10　SRF 算法流程图

　　SRF 预测热点残基的主要步骤如下。

输入:训练样本集 $\Omega = \{X, Y\}$, $X = \{x_1, \ldots, x_N\}$, $Y = \{y_1, \ldots, y_N\}$, $x_i \in R^N$, $y_i \in \{\omega_1, \ldots, \omega_c\}$;
　　少数类样本个数 S;采样倍率 $M\%$;取最近邻的个数 k
输出:RF 分类器

---

1. $M = (\text{int})(M/100)$
2. While $M \neq 0$
3. 　　For $i \leftarrow 1$ to S
4. 　　　　从 k 个最近邻邻居中随机选择一个 X_{nn}
5. 　　　　For $attr \leftarrow 1$ to $numattrs$
6. 　　　　　　$X_{new} = X_{old} + rand(0,1)*(X_{nn} - X_{old})$
7. 　　　　End For
8. 　　　　$\Omega \rightarrow \Omega \bigcup \{(X_{new}, Y_{minority\ class})\}$
9. 　　　　$M = M - 1$

```
10.          End For
11.          For t ←1 to T do
12.          从总样本 Ω_t 中有放回采样样本个数为 N 的子样本 Ω
13.          从样本子集 Ω_t 的属性中选取 v 个属性
14.                计算每个变量的基尼指数 Gini(θ_i)
15.          End For
16.          选取基尼指数最小的属性，选取分裂阈值
```

$$\theta^* = maxGini(\theta_i)$$

```
17.          For i=1to Ω_t do
18.                If 如果样本(x_i, y_i) 的 θ^* ＜ TH，那么
19.                      把样本(x_i, y_i) 分给左结点：
```

$$\Omega_l \rightarrow \Omega_l \bigcup \{(x_i, y_i)\}$$

```
20.                Else
21.                      把样本(x_i, y_i) 分给右结点：
```

$$\Omega_r \rightarrow \Omega_r \bigcup \{(x_i, y_i)\}$$

```
22.                End If
23.          End For
24.          新建左子结点：
                 LeftNode=GrowRandomizedTree ( Ω_l )
                 以左子结点为根结点，对于样本 Ω_l 建树
25.          新建右子结点：
                 RightNode=GrowRandomizedTree ( Ω_r )
                 以右子结点为根结点，对于样本 Ω_r 建树
26.          TreeRoot_t =ParentNode ( θ^*, LeftNode, RightNode )
                 创建树并返回根结点
27.          重复步骤 16~26 直到达到以下某个终止条件：结点的训练样本属于同一类
             样本的所有属性都已经被选择过
28.          Forest=Forest∪ { TreeRoot_t }
29. End For
30. Return Forest
```

首先，输入所有参数，包括训练样本集 Ω，少数样本数 S，SMOTE 率 $M\%$ 和每个少数样本的最近邻数 k。然后通过对少数样本进行过采样来处理训练数据集，使少数样本的数量等于多数样本的数量。对于少数样本的每个样本 x_i，选择 x_i 的 k 个邻居。然后，随机选择其中一个邻居根据公式（3.35）来计算新样本。该算法重复上述步骤，直到输出新的平衡的训练数据集 Ω，即 Ω 的少数样本的数量等于该数量多数样本。

其次，先从平衡的训练数据集 Ω 中获得样本大小为 N 的样本子集 Ω_t，再从样本子集 Ω_t 的属性中选取大小为 v 的属性子集，然后计算每个变量的基尼指数，根据基尼指数选择最佳特征。对于每个样本 (x_i, y_i)，如果其 θ^* 的值大于 TH（根据经验选定的阈值），则将其添加到左子结点的数据集 Ω_l，否则，将其添加到右子结点的数据集 Ω_r。调用 GrowRandomizedTree(Ω) 以生成 CART 树，调用 ParentNode(θ^*, *LeftNode*, *RightNode*) 创建一个树并返回其根结点。重复这些步骤，直到满足其中一个停止标准，分裂结点有三个停止标准，第一个标准是训练样本属于同一个类，另一个是结点没有其他特征用于分裂，第三个是达到设定的重复次数。当构建 CART 树 *TreeRoot_t* 时，它将被添加到森林中。最后，重复执行树构建步骤，直到得到完整的森林。

2. 实验部分

实验中，使用 ASEdb，SKEMPI 和 ASEdb + SKEMPI 中的三个数据集创建了三个不同的模型。对于 ASEdb 和 SKEMPI，作十折交叉验证。此外，使用 ASEdb + SKEMPI 创建了一个训练模型来预测 BID 数据集的热点残基。最后，预测了 BID 数据集中的两个蛋白质复合物的热点残基，并显示了蛋白质复合物的三维构象。

表 3.18 显示模型在 ASEdb 数据集的 Recall 最高（77.1%）。该方法的精度低于 Tuncbag[129]，但优于其他两个分类器。对于 Recall 和 *F-Score*，RF 算法优于 Tuncbag 方法和 Nan 方法[119]，并且略好于 DICFC。因此，可以得出结合 RF 和 SMOTE 的混合方法在用 ASEdb 数据集预测热点残留和非热点残留方面具有良好的准确性。表 3.19 列出了基于 SKEMPI 数据集的不同方法的预测热点残基的结果。从中可以看出，RF 方法的 F-Score（0.683）优于 Chen 和 Huang。此外，通过 RF 和 SMOTE 方法，预测热点的 Recall（80.3%）得到了极大的改善。虽然 Precision（60.7%）略低于 Huang 方法，但优于 Chen 的方法。

表 3.18　各种方法在 ASEdb 数据集上预测结果的比较

模型和方法	精度/%	召回率/%	*F-Score*
Tuncbag	100	12.2	0.217
Nan	42.4	28.5	0.341
DICFC	65.1	57.1	0.608
RF	70.2	77.1	0.720

表 3.19　各种方法在 SKEMPI 数据集上预测热点残基结果的比较

模型和方法	精度/%	召回率/%	*F-Score*
Chen	31.0	55.0	0.400
Huang	77.2	58.3	0.665
SRF	60.7	80.3	0.683

表 3.20　在 BID 数据集上对热点残基预测结果的比较

模型和方法	精度/%	召回率/%	*F-Score*
Robetta	48	32	0.384
FOLDEF	40	22	0.280
KFC	44	30	0.350
Cho	53	62	0.570
Zhang	50	71	0.590
SRF	53	70	0.600

　　为了进一步验证模型，使用 ASEdb + SKEMPI 数据集创建了一个训练模型（Precision 为 66.2%，Recall 为 81.5%，F-Score 为 0.726），然后使用 BID 数据集测试 SRF 模型，与其他模型 Robetta[104]、FOLDEF[105]、KFC[106]、Cho[94]和 Zhang[109]进行比较。表 3.20 列出了 BID 数据集中的测试结果，结果证明 SRF 模型可以获得更好的热点残基和非热点残基。Rosetta 和 FOLDEF 是基于丙氨酸突变扫描的方法，而 KFC，Cho 和 Zhang 是基于特征的方法。从结果中可以看出，SRF 模型的 Precision（53%）与 Cho 的相同，略好于其他方法。模型的 Recall（70%）略低于 Zhang 的方法，但优于其他方法。F-Score（0.60）略好于 Zhang 和 Cho 的方法，大大优于其他三种方法。综上所述，SRF 算法在预测热点残基和非热点残基时具有一定潜力。

表 3.21　对 BID 数据集中蛋白质 1CDL 和 1DX5 热点残基的预测结果

PDB 编号	精度/%	召回率/%	*F-Score*
1CDL	60	100	0.75
1DX5	50	67	0.57

　　此外，这里给出了使用 SRF 模型 BID 数据库预测蛋白质复合物（1CDL 和 1DX5，分别包括 6 和 3 个热点残基）的两个例子。表 3.21 显示了 1CDL 和 1DX5 的精度，召回率和 *F-Score*，表 3.22 列出了预测的热点和假热点。从图 3.11 中可以看出，1CDL 由两条不同的链（A 链，B 链）组成（可视化结果是利用 Pymol 工具绘制生成）。可以正确预测所有 6 个热点残基（A92，E800，E804，E 810，E812，E813，），但是错误预测 4 个非热点残基作为热点残基（A12，A19，E802，E808）。图 3.12 显示了 1XD5 的构象。与天然热点残基比较，可以正确预测两个热点残基（N67，N76），但错误预测两个非热点残基作为热点残基（N38，N82），有一个热点残基没有预测出来（N80），说明该预测方法还有改进空间。

表 3.22　BID 数据集的 1CDL 和 1DX5 的预测结果

PDB 编号	真实热点残基	预测的热点残基	错误预测的热点残基
1CDL	（A92）（E800）（E804）（E810）（E812）（E813）	（A92）（E800）（E804）（E810）（E812）（E813）	（A12）（A19）（E802）（E808）
1DX5	（N67）（N76）（N80）	（N67）（N76）	（N38）（N82）

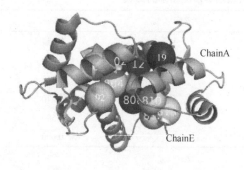 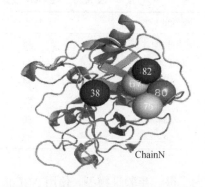

图 3.11　蛋白质 1CDL 预测结果可视化　　　　图 3.12　蛋白质 1DX5 预测结果可视化

以上内容表明，为了避免过度拟合一组训练数据，SMOTE 算法通过合成新样本来增加少数类别的数量。RF 算法整合了多个决策树，通过样本扰动和属性扰动增加了基础学习的多样性。SRF 模型在训练数据上保持更高的准确性并且提高了泛化能力。

通过实验发现预测模型的精度、召回率、*F-Score* 与数据量、热点残基、非热点残基之间的平衡率有关。在 ASEdb 数据集和 SKEMPI 数据集上测试了 SRF 模型与其他方法进行比较，并使用十折交叉验证保证结果的鲁棒性。BID 数据集还用于进一步验证 SRF 模型的预测能力。综上所述，SRF 模型显示了更好的整体预测性能。

3.7.3　基于 SABoost 算法的热点预测

1. AdaBoost 算法

AdaBoost 算法是最典型的一种自适应提升的集成学习策略，其基本思想是通过训练数据的分布构造一个分类器，然后通过误差率求出这个弱分类器的权重，最后根据分类结果更新训练数据的分布，迭代进行，直到达到迭代次数或者损失函数小于某一阈值。其主要步骤如下。

输入：数据集 $s\left\{(x^{(i)}, y^{(i)})\right\}\left(i=1,2,\cdots,n, y^{(i)} \in \{-1,+1\}\right)$；基分类器：$C$；

　　输出：最终的组合分类模型 $G(x)$。

步骤 1：对训练样本的权重进行初始化。

$$D_1 = (w_{11}, \cdots, w_{1i}, \cdots, w_{1n}), w_{1i} = \frac{1}{n}, i=1,2,\cdots,n$$

步骤 2：对 $m=1,2\cdots,M$

（1）使用带有权值分布的训练集 D_1 进行弱分类器的学习。得到第 m 个弱分类器。

$$G_m(x): x \rightarrow y\{-1,+1\} \tag{3.37}$$

（2）计算 $G_m(x)$ 在训练集上的分类误差率

$$e_m = P(G_m(x^{(i)} \neq y^{(i)})) = \sum_{i=1}^{n} w_{mi} I(G_m(x^{(i)} \neq y^{(i)})) \qquad (3.38)$$

（3）根据分类误差率确定当前分类器的权重

$$\alpha_m = \frac{1}{2} \log \frac{1-e_m}{e_m} \qquad (3.39)$$

（4）根据当前分类器对每个样本的分类标签更新样本权重

$$D_{m+1} = (w_{m+1}, \cdots, w_{m+1,i}, \cdots, w_{m+1,n}) \qquad (3.40)$$

$$w_{m+1,i} = \frac{w_{mi}}{Z_m} \exp(-\alpha_m y^{(i)} G_m(x^{(i)})), i=1,2,\cdots,n \qquad (3.41)$$

其中，Z_m 是对应的规范因子，它使 D_{m+1} 成为一个概率分布。

$$Z_m = \sum_{i=1}^{n} w_{mi} \exp(-\alpha_m y^{(i)} G_m(x^{(i)})) \qquad (3.42)$$

步骤 3：对构建的弱分类器线性组合，得到最后的组合分类器

$$G(x) = sign(f(x)) = sign\left(\sum_{m=1}^{M} \alpha_m G_m(x)\right) \qquad (3.43)$$

由式（3.39）可以看出，基分类器的权重与误差率相关，并且随着误差率的减小而增大，因此，分类误差率小的分类器在最终的组合分类器中的作用越大。

2. SABoost 算法

一方面，由于 AdaBoost 算法获取的数据集是不平衡的，而且热点处于少数类的地位，为了提高热点预测的精度，选择过采样方法增加热点的数目。由于简单过采样容易造成过拟合，因此选用了 SMOTE 算法，在有效增加热点数目的前提下，也能够减少过拟合的产生；另一方面，AdaBoost 算法是一种自适应提升的集成学习算法，使用加权后的训练集代替原始训练集，可以在训练过程中不断加强对错分样本的关注，从而取得较好的分类效果。结合不平衡数据处理算法 SMOTE 和 AdaBoost 集成学习算法相当于是双重机制，同时增大了分类器对热点的分类精度，这个算法称为 SABoost（AdaBoost with SMOTE），首先使用 SMOTE 算法对数据进行平衡处理，也就是使数据集中热点（少数类）的数量与非热点（多数类）的数量相同，再使用 AdaBoost 算法对经过预处理的数据进行建模。

SABoost 热点分类预测的具体过程如图 3.13 所示。首先输入训练集，并判断训练集的类别是否平衡，若不平衡则先根据数据集中的类别标号计算出该数据集的不平衡比，由该比例给出 SMOTE 算法的参数，并使用 SMOTE 算法对数据进行平衡处理，也就是使数据集中热点（少数类）的数量与非热点（多数类）的数量相同；若数据集已经是平衡的，跳过该步骤，进行下一步骤；再使用 AdaBoost 算法对经过预处理和特征选择后的数据进行建模，建模过程描述如下：将平衡的数据集中的每一条数据赋予相同的权重值，放入决策树中进行训练，这时，树的深度已经是设置好的，训练到指定树深后保存该训练后得到

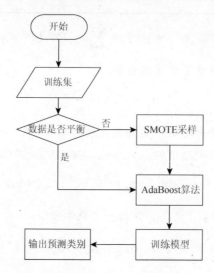

图 3.13 SABoost 热点分类预测过程

的决策树,训练完后,计算训练误差,并由误差率再次更新训练集所有样本的权重,再使用更新权重后的训练样本训练第二棵决策树,并重复上述步骤,直到训练得到的决策树的棵数达到设定的个数;最后输出这个集成分类器。结合 SMOTE 与 AdaBoost 的 SABoost 的算法流程如下。

输入:初始训练集
输出:SABoost 分类器

步骤:
1. 根据类别编号计算数据集不平衡比
2. 若数据集不平衡,则调用 SMOTE 做过采样使得数据集进行平衡;
   若数据集平衡,则直接进行下一步骤;
3. 利用 AdaBoost 策略将每条数据赋予相同的权重并放到基分类器中进行学习;
4. 计算权重训练误差,并更新权重值;
5. 重复步骤 4;
6. 输出 SABoost 分类器分类结果。

---

3. 实验结果

实验所使用的数据集是 ASEdb 和 SKEMPI,这两个数据库提供了残基的结合自由能,相关蛋白质及其残基的结构属性和蛋白质空间三维坐标来自于 PDB,氨基酸结构属性来自于 AAindex。实验使用 SKEMPI 数据集对 SABoost 分类器进行建模,该模型首先对数据进行不平衡处理,平衡数据集中各个类别的比例后,再使用决策树作为基分类器进行建模,根据每一次基分类器的分类结果,增加数据集中错分样本的权重值,如此反复直到分类器个数达到预先设定的个数。

为了比较算法与其他分类器分类结果的区别，使用 SKEMPI 数据集分别在不同的算法上进行建模，除 SABoost 算法，使用到的机器学习算法有 SVM、决策树和逻辑回归算法，这些算法使用的都是算法未经过调节的原始参数。各种方法的建模结果见表 3.23，从表中可以清晰地看到提出的算法 SABoost 相较于其他算法而言有较大的优势。

表 3.23　不同分类方法在 SKEMPI 数据集上的结果对比

评价指标 算法和模型	TN	FN	TP	FP	精度/%	召回率/%	F-measure
SVM	322	34	102	27	79	75	0.77
决策树	329	39	97	20	83	71	0.77
逻辑回归	319	32	104	30	78	77	0.77
SABoost	331	20	116	18	87	85	0.86

为了进一步验证 SABoost 算法的性能，与已有方法比较，选取基于能量的热点预测模型 FOLDEF[92]，然后使用基于特征和机器学习的热点预测模型 KFC[93]、MINERVA[94]等算法。采用 ASEdb 数据集建模预测，分别与上述算法进行对比。得到的预测结果和比较见表 3.24。

表 3.24 中的结果表明，SABoost 算法在三个评价指标上都是表现最好的，说明了 SMOTE 采样方法可以有效地降低数据集的不平衡比，并且有利于少数类的分类精度的提升。综上所述，SABoost 算法可用于处理带有不平衡类别数据的热点分类问题。

表 3.24　热点预测方法在 ASEdb 数据集上的结果比较

算法和模型	精度/%	召回率/%	F-measure
FOLDEF	59	32	0.41
KFC	74	56	0.64
MINERVA	73	58	0.65
SABoost	78	75	0.76

第4章 蛋白质相互作用热区预测

4.1 引　言

生物实验显示，热点残基在蛋白质相互作用界面上的分布并不是均匀的，而是在一个残基稠密区域紧密的聚集在一起[111]，而且热点残基与周围的少数非热点残基在会互相作用和结合形成模块，这种模块化的结构被称为热区（hot region）[28]。此外，热点残基在蛋白质相互作用界面上非但不是均匀分布的，而且在相互作用界面的中心区域热点残基更有聚集的趋势，同一个热点中的热点残基对彼此的作用较强，不同热区中的热点残基几乎不会发生相互作用，而且热区之间相互独立。进一步研究表明，热区在相互作用界面上存在的个数是由结合面的大小决定的，在一个蛋白质相互作用界面上有可能只存在一个热区也有可能存在多个热区。图4.1展示了一个由两种蛋白质单体形成的蛋白质复合物的相互作用热区结构[112]，一个两种单体形成的复合物和示意图。图中环状区域是热点簇，热点趋向于在相互作用界面上配对。图中显示的是蛋白质是簇中的一个成员，苹果酸酶（1guyAC）。这里，这些热点分为两个集群，表明热点沿界面分布并不均匀。热点残基的这种分布特征表明，同一个热区内部的热点残基对复合物的稳定所发挥作用是共同作用的，而不同热区之间是相互独立的，这些独立的热区对蛋白质复合物的稳定性贡献的作用则是具有累加性的。因此，研究者普遍认为蛋白质相互作用的机理不能孤立地从单个热区来分析，可能需要通过热区的这种组织特征来理解。

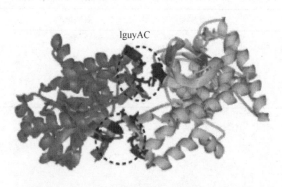

图 4.1　蛋白质-蛋白质相互作用热区示意图

热点和热区的存在对于维持蛋白质的稳定性进而发挥蛋白质的功能有着重要的作用，模块化的热区结构同时也可能是与某些特定物质相结合的通道。本章设计并实现了多种计算方法对蛋白质相互作用热区进行预测。首先，介绍一种基于多序列特征提取的蛋白质相互作用预测方法，能够有效地提取序列中蕴含的特征并进行特征融合。其次，设计四种蛋白质相互作用热区的预测方法,分别是基于 HRP-LMD 的方法[112]、DICFC 方法[112]、基于密度聚类和投票分类器的方法[112]及基于 K-means 聚类的方法。簇集中的残基经过预测算法进行过滤后,所得到的热区中的热点残基的召回率较低,针对该问题,本章还提出并设计三种优化策略。同时,由于生物实验的复杂性和长周期性,使得由生物实验验证热区十分困难,还提出一种基于序列保守性的热区验证方法。

4.2　基于多种序列特征提取预测蛋白质相互作用

4.2.1　蛋白质相互作用预测过程

基于蛋白质序列预测蛋白质相互作用,已经研究发现蛋白质序列编码的好坏直接影响之后模型的训练和其在潜在数据上的预测精度,因此,研究人员的研究重点就放在寻找一种“更好”的序列表示方法上。考虑到现有的序列表示方法各自具有一定的优劣,且仅仅使用一种序列表示方法,预测的准确率不高,因此,应该融合多种序列特征提取方法以提高预测的准确率。

基于序列的蛋白质相互作用预测分为两部分。首先是蛋白质序列特征提取,当原始数据集取得后,得到的数据依然是若干长短不一的蛋白质序列,需要将其编码成定长的特征向量,以便于后续的模型构建。目前蛋白质序列特征提取方法有很多种,这里选取具有代表性且编码方式有较大差异的三种序列表示方法,包括氨基酸组成、氨基酸理化属性和自协方差。其次是特征的融合,原始数据在经过三种不同的序列编码方式处理后,将得到三种特征作为输入向量构造独立的基分类器,用元学习策略作为分类器融合策略,集成多种蛋白质序列特征提取方法。接下来将对这两个部分的具体做法进行介绍。

4.2.2　蛋白质序列特征提取

1. 氨基酸组成

氨基酸组成（AAC）编码是最早被提出来的蛋白质序列的特征表达方法,它计算二十种氨基酸中的每一类在蛋白质序列中出现的百分含量,即一条蛋白质序列能被转化为一个 20 维的特征向量。

2. 氨基酸理化性质组成

在蛋白质序列信息的基础上,引入氨基酸的各种理化属性信息,氨基酸理化属性组成编码方法。具体分类情况见表 3.4。

3. 自协方差

Guo 等[55]在 2008 年完整地提出了使用自协方差来描述蛋白质序列的方法,其中首要涉及氨基酸的各种理化属性,选取其中得到比较广泛认可的 6 种理化属性,包括疏水性

（hydrophobicity）、极性（polarity）、极化率（polarizability）、侧链体积（volume of side chains）、SASA 和侧链的净电荷指数（net charge index of side chains），各项指标的原始测定值如表 4.1 所示[113]。

表 4.1　氨基酸的各种理化属性原始测定值

氨基酸	疏水性	极性	极化率	侧链体积	SASA	侧链净电荷指数
A	0.62	8.1	0.046	27.5	1.181	0.007187
C	0.29	5.5	0.128	44.6	1.461	−0.03661
D	−0.9	13	0.105	40	1.587	−0.02382
E	−0.74	12.3	0.151	62	1.862	0.006802
F	1.19	5.2	0.29	115.5	2.228	0.037552
G	0.48	9	0	0	0.881	0.179052
H	−0.4	10.4	0.23	79	2.025	−0.01069
I	1.38	5.2	0.186	93.5	1.81	0.021631
K	−1.5	11.3	0.219	100	2.258	0.017708
L	1.06	4.9	0.186	93.5	1.931	0.051672
M	0.64	5.7	0.221	94.1	2.034	0.002683
N	−0.78	11.6	0.134	58.7	1.655	0.005392
P	0.12	8	0.131	41.9	1.468	0.239531
Q	−0.85	10.5	0.18	80.7	1.932	0.049211
R	−2.53	10.5	0.291	105	2.56	0.043587
S	−0.18	9.2	0.062	29.3	1.298	0.004627
T	−0.05	8.6	0.108	51.3	1.525	0.003352
V	1.08	5.9	0.14	71.5	1.645	0.057004
W	0.81	5.4	0.409	145.5	2.663	0.037977
Y	0.26	6.2	0.298	117.3	2.368	0.023599

对其原始测定值按式（4.1）进行标准化处理。

$$P'_{i,j} = \frac{P_{i,j} - P_j}{S_j} \tag{4.1}$$

式中：$P_{i,j}$ 为第 i 种氨基酸的第 j 种理化属性的测定值；P_j 和 S_j 为 20 种氨基酸的第 j 种理化属性的平均值和标准差。标准化后的各个氨基酸的各项属性的具体值见表 4.2。

给定一条蛋白质序列，对特定的属性，每个氨基酸被替换为相对应的标准化后的属性数值，然后通过式（4.2）所示的自协方差描述符编码为 $lag * j$ 维度的特征向量 $AC_{lag,j}$。

$$AC_{lag,j} = \frac{1}{n-lag} \sum_{i=1}^{n-lag} \left(X_{i,j} - \frac{1}{n}\sum_{i=1}^{n} X_{i,j} \right) \times \left(X_{(i+lag),j} - \frac{1}{n}\sum_{i=1}^{n} X_{i,j} \right) \tag{4.2}$$

式中：$X_{i,j}$ 为长度为 n 的蛋白质序列中第 i 个氨基酸对应的第 j 种属性的数值；lag 为平移量，由自协方差本意指连续信号和其经过特定时间平移后的信号之间的协方差而来。对于 lag 的取值，已经有相关研究对其进行了探讨，过大或过小都会影响序列表达的精度，默认取值为 30。

编码方法是对单个蛋白质序列而言，即仅将单个蛋白质序列编码为相应的特征向量，而蛋白质相互作用的预测是基于两个蛋白质组成的蛋白质对，因此需要将两条蛋白质序列分别编码后对应的特征向量结合起来，作为代表这对蛋白质对整体的特征向量。本实验采用最普遍的矢量拼接方式，即 $a \oplus b$。以氨基酸组成编码为例，蛋白质 A 和 B 分别被编码为 20 维向量 $(m_1, m_2, \cdots, m_{20})$ 和 $(n_1, n_2, \cdots, n_{20})$，则蛋白质对 A-B 可以表示为向量 $(m_1, m_2, \cdots, m_{20}, n_1, n_2, \cdots, n_{20})$。

表 4.2　标准化后的氨基酸各种理化属性值

氨基酸	疏水性	极性	极化率	侧链体积	SASA	侧链净电荷指数
A	0.62014	−0.08363	−1.32955	−1.23871	−1.38172	−0.44119
C	0.290066	−1.04999	−0.4893	−0.76847	−0.77494	−1.11481
D	−0.9002	1.737592	−0.72498	−0.89497	−0.50189	−0.91809
E	−0.74017	1.477418	−0.25361	−0.28998	0.094051	−0.44711
F	1.190269	−1.16149	1.170723	1.181234	0.887197	0.025834
G	0.480109	0.250882	−1.80091	−1.99494	−2.03184	2.202163
H	−0.40009	0.771231	0.555901	0.177508	0.447282	−0.71615
I	1.380312	−1.16149	0.105032	0.576248	−0.01864	−0.21904
K	−1.50034	1.10574	0.443184	0.754994	0.952209	−0.27938
L	1.06024	−1.273	0.105032	0.576248	0.243578	0.243005
M	0.640145	−0.97565	0.463678	0.592748	0.466786	−0.51047
N	−0.78018	1.217244	−0.42781	−0.38073	−0.35453	−0.4688
P	0.120027	−0.1208	−0.45855	−0.84272	−0.75977	3.132356
Q	−0.85019	0.808398	0.04355	0.224257	0.245745	0.205154
R	−2.53057	0.808398	1.18097	0.892491	1.606663	0.118655
S	−0.18004	0.325218	−1.1656	−1.18921	−1.12817	−0.48057
T	−0.05001	0.102211	−0.69424	−0.58422	−0.63625	−0.50018
V	1.080245	−0.90132	−0.36633	−0.02874	−0.3762	0.325014
W	0.810183	−1.08716	2.390119	2.006214	1.82987	0.03237
Y	0.260059	−0.78981	1.252699	1.230733	1.190586	−0.18877

4.2.3　特征融合

1. 特征融合方法

目前进行特征融合的方式主要有两种：特征级融合和决策级融合。特征级融合是指将蛋白质序列经过序列特征提取后得到的特定维度的特征向量，在还未进行模型训练之前进行融合,其中较为简单的实现方式之一,是将多个特征向量矢量拼接成一个新的特征向量,作为融合后的新向量进行下一步的模型训练;决策级融合中的决策指的就是具有决策能力的学习器,决策级融合将不同特征提取方法得到的特征向量独立训练出的多个个体学习器,并融合成一个整体模型,从而间接地融合了多种特征提取方法。相对于特征级融合而言,决策级融合用到了集成学习的方法,得到的整体模型泛化性能往往会更好,且能更明显地看到任务结果的好坏。

集成学习中学习器的结合策略有三种:平均法、投票法和学习法。考虑到实验样本相对较大,这里采用学习法中的 Stacking 算法作为学习器的结合策略进行相关的实验。Stacking 是学习法的典型代表,其算法如下。

输入: 训练集 $D=\{(x_1,y_1),(x_2,y_2),\cdots,(x_m,Y_m)\}$;

初级学习算法 $\ell_1,\ell_2,\cdots,\ell_T$;

次级学习算法 ℓ.

输出: $H(x)=h'(h_1(x),h_2(x),\cdots,h_T(x))$

过程: 1.for $t=1,2,\cdots,T$ do

2. $h_t=\ell_t(D)$;

3.end for

4. $D'=\varnothing$;

5.for $i=1,2,\cdots,m$ do

6.　for $t=1,2,\cdots,T$ do

7.　　$z_{it}=h_t(x_i)$;

8.　end for

9.　$D'=D'\bigcup((z_{i1},z_{i2},\cdots,z_{iT}),y_i)$;

10.end for

11. $h'=\ell(D')$

对于训练集 D,遍历其中 m 个样本,使用 T 个初级学习算法(可以是相同的算法)训练出 T 个初级学习器,然后使用这些已经训练完毕的模型反过来预测 D 中的数据,生成一个全新的数据集 D',将 D'作为次级学习器的训练集对其进行训练。至此 $T+1$ 个学习器训练完毕,当测试集的数据输入集成学习模型时,首先经过初级学习器预测,再将其输出作为次级学习器的输入,最终的输出即为次级学习器的预测输出。

2. 集成模型

融合多种特征提取方法的集成模型的结构如图 4.2 所示[114],模型的结构主要分为两层:第一层是将原始的样本按照氨基酸组成、氨基酸理化性质组成和自协方差三种方法分别进行序列特征提取,得到不同维度的特征向量,然后训练出三个 SVM 模型;第二层是按照特定的结合策略合并这些来自低层的输出,并得到次级分类器,次基分类器依然基于 SVM 产生。

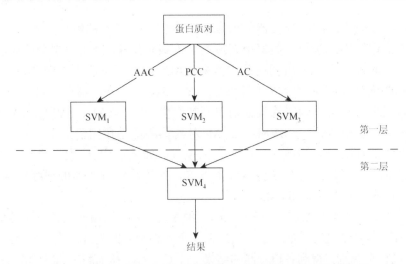

图 4.2　融合多种序列特征提取方法的蛋白质相互作用集成模型

　　由于需要较大的正负样本容量和建模计算量,实验采用留出法来进行模型的构造及验证。从样本中随机抽取多条数据作为训练集用于模型的构建,剩余的样本作为测试集进行模型评估。由于单次使用留出法得到的估计结果是不够稳定可靠的,所以将"划分-训练-测试"的实验过程重复 10 次,得到的 10 组模型的各个指标的平均值作为评估结果。由于整个模型中包含 4 个 SVM,集成模型的训练分成两步完成。

　　(1)初级分类器:将原始实验样本按照 4.2.2 节的三种特征提取方法进行序列编码,然后按照表 4.3 所示的数据集划分,对基分类 SVM1、SVM2、SVM3 进行相互独立的训练,因为蛋白质序列编码出的特征向量与两个蛋白质是否相互作用不是一个简单的线性关系,SVM 的核函数采用能将原始特征向量映射到高维空间的高斯核函数,并对其进行参数调优,找到最合适的的参数配置,最后使用该参数配置重新训练模型,得到如表 4.4 所示 3 个模型。

表 4.3　数据集的划分

数据集	数据量
实验样本 D	9952
训练集 S	7000
测试集 T	2952

表 4.4　初级分类器

初级分类器	参数 C	参数 γ	核函数
SVM1	2	2^{-4}	Radial basis
SVM2	4	2^{-8}	Radial basis
SVM3	8	2^{-9}	Radial basis

（2）次级分类器：次级分类器的训练集来自初级分类器的输出，然而若直接使用在训练集 S 上训练出的初级分类器来直接产生次级训练集，产生过拟合的风险比较大。实验采用交叉验证的方法，用初级分类器未使用过的数据来产生次级训练集。具体操作如下：将训练集 S 随机划分成 5 等份 S_1、S_2、S_3、S_4、S_5，第一次取 S_1 作为 5 折交叉验证的测试集，其余作为训练集分别得到初级学习器 SVM_1、SVM_2、SVM_3；对 S_1 中每个样本 x_i，使用 SVM_1、SVM_2、SVM_3 对其预测得到预测输出 y_i^1、y_i^2、y_i^3，再附上样例的真实的标签 y_i，得到 $S_1' = (y_i^1, y_i^2, y_i^3, y_i,)$；如此迭代 5 次，得到 5 份数据集 S_1'、S_2'、S_3'、S_4'、S_5'，将其拼接成整体数据集 S'，作为次级分类器的训练集样本；最后使用 S' 训练得到次级分类器 SVM_4。

两个蛋白质序列经过 AAC、PCC、AC 三种序列表示方法编码后，分别转化为 40 维度、324 维度、360 维度的特征向量，然后在 3 个互相独立的支持向量机 SVM_1、SVM_2、SVM_3 中经过模型判别，得到各自预测的结果 C_1、C_2、C_3。接着将来自 3 个分类器的预测结果拼接成向量（C_1，C_2，C_3），作为第二层的支持向量机 SVM_4 的输入，得到的结果即为整个模型的预测结果。

4.2.4　实验结果与分析

1. 训练数据正集的选取

本节采用的蛋白质-蛋白质相互作用数据来自 DIP 数据库中酿酒酵母核心数据集 Scere20151029CR 版本，原始数据如图 4.3 所示[114]。

ID interactor A	ID interactor B	A1	A1	Ali	Ali	Interact	Publ	Publica
DIP-25N|refseq:NP_012903|uniprotkb:P09798	DIP-25N|refseq:NP_012903|uniprotkb:P0979-	-	-	-	-	MI:0019(-		pubmed:
DIP-343N|refseq:NP_009971|uniprotkb:P23255	DIP-80N|refseq:NP_523805|uniprotkb:P2022	-	-	-	-	MI:0045(-		pubmed:
DIP-548N|refseq:NP_012371|uniprotkb:P06244	DIP-551N|refseq:NP_012231|uniprotkb:P072	-	-	-	-	MI:0045(-		pubmed:
DIP-780N|refseq:NP_014142|uniprotkb:P38717	DIP-18N|refseq:NP_010765|uniprotkb:P0678	-	-	-	-	MI:0018(-		pubmed:
DIP-671N|refseq:NP_009918|uniprotkb:P25605	DIP-1104N|refseq:NP_013826|uniprotkb:P07	-	-	-	-	MI:0013(-		pubmed:
DIP-262N|refseq:NP_014682|uniprotkb:P38930	DIP-48N|refseq:NP_012229|uniprotkb:P1579	-	-	-	-	MI:0018(-		pubmed:
DIP-150N|refseq:NP_003394|uniprotkb:P25490	DIP-681N|refseq:NP_014069|uniprotkb:P325	-	-	-	-	MI:0045(-		pubmed:
DIP-372N|uniprotkb:P20338	DIP-785N|refseq:NP_011062|uniprotkb:P399	-	-	-	-	MI:0019(-		pubmed:
DIP-13N|refseq:NP_010177|uniprotkb:P07269	DIP-142N|refseq:NP_013025|uniprotkb:P220	-	-	-	-	MI:0018(-		pubmed:
DIP-962N|refseq:NP_014432|uniprotkb:P50278	DIP-760N|refseq:NP_012717|uniprotkb:P334	-	-	-	-	MI:0045(-		pubmed:

图 4.3　酿酒酵母核心数据集样例

图 4.3 中每一行的前两列表示存在相互作用的蛋白质对中的两个蛋白质，在 DIP、RefSeq（参考序列数据库）和 Uniport3 个数据库中的特定编号，其他列包含了该对蛋白质对的其他信息，例如发布编号、相互作用类型和可信度等。

同时也选取了包含 DIP 数据库中所有蛋白质序列信息的 FASTA 数据集 fasta-20151101.seq，包含的具体信息如图 4.4 所示，每两行表示一个蛋白质在各个数据库中的编号和其对应的具体序列信息。原始蛋白质相互作用数据集 Scere20151029CR 中共含有 5399 对相互作用蛋白质对，涉及 2495 个蛋白质。对其进行如下处理。

```
 1  >dip:DIP-1N|refseq:NP_113971|uniprot:P19527
 2  MSSFSYEPYFSTSYKRRYVETPRVHISSVRSGYSTARSAYSSYSAPVSSSLSVRRSYSSSSGSLMPSLENLDLSQVAAISNDLKSIRTQEK
 3  >dip:DIP-2N|uniprot:P12294
 4  MKKQNLNSILLMYINYIINYFNNIHKNQLKKDWIMEYEYMYKFLMNNMTCFIKWDNNKILLLLDMYYNVLYNYHKQRTPMSNKRLMNSKNI
 5  >dip:DIP-3N|refseq:NP_013680|uniprot:P06778
 6  MNEIMDMDEKKPVFGNHSEDIQTKLDKKLGPEYISKRVGFGTSRIAYIEGWRVINLANQIFGYNGWSTEVKSVVIDFLDERQGKFSIGCTA
 7  >dip:DIP-4N|refseq:NP_035300|uniprot:P04925
 8  MANLGYWLLALFVTMWTDVGLCKKRPKPGGWNTGGSRYPGQGSPGGNRYPPQGGTWGQPHGGGWGQPHGGSWGQPHGGSWGQPHGGGWGQG
 9  >dip:DIP-5N|refseq:NP_476859|uniprot:P07207
10  MQSQRSRRRSRAPNTWICFWINKMHAVASLPASLPLLLLTLAFANLPNTVRGTDTALVAASCTSVGCQNGGTCVTQLNGKTYCACDSHYVG
11  >dip:DIP-6N|refseq:NP_000579|uniprot:P08700
12  MSRLPVLLLLQLLVRPGLQAPMTQTTPLKTSWVNCSNMIDEIITHLKQPPLPLLDFNNLNGEDQDILMENNLRRPNLEAFNRAVKSLQNAS
```

图 4.4　FASTA 数据集样例

（1）去掉无蛋白质序列信息的蛋白质。基于蛋白质序列预测蛋白质相互作用对 PPIs，无序列信息的蛋白质类似于空值，需要去掉。

（2）去掉其中序列长度低于 50 的蛋白质。后续的蛋白质序列特征提取对序列长度有要求，去掉长度低于 50 的蛋白质有利于后续实验的顺利完成。

（3）消除同源性序列的影响。不同的蛋白质可能由相同的祖先演化而来，序列之间存在明显的相似性。若蛋白质之间的同源性过高，那么相对于其他潜在的蛋白质，实验的数据则会表现出较高的"特异性"，因此训练出的模型的泛化性能可能会受到影响。实验使用 CD-hit[115]方法对实验数据集中涉及的蛋白质做同源性分析，去掉其中同源性高于 60% 的蛋白质。

经过上述步骤的处理后，满足条件的蛋白质剩余 2391 个，对应原始数据集中的 4976 对蛋白质对。取出满足条件的 4976 对蛋白质对，打上正样本的标签，作为蛋白质相互作用预测的正类数据集。

2. 训练数据负集的构造

由于当前收录的数据没有关注相互作用，因此需要采用一定的负集构造策略来人工构造非相互作用蛋白质对。目前经过广泛认可的负集构造方法有如下三种。

（1）随机法。随机法是将正集中出现的蛋白质随机组合，然后去掉正集中已经存在的蛋白质对，得到的即是随机法认为不存在相互作用的蛋白质对负样本集。

（2）打乱法。打乱法是指将正集中相互作用的蛋白质对中的任意一个蛋白质的序列人工打乱，产生的新蛋白质对认为其不存在相互作用。

（3）亚细胞法。亚细胞法是引入蛋白质在细胞中所处位置的信息，即亚细胞定位（subcellular location）信息，并基于处于细胞中不同亚细胞位置的蛋白质之间不会发生相互作用这一假设来构造不存在相互作用的负样本。将正集中出现的亚细胞位置信息不同的蛋白质随机配对，得到的蛋白质对认为其不相互作用。

考虑到打乱法容易产生自然界中不存在的蛋白质序列，以此种数据得到的结论实际意义不大，在本节中不考虑使用打乱法来构造负样本集合。

本节选用随机法和亚细胞法两种负集构造策略来构造不存在相互作用的负样本集。随机法构造负集较为简单，取正集中的蛋白质随机配对，便得到了满足条件的蛋白质对。亚细胞法需要用到蛋白质的亚细胞位置信息，这些信息可以从 Uniport 数据库获得，具体步骤如下：进入 Uniport 数据库中 UniportKB 模块，在左侧 Other organisms 搜索框选择 S.cerevisiae 物种，然后通过 Columns 提取需要的蛋白质相关的信息，选择 DIP、sequence 和 subcellular location，格式选择 Tab-separated 下载。从 Uniport 数据库拿到的酿酒酵母的数据有 6732 条，去掉其中不含亚细胞位置信息和对应 DIP 数据库蛋白质编号的数据，将余下的数据按照 7 种亚细胞位置（Cytoplasm、Nucleus、Mitochondrion、Endoplasmic reticulum、Golgi apparatus、Peroxisome、Vacuole）分成 7 组，将位于不同分组的蛋白质随机配对，得到若干不存在相互作用的蛋白质对，作为负类集合。

为了保证数据的平衡性，负集必须满足以下额外三个条件。

（1）负集中的蛋白质必须不存在正集中。

（2）负集的数量应等同于正集。

（3）负集中的蛋白质对应尽量和正集保持相对平衡。对正集中的蛋白质对数据进行观察分析，发现不存在互相对称的蛋白质对，即不同时存在形如 A-B 和 B-A 的蛋白质对，但是存在自我相互作用的蛋白质对 A-A。除上述步骤外，还需要进行额外的数据处理：对于存在冗余的互相对称的蛋白质对 A-B 和 B-A，去掉其中的一对，保留另外一对；视自我相互作用的蛋白质对 A-A 为正常的数据，对其保留。

经过上述一系列步骤的处理，负集中包含 4976 条数据，最后打上负样本标签，作为实验的负类数据集。

3. 数据集构造

实验样本选取处理完毕的正集和负集，由于蛋白质序列编码过程耗时非常长，仅仅自协方差编码一项，在 9952 条蛋白质对序列上用时 604813.72s。为了方便模型的构造，提前将实验需要用到的蛋白质对序列数据编码成特定维度的向量，根据负集构造方法和序列表示方法的不同，得到多份不同维度的可用直接用于训练模型的数据集，具体见表 4.5。

表 4.5　实验数据集

数据集编号	负集构造方法	序列表示方法	数据量	正类	负类	维度
1	亚细胞法	氨基酸组成	9952	4976	4976	40
2	亚细胞法	氨基酸理化属性组成	9952	4976	4976	324
3	亚细胞法	自协方差	9952	4976	4976	360
4	随机法	氨基酸组成	9952	4976	4976	40

4. 序列表示方法的比较

从蛋白质序列信息出发来预测蛋白质相互作用，一般的实验流程如图 4.5 所示[114]，特征抽取和模型的构造是影响最后结果好坏的两个最主要因素。特征通常是以数值向量的形式出现，用于区分不同的类别。因此，好的特征抽取算法构造更好的模型。模型的构造是基于各类机器学习算法之上的，不同算法构造出的模型在潜在数据集上的表现会有一定的差异性。除此之外，可能影响预测模型精度的因素还可能包括：负样本数据构造方法、SVM 算法的核函数类型、参数的设置等。

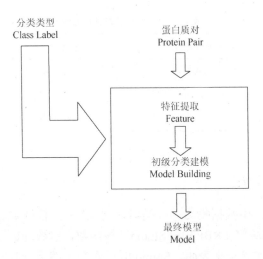

图 4.5　基于序列的 PPIs 预测流程

此外，实验选用表 4.5 中数据集 1、数据集 4 两份数据集的差别仅在于负集构造方法的不同，分别使用亚细胞法和随机法得到，序列的表示方法使用氨基酸组成。分类器采用 SVM，由 R 语言平台上 e1071 包实现，采用默认参数及核函数。本小节的实验用到的数据集的数据量均达到 9952 条，考虑到实际运行时间效率，选用留出法来训练和测试模型，划分比例为 8∶2，将实验重复 10 次，取平均值作为实验结果。

如表 4.6 所示，实验结果表明，其他因素相同的情况下，亚细胞法构造出的数据集的模型优于随机法构造出的数据集，准确率高出了 17.57%。因为亚细胞法引入了相关蛋白质的亚细胞位置信息，使得构造出的负集与正集之间的数据差异更大，所以能够更有效地预测 PPIs。

表 4.6　负集构造方法的比较

负集构造方法	灵敏度/%	特异性/%	准确率/%
亚细胞法	73.10	81.67	77.39
随机法	59.45	59.38	59.82

注：灵敏度（sensitivity，SN）可以用来衡量模型对正例的判别能力，即正确识别正例的能力；特异性（specificity，SP）是用来衡量模型对负例的判别能力，即正确识别负例的能力；准确率（accuracy，AC）是灵敏度和特异性的调和函数，常用来综合衡量分类器对样例的正确识别能力

为了进一步验证方法的可靠性，实验使用数据集 3，分类器分别基于决策树、朴素贝叶斯和 SVM 来构造，参数均采用默认值。

如表 4.7 所示，实验表明，SVM 构造出的分类器灵敏度、特异性和准确率上均高于决策树和朴素贝叶斯，SVM 更适合作为分类器来预测 PPIs。

表 4.7 序列表示方法的比较

机器算法	灵敏度/%	特异性/%	准确率/%
决策树	60.61	66.81	63.70
朴素贝叶斯	45.19	72.04	58.74
SVM	76.77	88.90	82.83

5. 不同核函数的比较

本实验使用表 4.5 中数据集 3。分类器使用 SVM，核函数分别使用多项式核函数（Polynomial）、高斯核函数（RBF）和 Sigmoid 核函数，参数均选用默认值。

如表 4.8 所示，实验结果表明，Sigmoid 核函数虽然运行时间短，但是准确率只有 51.93%，在预测 PPIs 这类二分类问题上表现很差；Polynomial 核函数和 RBF 核函数的表现相近，后者在灵敏度、特异性和准确率 3 项指标上均高出 1%～2%，且运行时间更短。综上所述，SVM 选用 RBF 核函数是最有效的。

表 4.8 不同核函数的比较

核函数	灵敏度/%	特异性/%	准确率/%	运行时间/s
多项式核函数	76.32	88.48	80.43	150.18
高斯核函数	77.11	88.62	82.87	144.31
Sigmoid 核函数	51.11	52.76	51.93	96.57

6. 不同参数的比较

本实验使用表 4.5 中数据集 1、2、3，分类器均使用 SVM，核函数选用 RBF 核。对于参数 C 和 γ 的选择，在 $C = 2^{-5}, 2^{-4}, 2^{-3}, \cdots, 2^5$ 和 $\gamma = 2^{-10}, 2^{-9}, 2^{-8}, \cdots, 2^0$ 的范围内使用网格搜索法，使用 5 折交叉验证，分别得到 121 组实验结果。将 C 和 γ 分别作为 x 轴和 y 轴，模型误差率 *error* 作为 z 轴以图形化形式呈现，结果如图 4.6～图 4.8 所示。从图中可以看出，参数 C 和 γ 对 3 个模型的预测精度的影响都很明显。以数据集 1 得到的模型为例，在默认参数 $C = 1$，$\gamma = 0.025$ 时，模型的误差率是 24.49%；经过网格搜索找到最优参数配置 $C = 2$，$\gamma = 0.0625$ 后，误差率降低 6.10 个百分比，缩小到原来的 18.39%。同时，当模型具有较小的误差率时，参数 γ 的值一定呈现较小的值。参数优化是一个耗时的过程，在追求模型的预测精度的同时，仍然要将时间代价考虑在内。

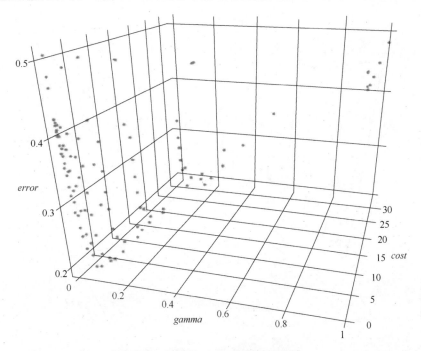

图 4.6　数据集 1 上的网格搜索结果

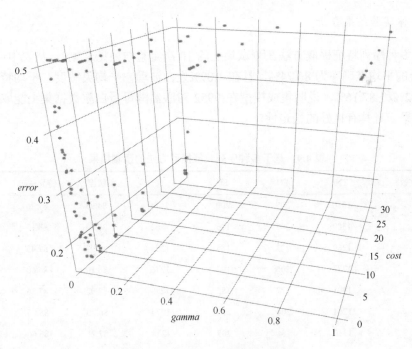

图 4.7　数据集 2 上的网格搜索结果

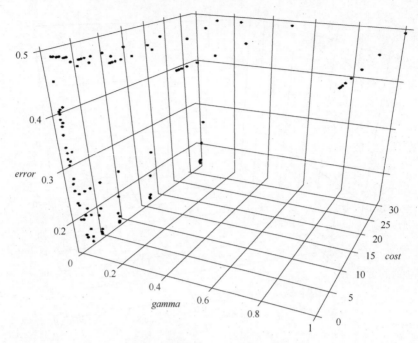

图 4.8　数据集 3 上的网格搜索结果

7. 整体实验结果分析

基于多种序列特征提取方法在测试集上的 10 次实验结果见表 4.9。从表中可以看出，10 次实验的平均准确率为 86.74%，且在 1.09% 之内波动，平均灵敏度、平均特异性分别达到 86.32% 和 87.16%，说明集成模型在 9952 对酿酒酵母蛋白质数据集上能取得了较好的预测效果，且具有良好的稳定性。

表 4.9　基于多种序列特征提取方法的预测结果

实验次数	TN	FN	FP	TP	灵敏度/%	特异性/%	准确率/%
1	1370	208	200	1174	84.95	87.26	86.18
2	1309	205	176	1262	86.03	88.15	87.09
3	1289	223	185	1255	84.91	87.45	86.18
4	1273	206	197	1276	86.10	86.60	86.35
5	1305	177	182	1288	87.92	87.76	87.84
6	1264	204	210	1274	86.20	85.75	85.98
7	1332	181	205	1234	87.21	86.66	86.92
8	1321	195	180	1256	86.56	88.01	87.30
9	1238	205	197	1312	86.49	86.27	86.38
10	1273	198	179	1302	86.80	87.67	87.22
平均值	1297.4	200.2	191.1	1263.3	86.32	87.16	86.74

8. 不同特征提取方法的对比

为了验证基于多序列特征提取方法的优劣，分别使用氨基酸组成（ACC）、氨基酸理化性质组成（PCC）和自协方差（AC）三种单种特征提取方法对蛋白质序列进行编码，基于 SVM 训练得到相应的分类器，三种单种特征提取方法和基于多种序列特征提取方法得到的分类器的平均性能表现见表 4.10。

使用氨基酸组成作为特征提取方法，灵敏度（SN）、特异性（SP）和准确率（AC）分别为 79.73%、83.63%、81.69%；而使用氨基酸理化属性组成来编码序列时，三项指标均提高了 2%~5%。这是因为氨基酸组成仅仅考虑到蛋白质序列中的氨基酸的组成信息，而氨基酸属性组成则涉及氨基酸的各种理化属性信息，说明它能比氨基酸组成编码更好地区别蛋白质对之间是否发生了相互作用；自协方差编码方式将蛋白质内部存在的相互作用考虑在内，并且包含了氨基酸残基的位置信息，与氨基酸理化属性作为特征提取方法相比，两者训练得到的分类器在实验样本上的表现相差在 2% 以内。

表 4.10　基于多种序列特征提取方法和其他方法的对比

编码方法	灵敏度/%	特异性/%	准确率/%
ACC	79.73	83.63	81.69
PCC	81.43	88.90	85.17
AC	80.29	90.27	85.19
多特征方法	86.32	87.16	86.74

表 4.10 是多种编码方法产生数据的结果的比较，利用亚细胞作为负集使用 AAC、PCC 和 AC 三种方法对蛋白质序列进行编码然后构造单一的模型，存在特异性异常偏高的问题，结果表明，前三种方法的特异性均比灵敏度高出 4%~10%。

多特征方法融合了前三种特征提取方法，在实验数据集上，灵敏度高于前三者中表现最好的氨基酸理化性质组成方法，达到了 86.74%；同时有效地降低了特异性偏高的现象，特异性仅仅比灵敏度高出 0.42 个百分点，达到 87.16%，处于正常的偏差范围内；且准确率相对于前三者均有所提升，达到 86.74%，说明多特征方法集成多种序列特征提取方法从蛋白质序列中提取特征信息，综合表现高于单种特征提取方法，能提高蛋白质相互作用预测的精度。

9. 独立测试集表现

为了测试多特征方法集成多种序列特征提取方法在蛋白质相互作用预测上的有效性，从 DIP 数据库中选取了其他 6 种不同物种的蛋白质数据作为独立的测试集，对模型的泛化性能进行验证，具体结果见表 4.11。其中，6 个物种的数据集中有 4 个物种的预测精度超过了 80%，其他两个物种的预测精度也接近 80%，平均预测精度达到了 83.35%，表明多特征方法集成多种序列特征提取方法在未知的数据上也能表现出一定预测能力。

表 4.11　在独立测试集上的表现

独立测试集	存在相互作用的蛋白质对数	预测准确率/%
C. elegans	3946	84.07
E. coli	12212	79.04
H. pylori	1420	85.98
H. sapiens（Human）	6879	78.24
M. musculus（house mouse）	2352	86.59
R. norvegicus（Norway rat）	546	86.15
平均准确率	—	83.35

4.3　基于复杂网络和社区结构的蛋白质相互作用热区预测

4.3.1　蛋白质相互作用的复杂网络特性

　　蛋白质相互作用残基网络的拓扑特性与复杂网络的拓扑特性相似。在残基网络中，节点代表残基，连接的边代表残基之间的相互作用。复杂网络是一种具有自组织、自相似、小世界、无标度中部分或全部性质的网络。所谓自组织，是一个系统中含有大量的元素或者其他结构单元，在该系统内在作用力的驱动下，在与外界交换能量、物质与信息情况下，按照一定的规律运动使这些元素或者结构单元重新排列组合，并且自发聚集形成有规则结构的一种现象。蛋白质-蛋白质相互作用中残基之间通过相互接触，在空间中折叠连接形成相互作用网络，所以它具有自组织的属性。无标度，也就是说网络中节点的度分布具有右偏斜的现象，具有幂函数或指数函数的形式，其最鲜明的特征就是网络中少数被称为中心点的节点拥有非常多的连接，而大多数节点只有很少的连接。那些小部分的中心点对无标度网络的运行起着主导的作用。这种关键节点（称为"枢纽"或"集散节点"）的存在使得无尺度网络对意外故障有极大的健壮性，但是面对协同性攻击时则会显得很脆弱。同时，也有研究表明残基网络具有小世界网络的特征，小世界网络属于特殊的复杂网络结构，在这一类的网络中大部分的节点彼此并不直接相连，但是绝大部分节点之间经过少数几步就能到达。所以小世界网络也就是一个由大量顶点构成的图，但是任意两个顶点之间的平均路径的长度比顶点的数目要小得多。蛋白质-蛋白质相互作用中的残基网络具有相当多的残基节点，而每个残基节点的边最多只有十几个，蛋白质相互折叠，序列中相隔较远的残基也可以通过一些残基到达。因此，残基网络具有自组织和无标度性，其属于复杂网络。

　　复杂网络并不是由很多性质相同节点随机连接而成的，而是由很多不同类型的节点组合而成，其中类型相同的节点之间具有较多的连接，而不同类型的节点之间则具有相对较少的连接。因此，规定把同一类型的节点以及它们之间的边所形成的子图称为复杂网络中的社区，同一个社区中的节点性质相同。

　　属于复杂网络的残基网络应该也具有复杂网络的特性,即网络中呈现出社区结构,残基网络中可以根据自身结构分成多个节点组,同一个节点组内的两个节点之间比不同节点组的两个节点之间会具有更多的边相连,网络的这种拓扑特性被称为社区结构,同时,每个节点组被称为一个社区。这里,也有研究能够从另一方面验证蛋白质-蛋白质相互作用的残基网络中存在着社区结构,Reichmann 等[116]通过生物实验证实了 PPIs 的界面具有模块化的特征。在同一个模块的两个残基之间的相互作用要比不同模块之间的相互作用要强很多,同时所有的残基都能够协同贡献于 PPIs,在一定程度上保持了原蛋白质-蛋白质相互作用的稳定。所以,残基网络属于复杂网络,并且残基网络中存在着社区结构[117]。

4.3.2　标准热区定义

　　蛋白质相互作用中的热区至今没有标准化定义,但是 Keskin[28]在热点预测以及热区构造方面做了较深入的研究,其在 2005 年提出的热区构造原则被普遍用来构造标准热区。Keskin 提出的构造原则是:每一个热区至少包含 3 个热点,每一个热点残基被假定为一个规则的圆球;每个热点残基的 Cα 原子被认为是在这个球体的中心,球的半径可以通过其体积得到;如果两个球体中心之间的距离(两个残基的 Cα 原子之间的距离)小于这两个球体的半径加上一个公差距离(2 Å),那么这两个热点残基能满足条件形成热区。

　　在 ASEdb 数据集中,65 个热点残基,按照 Keskin 的原则,满足条件构成热区的有49 个热点残基,分别来自 8 个蛋白质复合物,构成了 10 个标准热区。ASEdb 数据集中的标准热区见表 4.12,其中,每一个蛋白质复合物所包含的热点数如图 4.9 所示。

表 4.12　ASEdb 数据集里面的标准热区

复合物	热区	热区中的残基
1A22	1	(A172*)(A175)(B304)(A178)(B369)(B243)(B365)
1BRS	2	(A73)(A87)(A102)(D29)(D35)(A59)(D39)
1BXI	3	(A41)(A50)(A51)(A55)
1DVF	4	(A32)(B101)(B98)(B100)(B52)(B54)
1F47	5	(A8)(A11)(A12)
1FCC	6	(C27)(C31)(C35)(C43)
1JRH	7	(L92)(I49)(I52)(I53)(I47)(I82)(H52)(H53)
	8	(H32)(H33)(H53)(H50)
3HFM	9	(Y20)(Y96)(Y97)
	10	(L31)(L32)(L50)

* (A172)中 "A" 是蛋白质链编号,"172" 是蛋白质残基号

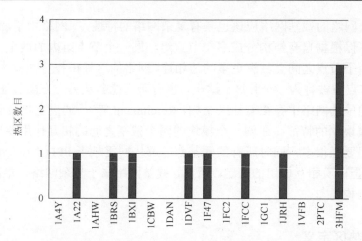

图 4.9　ASEdb 数据集中标准热区中每个蛋白质复合物所包含的热区数

在 SKEMPI 数据集中，112 个热点残基（见表 4.13）按照 Keskin 的原则，满足条件构成热区的有 71 个热点残基，分别来自 12 个蛋白质复合物，构成了 13 个标准热区。SKEMPI 数据集中具体的标准热区见表 4.13。

表 4.13　SKEMPI 数据集里的标准热区

复合物	热区	热区中的残基
1AK4	1	（D485*）（D486）（D487）（D489）（D490）
1BRS	2	（A59）（A58）（D35）（A102）（D39）（A87）（D29）（A73）
1CHO	3	（I17）（I18）（I19）（I20）（I21）
1DVF	4	（B54）（B52）（D97）（D98）（B98）（B100）
1EMV	5	（A41）（A50）（A51）（A54）（A55）（B86）（B75）
1F47	6	（A8）（A11）（A12）
1FCC	7	（C31）（C35）（C43）
1JRH	8	（H52）（H53）（I52）（I49）（I50）（I53）（L92）（I47）（I82）
1JTG	9	（B41）（B36）（B53）（B74）（B112）（B148）（B150）（B160）（B162）
1KTZ	10	（A94）（B30）（B50）
1Z7X	11	（W435）（W434）（W437）
3HFM	12	（H33）（H50）（H53）（H98）（Y97）（Y96）（Y20）
	13	（L31）（L32）（L50）

* （D485）中 "D" 是蛋白质链编号，"485" 是蛋白质残基号

4.3.3　社区结构探测方法

探测大型社交网络，互联网网络和生物网络等的局部社区，需要获得网络的全部，但是，这是很困难的，并且目前也是不现实的。本节采用局部社区结构探测（local community detection，LMD）算法，在 LMD 算法中首先定义了局部度中心点，该点的度大于或等于它的邻居节点的度。LMD 算法基于局部度中心点去探测社区，因此并不是从给定的起始

节点开始探测社区，而是从与起始节点有联系的局部度中心点开始。实验表明局部度中心点是复杂网络社区的关键节点，并且通过 LMD 算法探测局部社区可以获得较高的精度。LMD 算法也能发现更多节点的局部社区，是探测大型网络社区结构的十分有效的方法。

Clauset[118]定义局部社区模块度 R 可表示为

$$R = \frac{B_{\text{in}}}{B_{\text{in}} + B_{\text{out}}} \qquad (4.3)$$

式中：B_{in} 指连接社区边界的节点和社区其他节点的边的个数；B_{out} 指连接社区边界的节点和社区外部节点的边的个数。通过一个局部模块化度量的贪婪最大化来探测局部社区，这个算法在确保 R 值的最大化增长下迭代，需增加邻居节点，直到社区达到了一个预定义的大小。Clauset 采用一个贪婪最大化算法去寻找一个具有一定数量的节点的子图。然而，固定模块的大小不确保贪婪算法能给从一个源节点识别局部最优子图。

节点的集中性是测量网络中一个节点的中心特征的，并且影响到该节点在网络中的重要性。有很多中心度的测量方法，包括亲密集中性、图表集中性、中介集中性和度集中性等。计算亲密集中性、图标集中性和中介集中性是需要网络的整个拓扑信息，而计算度集中性就仅仅需要局部连接信息，即一个节点有多少边。

定义：图 G 中的节点 v，如果节点 v 的度大于或者等于它所有的邻居节点的度，那么该节点 v 被称为局部度中心节点，即

$$C_d(v_i) = deg(v_i) \qquad (4.4)$$

式中：$deg(v_i)$ 为节点 v_i 的度。

根据复杂网络的小世界特性，对于任何给定的节点，能发现与给定节点联系紧密的局部最大度的节点。这个局部最大度节点和给定的点很有可能在同一个社区中，因为它们彼此之间联系得非常紧密。

在 LMD 算法中，对于一个给定的节点 v，查找与该节点联系的局部最大度节点，并且从这个局部最大度节点开始探测局部社区，代替从该节点 v 开始。该算法如下。

输入：一个热区 H 和一个 PPI 残基网络

输出：热区 H 的局部社区集合 C

---

1. 查找热区 H 中的局部最大度节点，查找它的最近和下一个最近的局部最大度节点，将它们放入集合 H；

2. 对于集合 H 中的每一个 v_i，采用表 4.16 的算法去发现一个局部社区 C_i，将 C_i 放入集合 C；

3. 如果 $|C| = 0$，从节点 v 开始，采用表 4.16 的算法去发现一个局部社区 C_i，将 C_i 放入集合 C；

4. 如果 $|C| = 1$，那么返回集合 C 作为节点 v 的局部社区集合；否则的话，合并集合 C 中一样或者相似的局部社区，那么返回集合 C 作为节点 v 的局部社区集合。

选择不同的扩展和度量方法都能够发现局部社区，在该方法中采用度量标准 R 去测

量局部社区的探测，探测一个给定节点的局部社区的时间复杂度与 R 方法的相似，时间复杂度为 $O(k^2d)$，其中，k 为探测的节点数，d 为节点的平均度数。局部社区探测算法如下。

输入：一个节点 v_i 和一个复杂网络 G

输出：节点 v_i 的局部社区集合 C_i

---

1. 将节点 v_i 放入集合 C_i 中；

2. 对于任何一个节点 v_i 的邻居节点加入集合 C_i 后可以使得 R 值得到最大的增加，并且和节点 v_i 有最多的共同邻居，则将该邻居节点加入集合 C_i 中；

3. 对于任何一个集合 C_i 的邻居节点加入集合 C_i 后可以使得 R 值得到最大的增加，则将该邻居节点加入集合 C_i 中；

4. 如果重复第 3 步，直到没有任何一个节点加入集合 C_i 后可以使得 R 值得到增加；

5. 返回集合 C_i 作为节点 v_i 局部社区。

LMD 算法是基于社区的模块化标准 R 值来构造热区所在的社区，通过使用 LMD 的算法框架，无论采用何种社区扩展方法，探测局部社区都能够得到更高的精度，不需要提前知道社区大小的相关信息，只需要通过局部网络信息去探测局部度中心节点和局部社区。因为通过小数量的局部度中心节点就可以探测出社区，所以该方法是一个有效的探测大型网络局部社区结构的方法。

基于复杂网络的社区结构特性，在蛋白质相互作用热区预测的过程中，采用热点回收策略，以确保热区预测模型的精确度和可靠性，该方法称为基于社区结构探测的热区预测（hot regions prediction based on LMD，HRP-LMD）算法，其详细步骤如下。

输入：PPI 中的残基

输出：PPI 中的热点和热区

步骤 1：通过基于残基的理化和结构属性采用 SVM 分类算法来识别输入集中的热点和非热点残基；

步骤 2：基于已探测出的热点，通过热区形成规则来初步探测蛋白质-蛋白质相互作用中的热区；

步骤 3：根据社区探测 LMD 算法探测热区 R 所在的社区 H；

步骤 4：根据预测出的热区结果，若孤立热点 v 的度 $D(v) \leqslant 3$，则热点 v 修正为非热点；

步骤 5：根据预测出的热区 R 及其所在社区 H，然后对于 H 中的非热点残基 m，如果 m 满足以下要求：

$D(m) \geqslant 6$

（m 与 R 中残基相连的边的个数）/$D(m) \geqslant 0.6$ 则将非热点残基 m 修正为热点残基；

步骤 6：输出修正后的热点和热区

在算法的第 4 步和第 5 步中，选择 3 和 6 分别作为恢复假阳性和假阴性残基的阈值。因为预测结果中的一个热点残基与其他热点残基都不相邻，并且该残基节点的度数很低，属于复杂网络中的非枢纽节点，那么算法中则认定该残基为假阳性残基，将该热点残基修正为非热点残基。同时，由文献[28]的研究可以表明热点的 CN 的平均值是 7.0，而其他的界面残基的平均值则下降到 5.6。如果一个非热点残基位于热区所在的社区中，并且度数较高，属于复杂网络中的枢纽节点，并与热区的联系紧密，则认为该残基为假阴性残基，应该将该非热点残基修正为热点残基，加入相应的热区中。如何判定一个残基与热区联系紧密？首先，该残基必须与热区在同一个社区中，同一个社区中的各点要比非社区的联系紧密。其次，该残基的大部分相邻残基都位于热区当中。满足以上两点则认为该残基与热区联系紧密。同时，通过统计分析发现选择 3 和 6 分别作为恢复假阳性和假阴性残基的阈值可以最大程度提高预测的精度。

4.3.4　实验结果与分析

本节基于热点预测集和热区形成规则初步探测热区，热点的准确率为 27.7%，此时的预测热区对真正热区的召回率为 24%，初步探测的部分热区的三维图如图 4.10 所示[119]：

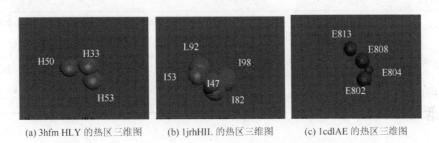

(a) 3hfm HLY 的热区三维图　　　(b) 1jrhHIL 的热区三维图　　　(c) 1cdlAE 的热区三维图

图 4.10　初步探测的热区三维图

图 4.10（a）表示初步预测得到的 3hfmHLY 的热区图，预测热区的结果包括以下残基：H33、H50 和 H53；有一些假阴性残基在该热区附近：L31、L32、L50、Y20、Y96、Y97 和 H2；图 4.10（b）表示初步预测得到 1jrhHIL 的热区图，预测热区的结果包括以下 5 个残基：L92、I47、I53、I82 和 I98；有一些假阴性残基在该热区附近：H52、I49 和 I52；图 4.10（c）表示初步预测得到的 1cdlAE 的热区图，预测热区的结果包括以下残基：E802、E804、E808 和 E813；有一些假阴性残基在该热区附近：E800、E810 和 E812。此外，社区探测和热点恢复策略就是探测到热区附近的假阴性残基，并将这些假阴性残基恢复到热区中，以提高热区预测的精度和召回率。

1. 探测热区所在的社区

经过上述算法探测得到的部分热区所在的社区如图 4.11 所示[119]：

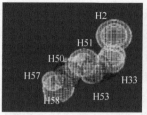
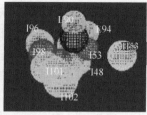
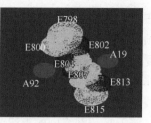

(a) 3hfm HLY热区所在的社区　　　(b) 1jrhHIL热区所在的社区　　　(c) 1cdlAE热区所在的社区

图 4.11　初步探测的热区三维图

图 4.11 也表示了图 4.10 中相应的热区所在的社区图。图 4.11（a）为实验所得 3hfmHLY 的热区及热区周围的邻居非热点残基，有一个热区。图 4.11（b）为实验所得 1jrhHIL 的热区及热区周围的邻居非热点残基，只有一个热区。图 4.11（c）为实验所得 1cdlAE 的热区及热区周围的邻居非热点残基，只有一个热区。3hfmHLY、1jrhHIL 和 1cdlAE 的热区所在社区中的探测结果见表 4.14。其中有假阴性残基存在于这些社区中，接下来将会通过热点回收策略来回收这些假阴性残基。

表 4.14　热区所在社区中的残基

PDB ID	热区号	热区中的热点	社区中的非热点残基
3hfmHLY	1	H33、H50、H53	H51、H52、H31、H2、H32、H34、H49、H54、H55、H58、H57
1jrhHIL	1	L92、I47、I53、I82、I98	L48、L54、L55、L56、I57、L93、L94、I96、L91、L90、I97、I52、I49、I81、I83、I46
1cdlAE	1	E802、E804、E808、E813	E805、E806、E803、E807、E809、E810、E811、E812、E814、E815、E801、E800、E799、E798

2. 修正结果集中的假阳性和假阴性残基

由上面所得到的社区结构，以及 HRP-LMD 算法中的第 4 步和第 5 步修正初步探测的热区结果中的假阳性和假阴性残基。表 4.15 显示了 3hfmHLY、1jrhHIL 和 1cdlAE 的回收结果。

表 4.15　FP 和 FN 残基的回收

PDB ID	FP 残基	回收的 FP 残基	FN 残基	回收的 FN 残基
3hfmHLY	Y63、Y73	Y63	H2、Y20、Y96、Y97、L31、L32、L50	H2
1jrhHIL	I98	Null	H52、I49、I52	I49、I52
1cdlAE	A19、E802、E808	Null	E800、E810、E812	E800、E810、E812

从表 4.15，可以得出由热点回收策略，能给回收一些假阳性和假阴性残基，将这些回

收的假阳性/假阴性残基加入热区以提高热区的预测精度。并将社区探测和热点回收策略
应用到全部的数据集上，提高预测精度。

由表 4.16 可得，利用复杂网络和社区方法可以有效地降低热区预测结果中的假阳性
和假阴性残基的比率，删除独立的假阳性残基可以提高热点的预测精度，回收热区附近联
系紧密的假阴性残基，使得热区可以包含更多真正热点，提高热区的召回率。

表 4.16　FP 和 FN 残基的回收

	数据集	假阳性残基比率	假阴性残基比率
修正前	训练集	16.2%	14.3%
	测试集	33.1%	18.9%
修正后	训练集	11.7%	11.7%
	测试集	22%	14.2%

根据 HRP-LMD 算法，最终可得到更高精度的热区预测结果，图 4.12 为部分蛋白质
热区的三维图[119]。

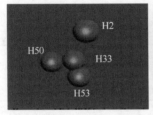 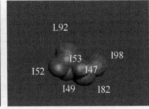 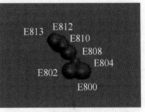

(a) 3hfm HLY 的热区三维图　　(b) ljrhHIL 的热区三维图　　(c) lcdlAE 的热区三维图

图 4.12　预测的热区三维图

图 4.12（a）表示最终预测得到的 3hfmHLY 的热区图，该热区包括以下 4 个残基：
H33、H50、H53 和 H2，其中 H2 是通过热点回收策略所修正的热点残基；图 4.12（b）
表示最终预测得到 1jrhHIL 的热区图，该热区包括以下 7 个残基：L92、I47、I49、I52、
I53、I82 和 I98，其中 I49 和 I52 是通过热点回收策略所修正的热点残基；图 4.12（c）表
示最终预测得到的 1cdlAE 的热区图，该热区包括以下 7 个残基：E800、E802、E804、E808、
E810、E812 和 E813，其中 E800、E810 和 E812 通过热点回收策略所修正的热点残基。
这些结果显示热点回收策略是一个从热点预测中有效地回收假阳性/假阴性残基的方法，
由此提高了热区的预测精度。

由图 4.12 与图 4.10 的对比可见，本算法通过复杂网络和社区方法预测热区，热区的
预测准确性和对真实热区的召回率有了很大的提高，该算法在数据集上一共回收了
21.18%的假阳性残基和 39.39%的假阴性残基，热区的预测精度提高了 16.6%，同时，本
热区的预测结果对真正热点的召回率提高了 17.3%。

下面，将 HRP-LMD 算法的实验结果与 Keskin 等[120]的实验结果进行对比。

　　HRP-LMD 算法预测热点的属性集是通过组合和加权蛋白质中残基的保守性、可及表面积和疏水性等得到的,基于热点的基础上和热区的特性来探测热区,再根据热点网络进行回收结果集中的假阴性和假阳性以提高热区的预测效果,这和 Keskin 等[120]利用蛋白质氨基酸残基的理化特征和结构属性去预测热点和热区的做法很相近,这里将两者进行了比较。结果见表 4.17 和表 4.18。

表 4.17　Keskin 和 HRP-LMD 在热点预测结果上的比较

方法	召回率/%	精确率/%	F1/%
Keskin	59	73	65
HRP-LMD	82	73	77

　　表 4.17 显示了 HRP-LMD 方法和 Keskin 方法在预测热点方面的性能,因为 HRP-LMD 方法和 Keskin 等的预测热区的方法都是同样基于热点预测和热区形成规则的, 所以热点预测精确率的好坏从另一个方面也反映了预测热区预测的好坏。由表 4.17 可知,HRP-LMD 方法要比 Keskin 方法的 F1 值高出了 12 个百分点,尤其在 Recall 方面要比 Keskin 的高 23 个百分点, 其中 73%的预测结果集中的热点残基是正确的。

表 4.18　Keskin 和 HRP-LMD 在预测热区上的结果比较

方法	C1/%	C2/%	HRF1/%
Keskin	15.4	36.0	21.6
HRP-LMD	44.3	41.3	42.7

　　由表 4.18 可知, 算法 HRP-LMD 正确预测出了 44.3%的热区, 热区预测结果对真正热区的召回率达到了 41.3%,高于 Keskin 等的方法。此外,两种方法在 HRF1 值上也要远高与 Keskin 等的方法。Carles Pons 等[26]基于残基网络的小世界特性,比较了不同的拓扑系数和不同的邻居残基的界定距离下的预测结果,组合了基于网络的拓扑系数计分和 pyDock 方法组合成新的计分公式去预测热区,其中 pyDock 和 Closeness 的组合在预测性能方面表现最好,其采用热区的召回率来衡量预测热区结果的好坏。与 Carles Pons 等的热区预测结果的对比见表 4.19,表明 HRP-LMD 方法在预测热区的召回率方面要优于 Carles Pons。

表 4.19　Carles Pons 和 HRP-LMD 在预测热区的召回率上的对比

方法		C2/%
Carles Pons	pyDock-Closeness	33.0
	pyDock-Degree	32.0
	pyDock-Clustering	30.0
	pyDock-Betweenness	29.0
	pyDock	24.0
HRP-LMD		41.3

4.4　基于 DICFC 的蛋白质相互作用热区预测

本节设计一种结合密度聚类和特征分类（density-based incremental cluster with feature-based classification，DICFC）的方法预测蛋白质相互作用的热区[121-122]。首先利用基于密度的增量型聚类对数据集里面的数据进行聚类，得到多个初始的聚类簇，然后利用基于特征的分类剔除这些聚类簇中的非热点残基，最终得到预测热区。

4.4.1　基于蛋白质残基密度的增量型聚类

蛋白质相互作用中的热点残基并不是均匀地分布在蛋白质相互作用的界面上，而是紧密地聚集在一个稠密的区域。充分利用热区中热点残基的这个特性，本节提出一种基于密度的增量型聚类对其进行聚类分析。在蛋白质相互作用界面上残基 O 的密度可以用空间上其邻域的残基数来度量。拥有相对稠密的邻域的残基称之为核心残基，聚类的过程就是连接核心残基和它们的稠密邻域，形成的稠密区域作为簇。为了对蛋白质相互作用的残基进行聚类，需要定义如下概念（本书中所有的距离均是欧氏距离）：

（1）邻域半径：一个用户自定义的参数 $\varepsilon>0$ 用来定义每一个残基的邻域半径。一个蛋白质残基 O 的 ε-邻域是以 O 为中心，ε 为半径的邻域空间。

（2）邻域密度：邻域的大小是由邻域半径 ε 决定的，邻域的密度通过 ε-邻域内残基的数量决定。

（3）稠密区域：为了确定一个邻域是否稠密，需要另外一个用户自定义的参数 Min 定义稠密区域的密度阈值。

（4）核心残基：如果一个蛋白质残基满足用户事先定义好的参数 ε 和 Min，即其 ε-邻域至少含有"Min"个残基，那么这个残基就是核心残基。

给定一个蛋白质相互作用残基的数据集 D，可以通过给定参数 ε 和 Min 得到所有的核心残基，然后得到核心残基及其稠密邻域组成的稠密区域，也就是聚类簇。基于密度的增量型聚类的过程如下。首先，给定数据集 D 中所有的残基都被标记成"未访问"，随机的选择一个未访问的残基 p，标记 p 为"已访问"，并检查 p 的 ε-邻域是否至少含有 Min 个残基。如果不是，p 被标记成噪声点。否则为 p 创建一个新的簇 C，并且把 p 的 ε-邻域中的所有残基都放到候选集合 N 中，然后迭代地把集合 N 中所有不属于其他簇的对象添加到集合 C 中。在这个过程中，对于在集合 N 中标记为"未访问"的残基 p'，遍历过后把它标记为"已访问"，并且检查它的 ε-邻域，如果它的 ε-邻域至少含有 Min 个残基，则 p' 的 ε-邻域中的残基都被添加到集合 N 中。继续添加残基到集合 C，直到集合 C 不能再扩展，即直到集合 N 为空时，簇 C 完全生成。为了找到下一个簇，从剩下的残基中随机的选择一个未访问的残基，聚类过程继续，直到所有的对象都被访问为止。蛋白质残基 p 的基于密度的聚类过程如图 4.13 所示[124]，残基 p 通过其 ε-邻域陆续把满足领域密度阈值的残基聚集成一个聚类簇。

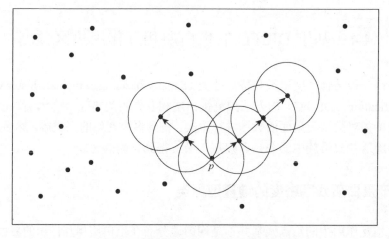

图 4.13 蛋白质残基 p 密度聚类过程图

聚类过程之后产生若干聚类簇，每一个聚类簇中同时包含热点残基和非热点残基。

接下来介绍采取基于特征的分类方法剔除掉聚类簇中的非热点残基。先是做特征选择，然后利用 SVM 判定是否是热点残基。

4.4.2 递归特征消除结合归一化互信息特征选择

蛋白质复合物的物理、化学属性有上百种，直接利用这些属性创建的分类器势必会影响分类器的性能。在本节中，采用一种有效的特征选择的方法。首先从蛋白质序列和结构出发，提取一系列与热点残基相关的特征。然后，通过 SVM-REF 算法结合归一化互信息特征选择（normalized mutual information feature selection，NMIFS）把所有的特征进行排序，最后通过引入 F-score 找到最优的特征组合[131]。

SVM-REF 算法是根据权向量 w 构造排序系数，每次迭代删除系数最小的特征属性。采用的排序系数为

$$rank(i) = \frac{1}{2}\alpha^T Q\alpha - \frac{1}{2}\alpha^T Q(-i)\alpha \tag{4.5}$$

$$Q_{ij} = K(x_i, x_j) \equiv \phi(x_i)^T \phi(x_j) \tag{4.6}$$

式中：K 为核函数。整体 SVM-REF（RBF 核）算法过程如下。

输入：训练样本矩阵：$\boldsymbol{X} = [X_1, X_2, ..., X_m]^T$

　　　类别标签：$\boldsymbol{Y} = [Y_1, Y_2, ..., Y_m]^T$

输出：特征排序表 r。

预处理：

　　　当前特征子集指标：$\boldsymbol{s} = [1, 2, ..., k]$

　　　特征排序指标：$\boldsymbol{r} = [\ ]$

特征排序过程：

步骤 1　循环迭代以下过程直到 $\boldsymbol{s}$=[ ]：

步骤 2　获取当前训练样本：$X_0=X(:,s)$

步骤 3　给定参数后训练分类器：SVMtrain(y,X_0,c,λ)，c 为惩罚因子，λ 为 RBF 核函数参数。

步骤 4　计算排序系数：$rank(i)=\dfrac{1}{2}\alpha^T Q\alpha-\dfrac{1}{2}\alpha^T Q(-i)\alpha$

步骤 5　寻找排序得分最小的特征属性：f=argmin($rank$)

步骤 6　更新排序特征指标：$\boldsymbol{r}$=[$s(f)$,$\boldsymbol{r}$]

步骤 7　消去最小得分特征属性：$\boldsymbol{s}=\boldsymbol{s}$(1:$f$-1,$f$+1:length($s$))

在选择最佳特征子集的过程中，采用训练集留一交叉检验错误识别率和独立测试集错误识别率两个指标来综合判定最佳的特征子集。由于采用 RBF 核函数，这就涉及参数的选取设定（惩罚因子 c 和 RBF 核函数参数），这里采用固定的参数组，在独立测试集识别过程中将使用网格寻参的方法来进行参数寻优。整体确定最佳特征子集过程如图 4.14 所示[122]。

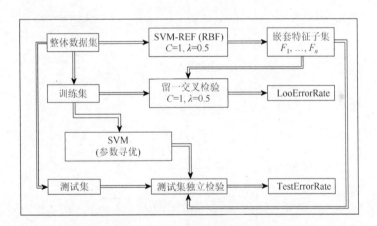

图 4.14　SVM-REF 特征选择过程

DICFC 算法输入参数为数据集 $\boldsymbol{D}$ 中所有残基的三维坐标、半径参数 ε 和邻域密度阈值 Min。首先标记所有的残基为"未访问"，然后随机的选择一个"未访问"的残基 p，标记 p 为"已访问"。判断 p 的 ε-邻域的残基个数，如果 p 的 ε-邻域至少有 Min 个残基，那么就创建一个新簇 C，并把 p 添加到 C，令 N 为 p 的 ε-邻域中的对象的集合，如果 N 中残基 p' 是"未访问"的，那么标记 p' 为"已访问"，如果 p' 的 ε-邻域至少有 Min 个残基，那么把这些残基添加到 N。如果这时 p' 还不是任何簇的成员，就把 p' 添加到 C，否则标记 p 为孤立点，直到没有标记为"未访问"的残基时结束。然后把所有簇 C 里面的残基运行 PSAIA 计算结构特征值，运用 SRN 对所有特征排序，引入 F-score 找到最优化的特征组合，然后将上式组合特征代入运行 LIBSVM，十折交叉验证。标记 h 为热点残基，n 为非热点残基，所有簇 C 里面去除掉标记为 n 的残基，形成仅含有热点的新簇标记为热区 R，然后输出热区 R。算法流程图如图 4.15 所示[125]。

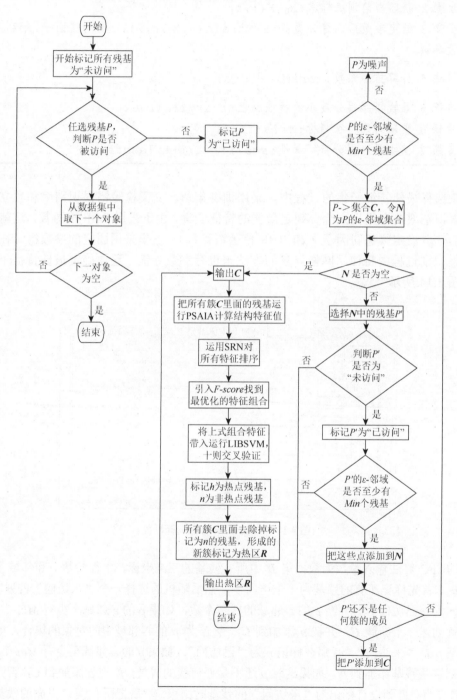

图 4.15　DICFC 算法流程图

4.4.3　基于 ASEdb 数据集的实验结果

在基于丙氨酸突变的 ASEdb 数据集上，对由 16 个蛋白质复合物，155 个残基构成的数据集进行聚类，蛋白质残基的坐标均来自 PDB 数据库，这里用每个蛋白质残基中的 C^{α} 原子的坐标近似的代表这个残基的坐标，进行基于密度的增量型聚类时，定义稠密区域的密度阈值 $Min = 3$（按照热区的定义，每个热区中至少含有 3 个热点），为了确定邻域半径 ε 的值，通过反复实验，依次扩大邻域半径 ε，得到的邻域半径 ε 与聚类簇的变化关系如图 4.16 所示。水平轴代表了邻域半径 ε，垂直轴代表了聚类簇数。折线上的原点代表聚类簇的个数，折线最上方的小方块代表了聚类簇数达到的最大值。

当 $\varepsilon = 9$ 的时候，聚类簇最多，达到 13 个聚类簇，随后聚类簇逐渐下降，当 $\varepsilon \geqslant 61$ 的时候，聚类簇保持为 1 恒定不变。实验显示，当 $\varepsilon < 13$ 和 $\varepsilon > 13$ 的时候，聚类中的热点残基很少，难以形成热区，因此取 $\varepsilon = 9$，$Min = 3$ 为 DICFC 的输入值。

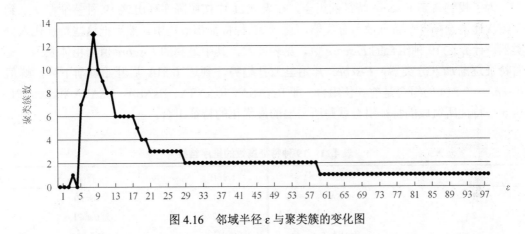

图 4.16　邻域半径 ε 与聚类簇的变化图

155 个残基进行聚类后，剔除了不在稠密区域的 51 个孤立点，剩下 104 个残基。通过基于密度的增量型聚类后，16 个复合物中的 10 个复合物形成了 13 个聚类簇，聚类结果见表 4.20。

表 4.20　参数取 $\varepsilon = 9$，$Min = 3$，密度聚类结果

复合物	聚类簇	聚类簇中的残基
1A22	1	（A18）（A21）（A22）（A174）（B417）（B418）（B25）（A167）（A168）（B419）（A172）（A175）（A178）（B371）（A164）（B304）（B369）（B367）（B365）（A51）（A62）（A63）（B302）（B324）（B243）（B366）（A65）（B298）
	2	（A42）（A46）（B320）（B321）（B275）（B273）（B274）
1BRS	3	（A102）（A87）（D29）（D35）（D39）（A59）（A60）
1BXI	4	（A48）（A41）（A50）（A51）（A55）
1CBW	5	（I11）（I15）（I34）（I39）

复合物	聚类簇	聚类簇中的残基
1DAN	6	（T17）（T18）（T20）（T21）（T58）
1DVF	7	（B98）（B52）（B100）（B101）（A32）（A92）
1F47	8	（A11）（A8）（A12）（A15）
1GC1	9	（C23）（C25）（C42）（C63）（C27）（C40）（C35）（C45）（C32）（C33）
1JRH	10	（L92）（L94）（I49）（I53）（I54）（I55）（I52）（I47）（I82）（H52）（I84）（I98）
	11	（H31）（H32）（H33）（H53）（Y73）（H50）（Y63）
3HFM	12	（Y96）（Y97）（Y100）
	13	（Y15）（Y89）（L31）（L32）（L50）（Y20）

聚类过程之后产生若干聚类簇，每一个聚类簇中同时包含热点残基和非热点残基。在特征选择部分，应用 SRN 对 19 种物理化学属性进行排序。

为了找到最高 F-score 特征的组合，在表 4.21 中按照降序列出这 19 种特征，从上到下依次递增选择一个特征放入分类器，直到 19 种特征都被选中。然后把这些特征代入分类器，计算这 19 种组合的 $F\text{-}score$ 值，见表 4.22，其中最高的 $F\text{-}score$ 值用粗体表示。随着特征逐渐加入分类器，$F\text{-}score$ 开始呈上升趋势，到达 0.814 后开始逐渐下降，峰值 $F\text{-}score = 0.814$ 的组合是前 5 位组合，即 RctASA、RcsASA、BsASA、UsASA 和 RctmPI。这 5 个特征所组成的特征组合就是所需要的最优化的特征组合。

表 4.21　19 种特征属性的排序结果

排序	特征	排序	特征
1	RctASA	11	UsmPI
2	RcsASA	12	BsmPI
3	BsASA	13	RcpASA
4	UsASA	14	UpASA
5	RctmPI	15	BpASA
6	UtmPI	16	SRASA
7	BtASA	17	TRASA
8	UtASA	18	Na
9	BtmPI	19	B-factor
10	RcsmPI		

表 4.22　不同特征组合的 $F\text{-}score$ 值

特征组合	$F\text{-}score$	特征组合	$F\text{-}score$
1	0.756	1-11	0.803
1-2	0.769	1-12	0.801

续表

特征组合	F-score	特征组合	F-score
1-3	0.781	1-13	0.801
1-4	0.811	1-14	0.801
1-5	**0.814**	1-15	0.781
1-6	0.813	1-16	0.769
1-7	0.811	1-17	0.769
1-8	0.807	1-18	0.756
1-9	0.807	1-19	0.750
1-10	0.806		

　　根据上述的实验结果，用 RctASA、RcsASA、BsASA、UsASA 和 RctmPI 这 5 个特征所组成的组合，结合 SVM 分类器，对聚类之后的结果进行分类，剔除聚类结果中的非热点残基，最终形成了包含 43 个热点残基的 9 个热区，热区预测的结果见表 4.23。此时表 4.20 里面的聚类 2、4、5 和 8 里面少于 3 个热点残基，无法构成热区，所以被剔除，表中的第 3 列的簇类序号是对应于表 4.20 参数取 $\varepsilon = 9$，$Min = 3$，密度聚类结果里面的聚类簇号，聚类簇里面的每一个残基用残基链和其残基号表示。例如，1A22（A21）表示蛋白质复合物 1A22，A 链上面的第 21 号残基。

表 4.23　DICFC 的预测结果

复合物	热区	聚类簇	聚类簇中的残基
1A22	1	1	（A21）（B418）（A168）（A175）（A164）（B304）（B369）（B243）
1BRS	2	3	（A102）（A87）（D29）（D35）（D39）（A59）
1DAN	3	6	（T18）（T20）（T21）（T58）
1DVF	4	7	（B98）（B52）（B101）（A32）
1GC1	5	9	（C42）（C40）（C35）
1JRH	6	10	（L92）（L94）（I49）（I53）（I52）（I47）（H52）
	7	11	（H31）（H33）（H53）（H50）
3HFM	8	12	（Y96）（Y97）（Y100）
	9	13	（L31）（L32）（L50）（Y20）

　　表 4.24 列出了在相同数据集上不同方法的比较结果，其中，Tuncbag[129]的方法是利用理化属性和结构保守倾向性预测热区，Nan[119]的方法是基于复杂网络和社区发现的方法预测热区。

　　在热区个数的预测上，DICFC 方法能预测出标准热区中 10 个热区中的 7 个（Hot Region Recall = 0.700），然而 Tuncbag 的方法能预测出 4 个（Hot Region Recall = 0.400），

Nan 的方法只能预测出 2 个（Hot Region Recall = 0.200）。

在预测热区中的热点与标准热区中热点的召回率上，DICFC、Nan 和 Tuncbag 的方法的召回率分别是 57.1%、28.5% 和 12.2%，说明 DICFC 方法预测出了大部分的热点，达到了 57.1%，其他两种方法均没有超过 30%。DICFC 方法从数据集中能够预测出 57.1% 的热区，而预测出来的热区中有 65.1% 是真实的热区（Hot Spot Precision = 65.1%），与之相比，Tuncbag 的方法的精确率很高（Hot Spot Precision = 100%），但是其召回率非常低（Hot Spot Recall = 12.2%），这说明虽然 Tuncbag 的方法预测出来的热区中的热点都存在于标准热区中，但是数量非常少，仅占标准热区中热点数目的 12.2%。Nan 的方法无论是精确率还是召回率以及预测效果都介于 DICFC 方法和 Tuncbag 方法之间，预测效果良好。此外，在综合得分 F-measure 指标上，DICFC 方法要比 Nan 的方法高出 26.7 个百分点，比 Tuncbag 的方法高出 39.1 个百分点。

从这些分析中可以看出，与其他方法相比，本节的 DICFC 方法可以得到更好的预测结果，不仅能预测出更多的热区，在对真正热区的召回率上也有较好的结果。

表 4.24　DICFC 预测结果与其他相关方法比较

方法	热区中的热点			热区		
	召回率/%	精确率/%	F-measure	召回率/%	精确率/%	F-measure
Tuncbag	12.2	**100**	0.217	20.0	**100**	0.333
Nan	28.5	42.4	0.341	40.0	66.7	0.500
DICFC	**57.1**	65.1	0.608	70.0	77.8	0.737

4.4.4　三维空间结构评价

为了进一步解释说明 DICFC 方法在预测热区中的有效性，并将预测结果进行可视化处理[121]。其中与预测相关的蛋白质残基用球体表示，与标准热区对比，红色表示正确预测的热点残基，黄色表示没有预测出来的热点残基，蓝色表示错误预测的热点残基。下面通过两个例子进行详细说明。

第一个例子是 1BRS 复合物的 A 链和 D 链相互作用，如图 4.17 所示。标准热区中的 7 个热点残基是（A73）、（A87）、（A102）、（D29）、（D35）、（A59）和（D39）。本节的 DICFC 方法可以正确地预测出标准热区中的 6 个热点残基，也就是（A102）、（A87）、（D29）、（D35）、（D39）和（A59）。Tuncbag 的方法只能预测出标准热区中的 3 个热点残基，分别是（A102）、（D35）和（D39）。这两种方法都能预测出来的三个热点残基是（A102），（D35）和（D39），说明这三个残基组成的紧密的热区对蛋白质复合物的功能及稳定性起重要的作用。Nan 的方法没有预测出这个热区。三种方法均没有正确预测出残基（A73）。

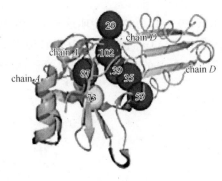

(a) DICFC

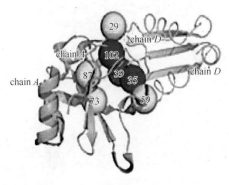

(b) Tuncbag

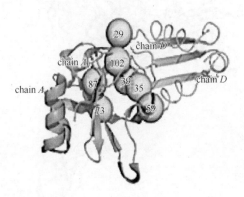

(c) Nan

图 4.17　不同预测方法在蛋白质复合物 1BRS 上可视化预测结果

　　第二个例子是 1JRH 复合物，如图 4.18 所示。标准热区中的 8 个热点残基分别是（L92）、（I49）、（I52）、（I53）、（I47）、（I82）、（H52）和（H53）。DICFC 方法正确预测出其中的 6 个热点残基，也就是（L92）、（I49）、（I53）、（I52）、（I47）和（H52），未预测出热点残基（I82）和（H53），错误地把（L94）预测为热区中的残基。Nan 的方法同样也正确预测出六个热点残基，分别是（L92）、（I47）、（I53）、（I82）、（I49）和（I52），未能预测出热点残基（H52）和（H53），错误地把（I98）预测为热区中的热点残基。这两种方法都正确预测出来的 5 个残基是（L92）、（I47）、（I53）、（I49）和（I52），说明这 5 个残基组成的紧密的热区对蛋白质复合物的功能及稳定性起重要的作用。Tuncbag 的方法没有预测出这个热区，三种方法均未预测出热点残基（H53），表明这个残基的突变可能会造成蛋白质复合物的不稳定。

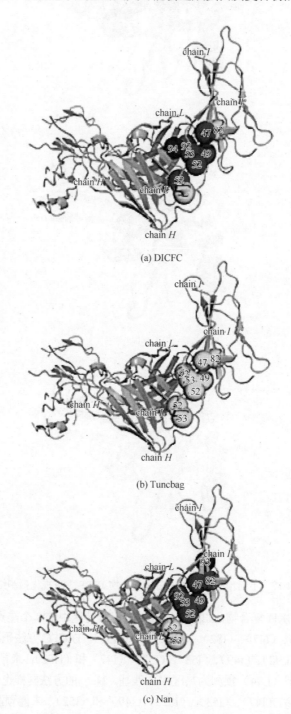

(a) DICFC

(b) Tuncbag

(c) Nan

图 4.18　不同预测方法在蛋白质复合物 1JRH 上可视化预测结果

这些预测结果表明 DICFC 方法在所有 16 个复合物所形成的热区中,能够比其他方法预测出更多的热区,并且在单个复合物的单个热区中能够预测出更多的热点,因此,该方法比其他两种方法的预测性能更好。

4.5 基于密度聚类和投票分类器的蛋白质相互作用热区预测

蛋白质相互作用界面上的热区的预测可以从点扩展到簇,即从残基构成的数据集中预测热点残基,然后在热点残基的基础上进一步预测热区;也可以直接在由残基构成的数据集中找出可能包含热区的簇集,进而在构建的簇集上剔除预测的非热点残基,优化热区。因为采用由点扩展到簇的方法,残基到热点残基的预测可能会误分类一些残基,造成这些残基无法鉴别和筛选,会对预测热区造成进一步误差,所以本节采用由簇缩小至点的方法预测热区。首先通过聚类算法探寻可能包含热区的簇集;然后通过相应的集成的分类器对簇集中的热点残基与非热点残基进行分类,剔除其中的非热点残基,保留热点残基;最后通过相关的修正算法对热区进行修正,从而得到最终所预测的热区,该方法称为 KDBSCAN 密度聚类[126]。

4.5.1 投票分类器模型

在分类过程中,为了有效地提高分类器的泛化性能,需要寻找一种方式来增加分类器之间的差异性,这里采用集成分类器。集成分类器分类结果的产生是将不同的基分类器的分类结果聚集在一起,某一分类情况票数多者便是最终的分类结果。这里不同于 4.2 小节中的集成学习,在 4.2 小节中都是采用 SVM 作为基分类器,这里使用的基分类器是残基三种不同侧重面的分类器,分别是基于残基结构属性构成的 logistics 分类器、基于空间密度属性构成的 KNN 分类器及基于能量属性的 Robetta 模型分类器,每种基分类器使用的是同一个对象的不同性质的数据集。

已有研究表明,一般热点残基具有 ASA 大、疏水性强、静电作用力强等基本属性,可用于提取蛋白质复合物中的残基并用于相关的机器学习算法分类。通过 PSAIA 方法可以计算出蛋白质复合物的 ASA、DI、PI 等近 50 种结构属性,在数据集维度较高的情况下,一般 SVM 和 logistics 回归这两种分类法预测效果较好。因为 logistics 原理简单,并且其预测效果与线性核函数下的 SVM 预测结果基本相同,所以在利用残基结构属性分类的时候选用 logistics 回归分类算法。

在空间密度分布方面,热点残基有聚集构成热区的倾向,热点区域的密度普遍大于其他区域的密度。据此,可以根据数据对象的空间密度分布来进行分类,本节采用 KNN 分类算法,该算法的基本思想是通过最近的 K 个数据对象的分类情况来决定预测样本属于哪一类。

残基能量属性方面,通过自由能函数建立蛋白质相互作用模型的方法使用较多,其中的代表模型是 Kortemme 和 Baker 提出的 Robetta 模型[104][131]及 Guerois 提出的 FOLDEF

模型[105]，相对于 FOLDEF 模型，Robetta 模型的计算容易，且预测精确度较高。这里选择 Robetta 模型作为基于能量的分类模型。该模型的主要公式如下：

$$\Delta G = w_{attr}E_{LJ_{attr}} + w_{rep}E_{LJ_{rep}} + w_{HB(sc-bb)}E_{HB(sc-bb)} + w_{HB(sc-sc)}E_{HB(sc-sc)}$$
$$+ w_{elec}E_{elec} + w_{solv}G_{solv} + w_{\varphi/\psi}E_{\varphi/\psi}(aa) + \sum_{aa=1}^{20} n_{aa}E_{aa}^{ref} \tag{4.7}$$

式中：$E_{LJ_{attr}}$ 为范德华相互作用的吸引项；$E_{LJ_{rep}}$ 为范德华相互作用的排斥项；$E_{HB(sc-bb)}$ 为主链-侧链氢键项；$E_{HB(sc-sc)}$ 为侧链-侧链氢键项；E_{elec} 为静电相互作用项；G_{solv} 为溶剂化项；$E_{\varphi/\psi}(aa)$ 为残基的主链构象倾向性；E_{aa}^{ref} 为蛋白质折叠态与去折叠态的相对自由能差；w 为各项对应的权重。

综上所述，应该从残基的结构属性、空间密度属性及能量属性出发，选择合适的算法构建不同的基分类器。

投票分类器模型的实现主要分为并行计算和结果融合两步。其中并行计算主要指的是不同的基分类器可以同时进行分类，其相互之间不影响，这样可以大大节省实验运行时间；结果融合是指针对同一个预测对象，不同基分类器的结果进行最终融合，某一分类结果出现的频数大于或者等于 2，则该结果便是最终的分类结果。

并行计算部分主要包括以下内容。

（1）logistics 回归分类。logistics 回归分类中，需要进行数据的预处理和模型建立。首先将这些残基的属性作为残基的特征，进行标准化，去掉属性量纲所带来的影响；然后通过主 PCA 方法对高维度数据进行降维，在保证数据完整性的情况下减少属性之间的相关性。残基的结构属性包括 5 个部分，每个部分内部也会进一步细化成多个部分，相互之间会存在一定的冗余。结果表明，通过 PCA 降维后，logistics 回归的预测准确率提高了 3%，召回率也提高了 2%，相对于降维之前，均有所提高。主要成分对整体数据的累计贡献率如图 4.19 所示[127]。选取前 15 个贡献率较高的成分，能在降低维度的同时，保证还原 95% 之前的数据；最后将处理后的数据集用于 logistics 算法进行训练，并用于预测簇集中的残基。

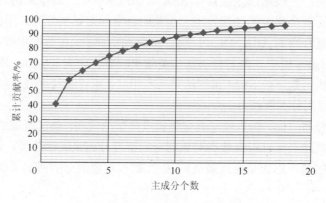

图 4.19 PCA 中各成分的累计贡献率

（2）KNN 分类。KNN 分类是一种懒惰算法，即不需要进行训练，直接针对簇集中的残基找出其 k 个最近的邻居，根据其邻居的分类结果来确定该残基的类别。为了确定最佳的 k 值，这里将数据集随机分成 10 份，在 k 取不同值的情况下，将数据集通过十折交叉进行 KNN 预测，通过验证结果的精确率来判断 k 的取值情况。经统计得出当 $k = 3$ 的时候，分类的效果最佳，平均的精确率可以达到 71.4%，平均的召回率可以达到 67.9%。

（3）Robetta 分类模型。Robetta Server 使用 Robetta 能量模型对残基的结合自由能的变化值进行预测，预测效果较好，这里直接使用 Robetta Server 中已经计算出来的 ΔG 来分类热点残基与非热点残基。统计分析当 ΔG ≥ 1.85kcal / mol 残基被规定为热点残基时，热点残基的准确率可以达到 84.6%，同时召回率到达 56.8%，此时预测的效果最佳。本节定义 ΔG = 1.85kcal / mol 作为分类的边界条件，ΔG ≥ 1.85kcal / mol 的残基被预测为热点残基，ΔG < 1.85kcal / mol 的残基被预测为非热点残基。

结果融合部分主要指的是，每种基分类器的分类结果进行汇总投票，形成最终的分类结果。对于 DBSCAN 聚类后形成的每个簇集，其中的待分类残基通过投票分类器模型进行分类，在剔除掉非热点残基后，若簇集中的残基个数少于 2 个，结合热区至少由 3 个残基构成的特性，这种簇集需要剔除。投票分类器的实现的过程如图 4.20 所示[127]。

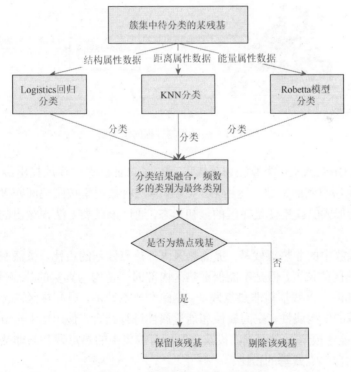

图 4.20 投票分类器模型示意图

4.5.2 KDBSCAN 密度聚类

KDBSCAN 密度聚类包含三个步骤：通过 KDBSCAN 聚类算法将数据集聚成零个或

者多个簇集，这一步骤大致预测出热区的可能存在的区域；利用投票分类器对每个簇集中的残基进行分类，将预测为非热点残基的残基剔除，同时将剔除残基后残基个数小于 2 个的簇集剔除，这一步骤增加热区中热点的准确率；利用局部社区探测算法对热区周边存在的真阳性残基进行回收，进一步优化热区。

　　基于密度聚类和投票分类器的对蛋白质相互作用界面上热区的预测方法的主要过程如图 4.21 所示[126]，整个过程可分为以下三个步骤。

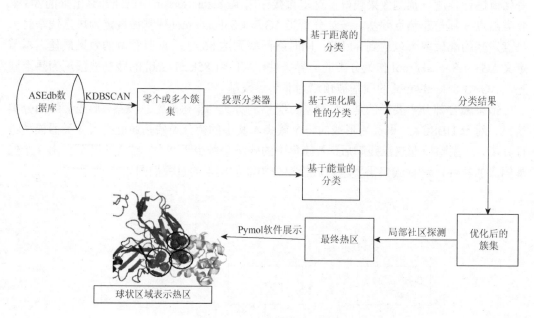

图 4.21　热区预测过程的示意图

　　首先，利用 DBSCAN 聚类算法划分簇集。通过 k-dist 图像快速地找出最佳的 DBSCAN 聚类参数，利用所得到的参数，运用 DBSCAN 算法将数据集按照空间密度的不同划分成各簇集，此时所形成的簇集便是热区的最初形态，通过该聚类方法预测出的热区位置具有较高的召回率。

　　然后，剔除簇中的非热点残基，提高热区内部热点残基的占比。虽然密度聚类能够较为精确地找出热区的位置，但是不能保证热区内部的残基均为真实的热点残基，因此需要鉴别出簇集内部的热点残基与非热点残基，剔除非热点残基，提高热区内部热点残基的占比。通过将残基的结构属性、空间属性和能量属性进行结合，使用由 logistics 回归、KNN 分类及 Robetta 能量模型组合而成的投票分类器对簇集中的热点残基与非热点残基进行筛选，提高簇集内部热点残基的占比。

　　最后，回收热点残基，优化热区。在之前聚类和分类的过程中，有些真阳性残基也可能会被误当作非热点残基被剔除，此时需要对这些误被剔除的真阳性残基进行回收，提高热区内部热点残基的召回率，优化热区。接着采用 4.3 节的局部社区探测算法，对遗失的真阳性残基进行回收，优化预测的热结果。

　　在聚类前，需要人工确定 *Eps* 邻域以及阈值 *Minpts* 这两个参数。仅凭经验随便选取，会使得实验的偶然性较大；而通过计算机遍历两个数据的所有组合来确定最佳参数，在数据量大的时候，会提高对内存的需求以及增大 I/O 的消耗，这时通过 k-dist 图可以快速判断 Eps 参数。使用残基的三维空间距离坐标进行 DBSCAN 聚类，研究表明[121]DBSCAN 聚类中阈值 *Minpts* 参数一般取值为 4。结合蛋白质热区至少包含 3 个热点的特性，可以大胆假设 Minpts 参数为 3，当 *K* 值等于 Minpts 的时候，此时在排序后的 k-dist 图中第一个急剧上升的拐点处所对应的纵坐标值便为 Eps[130]。可以根据排序后的 k-dist 图像大致判断出 *Eps* 的范围，然后通过固定 *Minpts* 值遍历小范围的 *Eps* 值，找到聚类个数最多时候的参数组合，便是聚类的最佳相关参数。结合 k-dist 图，运用 DBSCAN 算法对训练集中的数据进行聚类，使用训练集中的三维空间距离作为聚类的属性，使用欧式距离计算点之间的对应距离。如图 4.22[127]为 *Eps* 取不同值的情况下，训练集上聚类形成的簇集情况的示意图。

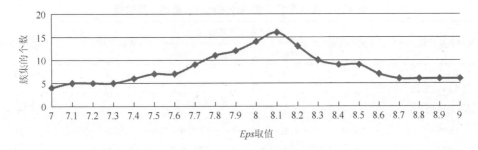

图 4.22　聚类情况示意图

经过实验验证，最终在 *Eps* 邻域为 8.1，*Minpts* 阈值等于 3 的情况下，聚类的效果最佳，其聚类的个数最多，而且经统计，该情况下热区的召回率也可以达到一个较高的数值。结合 DBSCAN 算法，加入 k-dist 图像，构成了 KDBSCAN 算法，具体过程如下。

输入：蛋白质相互作用中残基的三维坐标集合

输出：簇集合

1．利用残基的三维坐标集合计算出排序好的距离矩阵 $\pmb{Dist}_{n \times n}$（以上采用的是欧式距离），并通过 k-dist 图进行展示，在 *Minpts*=3 的情况下估计出 *Eps* 的范围值；

2．给定 *Minpts* 值，并确定一个 *Eps* 值；

3．任意选择一个数据对象 p，检查 p 的 *Eps* 邻域；

4．若 p 为核心点并且没有被划分到其他的类，则依次找出所有从 p 出发的密度可达点，最终形成一个包含 p 的簇集；

5．若 p 不是核心点，便将 p 归类为噪声点；

6．转到步骤 3，重复执行；当数据集合中所有点都被处理，计算出该情况下形成簇集的个数；

7．*Eps* 自身累加相应的数值，转到步骤 2，重复执行，直到 *Eps* 的值到达范围上限；

8. 找出聚类效果最佳的情况下的 *Eps* 和 *Minpts*, 此种情况下的簇集合便是最初的热区形态。

4.5.3 实验结果

本节使用来自 ASEdb 数据库中的 14 条蛋白质复合物进行实验, 这 14 条蛋白质复合物共包含 253 个残基, 其中有 63 个热点残基和 90 个非热点残基, 剩下的 100 个残基, 其结合自由能的变化值在 0.4~2.0kcal/mol, 这部分残基因为不具备比较明显的热点或者非热点残基的特征, 所以被划分为未标识的残基, 对于这种未被标识的残基, 实验部分暂不会用到。表 4.25 列出这 16 种蛋白质复合物的作用链及每种类别的残基数目。

表 4.25　蛋白质复合物的作用链及各类别残基数目

蛋白质复合物	相互作用链	标识的残基			未标识的残基	总共残基
		热点	非热点	共计		
1A4Y	A-B	3	11	14	9	23
1A22	A-B	7	28	35	16	51
1AHW	A-B-C	1	3	4	3	7
1BRS	A-D	8	1	9	2	11
1BXI	A-B	6	3	9	8	17
1CBW	F-G-H-I	1	4	5	1	6
1DAN	H-L-U-T	2	8	10	3	13
1DVF	A-B-C-D	6	1	7	11	18
1F47	A-B	3	1	4	4	8
1FCC	A-C	4	2	6	1	7
1GC1	G-C	0	11	11	6	17
1JRH	L-H-I	8	5	13	14	27
1VFB	A-B-C	3	6	9	14	23
3HFM	H-L-Y	11	6	17	6	23

1. KDBSCAN 算法的聚类结果

初始的数据集通过聚类后, 形成的簇集便是热区可能形成的位置。通过 KDBSCAN 聚类后, 预测出可能存在的热区有 16 处, 预测出来的簇集几乎完全覆盖了标准热区。按照上述定义的相关评价准则, 经过聚类后, 热区召回率几乎可以到达 100%, 但是热区的精确率只有 62.5%。在预测的热区内部, 热点残基的召回率可以高达 91.7%, 但热点残基的精确率只有 49.8%, 具体情况见表 4.26, 该表反映预测出来的簇集与标准热区的对比情况, 主要包括预测的簇集个数与标准热区的个数区别, 以及预测簇集中的热点残基占比情况。

KDBSCAN 聚类的具体情况, 通过 1BXI、1BRS 和 3HFM 这三条蛋白质复合物详细展示。表 4.27 为 1BXI、1BRS 和 3HFM 这三条蛋白质复合物的标准热区与预测簇集对比的详细情况。在该表中，黑色加粗类型的残基表示正确预测的残基，非加粗类型的残基表示错误预测的残基。

表 4.26　预测簇集与标准热区对比情况

蛋白质复合物	预测的簇集数目	与标准热区相关的簇集数目	预测的簇集		
			预测簇集中的残基数目	与标准热区相关残基数目	标准热区中的残基数目
1A22	3	1	35	7	7
1BRS	1	1	8	7	7
1BXI	2	1	8	3	4
1CBW	1	0	3	0	0
1DAN	1	0	5	0	0
1DVF	1	1	5	4	6
1F47	1	1	4	3	3
1FCC	1	1	5	3	4
1GC1	1	0	11	0	0
1JRH	1	1	11	6	8
3HFM	3	3	(3, 7, 4)	(3, 4, 3)	(3, 4, 3)

表 4.27　预测簇集与标准热区对比的详细情况

蛋白质复合物	簇集编号	预测簇集	标准热区
1BXI	1	A28、A33、A34	—
	2	A48、A50、A51、A41、A55	A41、A50、A51、A55
1BRS	1	A59、A60、D35、A102、D39、A87、D29、A73	A59、A73、A87、A102、D29、D35、D39
3HFM	1	L31、L32、L50	L31、L32、L50
	2	Y20、Y96、Y97、Y100	Y20、Y96、Y97
	3	H31、H32、H33、H53、Y73、H50、Y63	H32、H33、H53、H50

　　为从可视化角度观察预测簇集的情况，需要通过图像形象地进行展示。图 4.23 描述的是蛋白质复合物经过 KDBSCAN 聚类后形成的簇集示意图[127]。图 4.23（a）表示 1BXI 蛋白质复合物通过聚类形成的簇集示意图。该图包含两个簇集，其中第一个簇集中的残基均为非热点，表示该簇集不包含真正的热区；第二个簇集中包含真实热区中的残基有 A50、A51、A41、A55，同时也包含了一个非热点残基 A48。图 4.23（b）表示 1BRS 蛋白质复合物通过聚类形成的簇集示意图。该图只包含一个簇集，该簇集中包含真实热区中的残基有 A59、D35、A102、D39、A87、D29、A73，同时也包含了一个非热点残基 A60。图 4.23（c）表示 3HFM 蛋白质复合物通过聚类形成的簇集示意图。该图包含三个簇集，其中第一个簇集

能完整的预测出热区的具体位置，包含 L31、L32、L50 三个真实热区中的残基；第二个簇集中包含真实热区中的残基有 Y20、Y96、Y97，同时也包含了一个非热点残基 Y100；第三个簇集中包含真实热区中的残基有 H32、H33、H53、H50，同时也包含了三个非热点残基 H31、Y63、Y73。

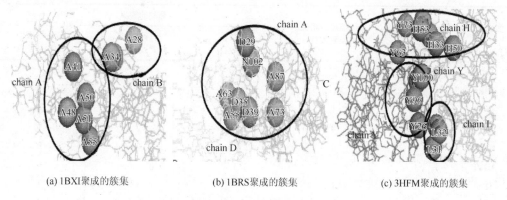

(a) 1BXI聚成的簇集　　　　　　(b) 1BRS聚成的簇集　　　　　(c) 3HFM聚成的簇集

图 4.23　聚类形成的簇集示意图

2. 投票分类器的预测结果

4.5.1 小节介绍了投票分类器，它包括 logistics 回归、KNN 分类以及 Robetta 模型三种不同类型的基分类器，分类结果见表 4.28，三个不同的基分类器和最终的投票分类器在数据集上的预测结果，虽然投票分类器在精确率比 Robetta 模型低 6.3 个百分点，但是投票分类器的召回率和 *F-measure* 却均比其他基分类器高。

表 4.28　各种基分类器与投票分类器在数据集上的预测结果

分类方法	精确率/%	召回率/%	*F-measure*
logistics 回归	72.5	59.8	0.655
KNN 分类	71.4	67.9	0.696
Robetta 模型	84.6	56.8	0.680
投票分类器	78.3	69.3	0.735

为了进一步验证投票分类器的性能，将投票分类器方法与其他已有的预测热点残基的方法进行比对，其中 Guerios 的预测模型 FOLDEF[105]是基于能量进行热点预测的模型，Darnell 的预测模型 KFC[106]、Cho 的预测模型 MINERVA[94]及 Zhang 的预测模型 SVM[118]均是基于特征选择进行热点残基的预测，本节使用 FOLDEF、KFC、MINERVA、SVM 这几种分类方法作为比较的对象，使用相同的数据集，与投票分类器进行对比，预测结果见表 4.29。

表 4.29　各分类方法在相同数据集上的结果比较

模型	精确率/%	召回率/%	F-measure
FOLDEF	59	32	0.41
KFC	74	56	0.64
MINERVA	73	58	0.65
SVM	71	**74**	0.72
Our method	**78**	0.69	**0.74**

从表 4.29 中的比较结果可以看出，本节使用的投票分类器精确率最高，比之前预测精确率最好的模型 MINERVA 的精确率也高出 5%，虽然在召回率上，本节使用的投票分类器比 Zhang 的模型 SVM 大约低 5%，但是 F-Measure 相对于其他分类器，却是最好的，这说明投票分类器的综合性能是最好的。将投票分类器用于已经聚类好的簇集中，能够有效地判别簇集中热点残基，并同时剔除非热点残基，在最大程度上保证了热区中的残基精确度，弥补在聚类中热区中残基精确度低的这一缺陷。

表 4.30　簇集经过投票分类器筛选后的结果

蛋白质复合物	簇集编号	被删除的残基	
		真实非热点残基	真实热点残基
1BXI	1	A28、A33、A34	—
	2	A48	A51、A41
1BRS	1	A60	D35、A73
3HFM	1	Y100	Y96、Y97
	2	H31、Y73、Y63	H32、H33
	3	—	L50

针对聚类形成的簇集，本节在簇集内部使用投票分类器对簇集中的每个残基鉴别分类热点残基与非热点残基，并剔除非热点残基。对于剔除非热点残基后的簇集，若残基个数小于 2 个，则将这种簇集也剔除掉。最终热区的精确率到达 88.9%，同时热区的召回率是80.0%。在预测的热区内部，热点残基的精确率是 86.7%，但是热点残基的召回率只有54.1%，这说明在预测热区的内部，有效的热点残基占全部预测的热点残基 86.7%，但这些有效的热点残基占总的热点残基比重只有 54.1%。表 4.30 所示为 1BXI、1BRS 和 3HFM这三种复合物形成的簇集经过投票分类器筛选后的情况。

通过投票分类器分类后，簇集中的热点残基的占比有所提高。如图 4.24 是 1BXI、1BRS 和 3HFM 这三种蛋白质复合物的簇集在经过投票分类器分类后的初始热区示意图[127]。其中，图 4.24（a）表示 1BXI 在经过投票分类器分类后，仍构成一个簇集，包含 A50、A51 这两个真实的热点残基。图 4.24（b）表示 1BRS 在经过投票分类器分类后，仍构成一个簇集，包含 A59、D39、A102、D39、A87、D29 这五个真实的热点残基。图 4.24（c）表示 3HFM 在经过投票分类器分类后保留下的两个簇集，第一个簇集中含有 H33、H50 这两个真实的热点残基，第二个簇集中包含 L31、L32 这两个真实的热点残基。

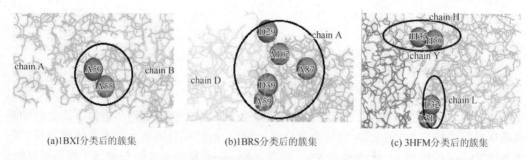

(a)1BXI分类后的簇集　　　　　(b)1BRS分类后的簇集　　　　　(c) 3HFM分类后的簇集

图 4.24　投票分类器分类后的簇集示意图

4.6　基于轮廓系数和 K-means 聚类的蛋白质相互作用热区预测

4.6.1　K-means 算法

本节设计一种基于残基配位数优化策略的 K-means 聚类方法。为了避免 K-means 算法本身需要提前设置簇集数目 k 的缺点，利用计算轮廓系数来优化 k 值，同时利用残基配位数对聚类后的热区进行优化。该方法称为基于残基配位数优化和改进 K-means 的热区预测方法（residue coordination number optimization and improved K-means，RCNOIK）[128]。

K-means 聚类算法是一种分裂聚类算法，该算法将所有对象划分到不同的簇集中，每个簇集中的对象具有相似性，即对象之间的距离最小，从而达到组内点到中心的平方和，即簇内平方和（within-cluster sum of squares，WCSS）最小的目标。假设 x 为给定的一组聚类对象，$\boldsymbol{S}=\{S_1, S_2, \cdots, S_k,\}$ 表示 k 个划分，μ_i 是 S_i 的中心，则 WCSS 被定义为

$$WCSS = \sum_{i=1}^{k} \sum_{x \in S_i} \| x - \mu_i^2 \| \tag{4.8}$$

K-means 聚类的处理流程可以分成以下五个步骤。

步骤 1：确定簇集的个数 k。

步骤 2：随机从蛋白质数据集中选择 k 个蛋白质残基作为簇集的中心。

步骤 3：计算簇集中心与每个蛋白质残基之间的距离。

步骤 4：根据蛋白质残基与簇集中心的距离，对蛋白质残基所位于的簇集进行调整，从而确保距离簇集中心最近的蛋白质残基能被划分到正确的簇集中。

步骤 5：重复以上步骤，直到每个簇集包含的蛋白质残基不再发生变化。

4.6.2　基于轮廓系数的 k 值优化

K-means 算法的效率较高，但缺点也很明显，不仅聚类前需要指定簇的个数，而且簇

的中心也会影响聚类的结果。聚类精度的高低取决于以下两个方面。

（1）在同一个簇中，数据对象的相似度大小，即距离的大小。簇内距离越小，说明相似程度越高，聚类的结果就越理想；反之，簇内距离越大，说明相似程度越低，聚类的结果就越不理想。

（2）不同簇之间的相异性，即分离度。簇间距离越大，说明分离度越大，聚类的结果就越好；反之，簇间距离越小，说明分离度越小，聚类的结果就越差。

为了提高聚类的效果，需要同时考虑簇内对象的相似度和簇间的分离度，通过计算每个数据对象的平均轮廓系数对 K 值进行优化，从而获得最优的 K-means 聚类效果。则轮廓系数被定义为

$$Silhouette(x) = [b(x) - a(x)] / \max[b(x), a(x)] \tag{4.9}$$

式中：$a(x)$ 为对象 x 到所有与它在同一个簇中的其他点的平均距离；$b(x)$ 为对象 x 到所有与它不在同一个簇的对象的最小平均距离。如果 $Silhouette(x)$ 小于 0，说明聚类效果不好；当 $Silhouette(x)$ 值接近 1，说明簇内对象的相似度和簇间的分离度都相对较优，聚类结果较好。

基于轮廓系数的 K 值优化算法的基本思路如下。为了保证每一轮 K 值的收敛性，每轮 K 值需要进行 M 次迭代（M 的取值设置为经验值 30）。在每轮迭代中，根据当前 K 的取值，将蛋白质残基分为 K 个簇，随机为每个簇指定一个聚类中心，计算每个簇中所有残基与聚类中心的空间距离，并将观察点标记为距离最大的残基标记，计算观察点与其他簇中心的空间距离。随后，将观察点放入与其距离最小的簇中，完成一轮迭代过程。在每次迭代过程中，依次计算每个簇的轮廓系数值 $Silhouette$，如果 $Silhouette$ 大于当前 Max_SC，说明当前聚类优于前期得到的聚类，可以将结果进行替换，用最新的 $Silhouette$ 替换 Max_SC，同时标记 Max_SC_K 为当前 K 值。直至所有 K 值遍历完成后，获得最大轮廓系数 Max_SC，以及对应的最优 K 值 Max_SC_K。

基于轮廓系数的 K 值优化算法步骤如下。

输入：蛋白质残基
输出：最大轮廓系数 Max_SC 及对应的 Max_SC_K

初始化：
　　　定义 K 取值范围 $[2, \cdots, 10]$
　　　轮廓系数最大值 Max_SC
　　　轮廓系数最大值对应的 K 值 Max_SC_K
开始：
　　　for K=2 to 10
　　　　　for i=1 to M　//为保证分类的稳定性,重复 M 次计算,M 的经验值为 30
　　{　　　将残基划分位 K 个簇,记为 N[1],N[2],……,N[K];
　　　　　　对于每一个簇 N[x],随机选择聚类中心点;
　　　　　　计算聚类中心与簇 N[x] 中所有元素的空间距离;

　　　　　　将距离最大的点标记为观察点；

　　　　　　计算观察点与其余簇中心的空间距离

　　　　　　并将观察点放入距离最小的簇中；

　　　　　　计算 N[1],N[2],……,N[K] 的轮廓系数平均值 *Silhouette*；

　　　　　　如果 *Silhouette*＞*Max_SC*，则：

　　　　　　　　　　Max_SC=Silhouette

　　　　　　　　　　Max_SC_K=K

　　　　　}

　　　　　　返回最大轮廓系数 *Max_SC* 及对应的 *Max_SC_K*

结束

---

1. 残基配位数优化

　　在蛋白质的空间结构中，存在若干基于距离的测量，例如残基的接触数目、邻接残基的数目和残基的配位数。邻接残基是蛋白质结合面相互作用的基础，在聚集簇结构中占有重要地位，为蛋白质结合面的构建提供支持。残基的配位数是邻域残基的总数，由于热点残基趋向于在蛋白质结合面的一个或多个相同区域聚集，热点残基的平均配位数较高。用平均配位数作为识别热点或热区的优化条件，则残基配位数定义为

$$CN_i = \sum_{j=1}^{RN} Contact_{ij} \qquad (4.10)$$

式中：*RN* 为残基的总个数；*Contact*$_{ij}$ 为第 *i* 个残基 r_i 和第 *j* 个残基 r_j 之间的连接关系。基于残基配位数优化和改进的 K-means 的热区预测方法 RCNOIK 如下。首先，计算残基的平均轮廓系数 Silhouette 获得最优的 *K* 值。然后，采用 K-means 算法获得最初的热区 *C*。接着，判断热区 *C* 中的每个残基节点 r_i，如果 r_i 是非热点残基，则将残基 r_i 加入删除集合 **DSet**。最后，计算每对残基节点 r_i 和 r_j 的连接关系，根据残基配位数 CN_i 判断删除集合 **DSet** 中的残基节点 r_i 是否要回收到热区中。

输入：蛋白质残基

输出：优化后的热区 *Best_C*

初始化：

　　　　将所有残基标注为未处理状态；

开始：

　　　　计算残基的平均轮廓系数 *Silhouette* 获得最优的 *K* 值；

　　　　采用 K-means 算法获得最初的热区 *C*；

　　　　对于热区 *C* 中的每个残基节点 r_i

　　　　　　如果残基 r_i 是非热点残基

　　　　　　　　将残基 r_i 加入删除集合 **DSet**；

对于热区 C 中的每对残基节点 r_i, r_j

如果 $Location(r_i, r_j) \leqslant 1$

$Contact_{ij}=0;$

否则,如果 $Distance(r_i, r_j) \leqslant 6.5$　then

$Contact_{ij}=1;$

对于删除集合 **DSet** 中的每个残基节点 r_i

如果残基配位数 $CN_i = \sum_{j=1}^{RN} Contact_{ij} > 5.0$

将残基 r_i 从 **DSet** 中删除，添加到热区 C 中；

返回优化后的热区 $Best\_C$；

结束

2. 实验结果

结合残基配位数优化和 K-means 的方法对 3.3 节表 3.1 中的 ASEdb3 数据集进行验证。下面对数据集中三个蛋白质复合物 1A22、1FCC 和 3HFM 的实验过程进行详细说明。首先，计算平均轮廓宽度值来确定最优的聚类个数 K，当平均轮廓宽度值最大时，K 的值是最优的。图 4.25 是三个复合物在不同 K 值下的平均轮廓宽度曲线图，从图中可以看出，当 K 等于 2 时，1A22 和 1FCC 能获得最大的平均轮廓宽度，其中 1FCC 的平均轮廓宽度值已超过 0.70。而当 K 值取 3 时，3HFM 的平均轮廓宽度值接近 0.60，达到最大。

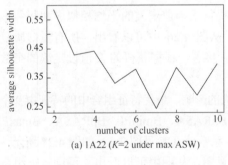

(a) 1A22 (K=2 under max ASW)

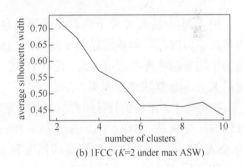

(b) 1FCC (K=2 under max ASW)

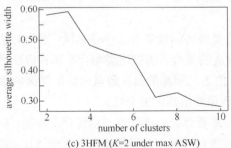

(c) 3HFM (K=2 under max ASW)

图 4.25　不同 K 值的平均轮廓宽度曲线图（1A22、1FCC 和 3HFM）

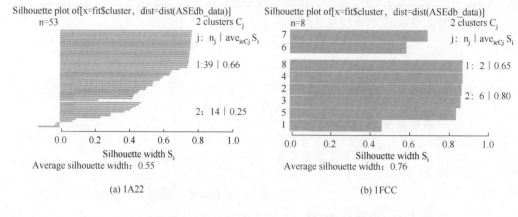

(a) 1A22　　　　　　　　　　　　　　　　　(b) 1FCC

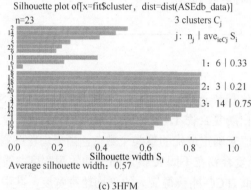

(c) 3HFM

图 4.26　最优 K 值下的聚类轮廓信息（1A22、1FCC 和 3HFM）

图 4.26 为最优 K 值下的聚类轮廓信息，它提供了当前聚类的平均相似度和相邻聚类的平均相似度之间的差别以及平均轮廓的宽度。从图 4.26 中可以看出，所有蛋白质复合物的平均轮廓宽度都超过 0.5，其中 1FCC 最大。接着，根据获得的 K 值设定簇的个数，使用 K-means 算法进行聚类。

在实验中，不同的特征组合对聚类结果有很大的影响，最优特征组合中的特征由 9 个特征构成，分别是：BsRASA、BsASA、BsmDI、BnRASA、BminPI、BpRASA、BmaxPI、BpASA 和 BnASA，这九个特征的精度和 Kappa 系数值（参见图 3.3）如图 4.27 所示。

图 4.28 是在 9 个不同特征组合下的聚类示意图，从图中可以看出，不同特征组合下产生不同的簇集。

值得注意的是，通过聚类获得的簇集并非全是热区，因为有些簇集中的热点个数少于 3 个，基本全是由非热点构成的集合，所以这类集合不能构成热区。表 4.31 列出了其中 6 个蛋白质复合物在最优 K 值下，预测的热区数量和标准热区的数量。从表中可以看出，通过 K-means 方法可以正确预测出热区的个数。

为了获得更好的结果，需要对聚集进行进一步优化。首先，剔除非热点残基，再根据残基配位数回收簇集周围的热点残基，若残基配位数大于 5.0，则将其标记为热点并予以回收，预测结果见表 4.32 和表 4.33。

组成最优特征子集的特征性能

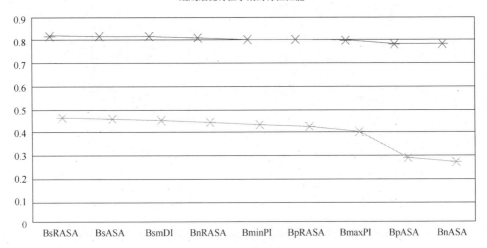

图 4.27　聚类中的最优特征组合

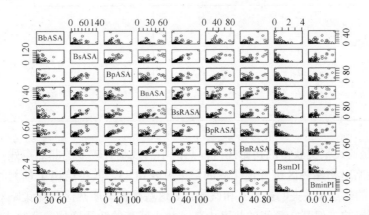

(a) 1A22

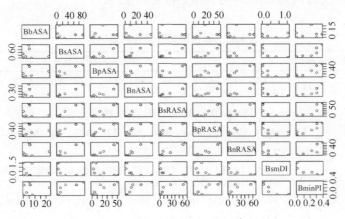

(b) 1FCC

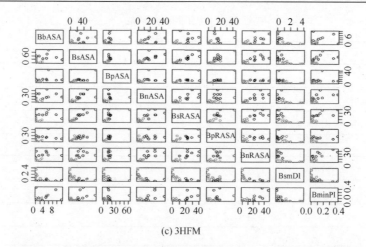

(c) 3HFM

图 4.28　不同特征组合得到的聚类示意图（1A22、1FCC 和 3HFM）

表 4.31　最优 K 值下预测的热区数量以及和标准热区的对比

PDB ID	优化的 K 值	预测的热区数量	标准热区数量
1A22	2	1	1
1BRS	2	1	1
1BXI	2	1	1
1FCC	2	1	1
1JRH	2	1	1
3HFM	3	3	3

表 4.32 是通过聚类获得的初始热区，热区中的残基有较多的非热点残基。通过残基配位数优化策略对初始热区进行优化后的结果见表 4.33，其中给出了预测的热区中的热点、未预测出的热点（丢失的热点）和假热点。这些数据表明热区优化策略对预测出的热区的个数没有影响，但是在预测的热区内部，热点残基的数量增加，非热点的数目减少，预测出来的簇集更接近真实情况，与标准热区更为接近。

表 4.32　通过聚类获得的初始热区

PDB ID	热区编号	残基个数	预测的热区中的残基
1A22	1	14	A172、A175、A178、B243、B365、B369、A164、A167、A168、A171、A174、A176、B244、B271
1BRS	1	7	A59、A102、D29、D35、D39、A60、D76
1BXI	1	14	A33、A34、A41、A50、A51、A55、A23、A27、A29、A30、A37、A38、A48、A49
1FCC	1	6	C25、C27、C28、C31、C35、C43
1JRH	1	21	L27、L28、L30、L91、L92、L93、L94、L96、H52、H53、H58、H95、H100、I47、I49、I51、I52、I53、I54、I82、I84
3HFM	1	14	H31、H32、H33、H50、H53、H58、Y15、Y21、Y63、Y89、Y93、Y100、Y101、L53
	2	6	L31、L32、L50、Y73、Y75、L96
	3	3	Y20、Y96、Y97

表 4.33　通过残基配位数优化后的热区

PDB ID	热区编号	预测的热区中的热点	未预测出的热点	假热点
1A22	1	A172、A175、A178、B243、B365、B369	B304	A48
1BRS	1	A59、A102、D29、D35、D39	A73、A87	—
1BXI	1	A41、A50、A51、A55	—	—
1FCC	1	C27、C31、C43	C35	C25
1JRH	1	L92、H52、H53、I47、I49、I52、I53、I82	—	L94
3HFM	1	H32、H53、H50	H33	L96
	2	Y20、Y96、Y97	—	—
	3	L31、L32、L50	—	H31

表 4.34 显示了不同方法预测热区的性能比较结果。从结果可以看出，Tuncbag 方法的结果具有很高的精确率（100%），但召回率较低（20%），此外，精确率和召回率之间的平衡性能 F-score（0.33）较差。本节提出的 RCNOIK 方法的平衡性能 F-score（0.83）优于 DICFC 方法的 F-score（0.74），优于 Tuncbag 方法的 F-score（0.33）和 Nan 方法的 F-score（0.49）。与 DICFC 方法和 Nan 方法相比，RCNOIK 方法的精确率（80%）和召回率（82%）都有所提高。RCNOIK 方法可以成功地预测 80%的真实热区，且 82%的预测热区是自然热区。此外，RCNOIK 方法与 LCSD 方法[126]相比，其在精确率和 F-score 上略有所提高，但召回率比 LCSD 方法低一个百分点。综上所述，RCNOIK 方法在一定程度上对热区预测是有效的，表现出了较高的精确率和良好的性能。

表 4.34　不同方法预测热区的性能比较

方法	精确率/%	召回率/%	F-score
Tuncbag	1	0.20	0.33
Nan	0.67	0.40	0.49
DICFC	0.78	0.70	0.74
LCSD	0.78	0.83	0.80
RCNOIK	0.80	0.82	0.83

图 4.29 展示了复合物 3HFM 的三维热区空间结构，该图体现出 H 链、L 链和 Y 链之间的相互作用。预测出的热点残基形成三个区域，分别呈现在图（a）、图（b）和图（c）。图中可以看出，在天然热区中有 10 个热点残基，其中 9 个残基（H32、H53、H50、Y20、Y96、Y97、L31、L32、L50）可以通过优化策略正确预测。但是，一个热点残基（H33）被判断为非热点，并且从热点区域移除。此外，还有 2 个残基（L96、H31）本身是非热点残基却被预测为热点残基。

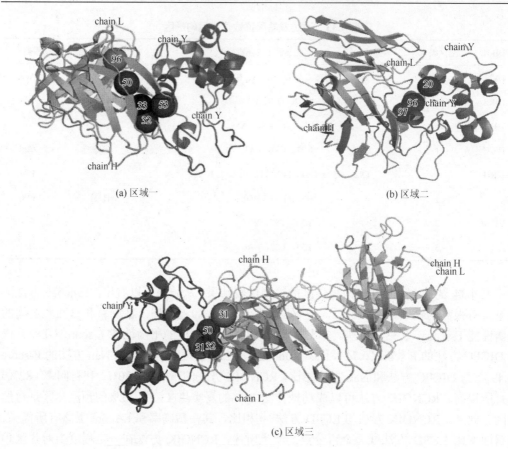

(a) 区域一　　　　　　　　　　　　　　　(b) 区域二

(c) 区域三

图 4.29　基于 RCNOIK 算法的复合物 3HFM 的热区空间结构

4.7　蛋白质相互作用热区预测优化策略

簇集中的残基经过预测算法过滤后，所得到的热区中的热点残基的召回率较低。本节针对该问题，提出并设计多个优化策略进行进一步提取和筛选。

4.7.1　热点回收策略

簇集中的残基经过预测算法过滤后，所得到热区中热点残基的召回率较低，可以采用局部社区探测算法对探测到的热区进行优化[126]。每个经过聚类后的簇集网络均可被看作一个无向图 $G = (V, E)$，其中 V 表示网络 G 中所有残基的集合，E 表示网络 G 中所有残基对应边的集合。下面介绍热点回收策略中用到的相关概念。

1. 残基的配位数

一个残基的邻居节点的个数称为该节点的配位数。节点的配位数与其对应的复杂网络中边的个数相对应。本节定义一个临界距离 7.5Å，两个在肽链中不相邻的氨基酸节点的 C^a

原子之间的距离小于临界距离，则定义这两个节点为邻居节点，即一条长度为 n 的肽链，对于其中的第 $i(1<i<n)$ 个残基而言，其 i-1 和 $i+1$ 个残基都不能称为它的邻居节点。第 i 个残基与第 j 个残基之间的联系定义如下：

$$Contact_{i,j} = \begin{cases} 0, |i-j| \leqslant 1 \\ 1, |i-j| > 1 \ and \ d_{i,j} \leqslant 7.5 \text{Å} \end{cases} \tag{4.11}$$

式中：$d_{i,j}$ 表明第 i 个残基和第 j 个残基中 C^a 原子之间的距离。残基 i 的配位数计算如下：

$$CN_i = \sum_{j=1}^{res} Contact_{i,j} \tag{4.12}$$

2. 社区模块化标准 R

Chen 等[107]利用局部社区模块化标准 R，通过贪婪最大算法来探测具有一定数量的节点的局部社区。Chen 等提出的局部社区模块化标准 R 的公式如下所示：

$$R = \frac{B_{in}}{B_{in} + B_{out}} \tag{4.13}$$

式中：B_{in} 指连接簇集边界的节点和簇集内部其他节点的配位数；B_{out} 指连接簇集边界的节点和簇集外部节点的配位数。

使用局部社区探测算法，只需要知道少数中心点，便可以快速通过 R 值探测出相应距离内的社区。多次试验结果表明，最终的社区中剔除配位数小于等于 4 的残基，会有效增加预测精度。因此本节使用该方法对热点残基进行回收。局部社区探测算法实施步骤如下。

输入：预测的簇集 **H**；
输出：簇集 **H** 所在的社区 C；

第一步：将 **H** 中的热点残基放入 C 中；
第二步：如果 C 中的某个残基的一个邻居残基放入 C 中，使得 C 的 R 得到最大增加，则将该邻居残基加入 C 中；
第三步：重复第二步，直到没有残基加入热区后可以提升热区的 R 值；
第四步：将 C 作为 **H** 所在的社区；
第五步：将 C 中的配位数小于等于 4 的残基剔除掉；
第六步：返回优化后的 C。

经过 4.5 小节的 KDBSCAN 算法和投票分类器后，热区中的热点残基的召回率降至 54.1%，这说明在分类过程中误剔除一部分真实的热点残基，因此需要相关的热点残基回收算法将误剔除掉的真实热点残基以及之前可能没有正确聚到簇中的热点残基进行回收，以提高预测热区中热点残基的召回率。

　　本节采用热点回收策略,对簇集周围未被划分进的真实热点残基进行回收。实验表明,最终优化后的预测热区精确率为 88.9%,同时预测热区的召回率也保持在 80.0%。在预测的热区内部,热点残基的精确率有 70.9%,同时热点残基的召回率也有 79.2%。相对于投票分类器模型的结果,经过热点回收后,虽然预测热区内部的热点残基精确度下降了 15.8%,但是预测热区内的热点残基的召回率上升了 25.1%,其 F-measure 相对于投票分类器的结果要高出 8.2%,进一步说明热点回收策略的必要性。表 4.35 显示了 1BXI、1BRS 和 3HFM 这三种复合物经过热点回收策略后的结果,主要包括在回收过程中真正回收的热点残基以及误回收的假热点残基。

表 4.35　簇集经过热点回收策略后的结果

蛋白质复合物	簇集编号	回收的残基	
		真实热点残基	真实非热点残基
1BXI	1	A51、A41	A48
1BRS	1	D35、A73	A60
3HFM	1	L50	——
	2	H53	Y97、Y100

　　簇集经过热点回收策略后,形成的簇集便构成了最终的预测热区。通过图像形式展现热点回收策略对热区的优化过程。图 4.30 展示是的是 1BXI、1BRS 和 3HFM 三种蛋白质复合物最终预测热区的示意图。图 4.30 (a) 表示蛋白质复合物 1BXI 最终预测热区的示意图,图中有一个最终热区,热区中包含了 5 个残基:A40、A50、A51、A55、A48,其中 A48 为非热点残基。图 4.30 (b) 表示蛋白质复合物 1BRS 最终预测热区的示意图。图中有一个最终热区,热区中包含了 8 个残基:A59、A102、D39、A87、D29、D35、A60、A73,其中 A60 为非热点残基。图 4.30 (c) 表示蛋白质复合物 3HFM 最终预测热区的示意图。图中有两个最终热区,热区一中包含了 3 个残基:L31、L32、L50,全部为真实的热点残基;热区二中包含了五个残基:H33、H50、H53、Y97、Y100,其中 Y97、Y100 为非热点残基。

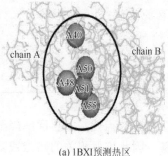 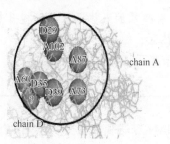 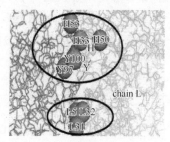

(a) 1BXI预测热区　　　　　　　(b) 1BRS预测热区　　　　　　　(c) 3HFM预测热区

图 4.30　最终预测热区的示意图

4.7.2　邻居残基优化策略

本节针对基于密度聚类和特征分类算法的热区预测结果,利用邻居残基的特性对其进行进步的优化[121, 123]。

1. 邻居残基优化原则

如果一个蛋白质残基的 C^α 原子与另一个残基 C^α 原子的距离小于 6.5Å,那么就称这个残基是另一个残基的邻居残基[28]。在蛋白质相互作用的界面上,热点残基比非热点残基聚集得更加紧密。热点残基周围的邻居残基比非热点残基周围的更稠密,因此可以利用邻居残基的这个特性来进一步地剔除预测热区中的非热点残基。与残基 i 的 C^α 原子的距离小于设定的阈值,称之为邻居残基,但是与残基 i 相邻的 2 个残基(即对于残基 i 来说,$i+1$ 和 i-1)不计算在内。因此定义第 i 个残基和第 j 个残基的残基接触为:

$$Contact_{ij} = \begin{cases} 0 & if\ |i-j| \leqslant 1; \\ 1 & if\ |i-j| > 1\ and\ d_{ij} \leqslant 6.5\text{Å}; \end{cases} \tag{4.14}$$

式中:$d_{i,j}$ 表示第 i 个残基与第 j 个残基 C^α 原子之间的距离,残基 i 的邻居残基的数目由下面的公式算出:

$$NN_i = \sum_{j=1}^{res} Contact_{ij} \tag{4.15}$$

式中:NN 表示邻居残基的个数,res 表示蛋白质链上的残基数目。因为界面残基的邻居残基不仅存在于自身所在的这条链,也存在于与之发生相互作用的链,计算邻居残基的时候这两条链都需要计算在内。

在热区的定义中,一个热区至少包括 3 个热点残基,界面上 3 个热点残基才能够形成聚类簇。Keskin[28]的研究表明,如果热点的数量较高,那么它们更有可能形成集群,达到5 个残基时出现一个稳定的值,这个值反映了热点残基拥有的邻居的平均数量。根据热点与非热点残基的邻居残基数据的分析与比对,结果显示热点残基的平均邻居残基的个数是5,而非热点残基的邻居残基的数目通常小于 5。因此这里采用阈值为 5 来区分热点残基和非热点残基。如果蛋白质残基 i 的邻居残基的个数大于或者等于 5,认为这个残基是真正的热点残基,于是在热区预测的结果中保留这个残基。反之,如果蛋白质残基 i 的邻居残基的个数小于 5,此时再检查残基 i 所有的邻居残基,如果在这些邻居残基中至少有 1 个是预测的热点残基,那么认为残基 i 更倾向于是热点残基,于是在热区预测的结果中保留这个残基;如果残基中没有预测的热点残基,都是非热点残基,那么认为这个残基更倾向于是非热点残基,于是从预测结果中去除这个残基。具体的公式如下:

$$NN_i \begin{cases} \geqslant 5\ retain\ i; \\ < 5 \begin{cases} retain\ i & if\ hotspot \in Set\{N_i\}; \\ remove\ i & if\ hotspot \notin Set\{N_i\}; \end{cases} \end{cases} \tag{4.16}$$

式中：NN_i 表示残基 i 的邻居残基的个数；$\{NN_i\}$ 是残基 i 的邻居残基的集合。这里把没有进行邻居残基优化的预测方法称为 DC（density clustering），把利用邻居残基对密度聚类进行优化的方法简称为 DCNR（density clustering and neighbor residues）。

2. 邻居残基优化算法

邻居残基优化算法流程图如图 4.31 所示。

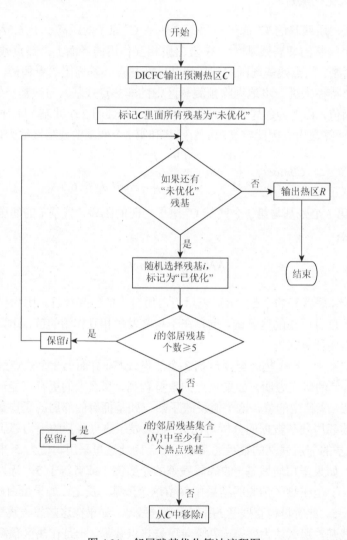

图 4.31　邻居残基优化算法流程图

邻居残基优化算法是在已经通过 4.4 节中介绍的 DICFC 输出预测热区的 **C** 的基础上，标记集合 **C** 里面的所有残基为"未优化"，随机选择一个"未优化"的残基 i，标记 i 为"已优化"，如果残基 i 的邻居残基的个数大于等于 5，那么保留残基 i。如果残基 i 的邻居残基的个数小于 5，但是残基 i 的邻居残基集合 $\{N_i\}$ 中至少有一个热点残基，那么也保

留残基 i。否则从集合 C 中移除残基 i。直到所有残基都被优化时结束，最后输出热区 R。

采用 DICFC 方法在 SKEMPI 数据集上进行测试。分别用 DC 和 DCNR 两种方法做预测，表 4.36 是 DC 的热区预测结果，表 4.37 是 DCNR 的热区预测结果。

表 4.36　DC 的热区预测结果

复合物	热区	热区中的残基
1A22	1	（A168）（A18）（B306）（B418）
1BRS	2	（D35）（A59）（A102）（D39）（A27）
1CHO	3	（I17）（I18）（I20）（I21）
1DAN	4	（T17）（T18）（T20）（U106）（U133）（T61）
1DVF	5	（B52）（B54）（B98）（D98）（A32）
1EMV	6	（A33）（A50）（A54）（B74）（B86）（A55）
1JRH	7	（I47）（I49）（I52）（I53）（L92）（L93）（L94）
1JTG	8	（A105）（A107）（A110）（B50）（B53）（B112）（B142）（B148）（B36）（B162）
1VFB	9	（A92）（A93）（B100）（C121）（B99）（C19）
2G2U	10	（B50）（B53）（B73）（B142）（B36）
3HFM	11	（H33）（H50）（H53）（H98）（Y96）（Y97）（Y100）（L96）（L31）（L32）（L50）（Y20）

表 4.37　DCNR 的热区预测结果

复合物	热区	热区中的残基
1BRS	1	（D35）（A59）（A102）（D39）
1CHO	2	（I17）（I18）（I20）（I21）
1DAN	3	（T17）（T18）（T20）（U106）（U133）
1DVF	4	（B52）（B54）（B98）（D98）（A32）
1EMV	5	（A33）（A50）（A54）（B74）
1JRH	6	（I47）（I49）（I52）（I53）（L92）（L93）（L94）
1JTG	7	（A105）（A107）（A110）（B53）（B112）（B148）（B36）
1VFB	8	（C121）（B99）（C19）
3HFM	9	（H33）（H50）（H53）（H98）（Y96）（Y97）（Y100）（L96）（L31）（L32）（L50）（Y20）

表 4.38 为邻居残基优化热区预测结果与其他方法比较的结果，其中每一列的最大值以粗体显示。Tuncbag[129]的方法是利用理化属性和结构保守倾向性预测热区，本节的 DICFC 方法是基于密度聚类和特征分类的蛋白质热区预测结合邻居残基特征优化。从结果可以看出，对于热区的预测，DC 和 DCNR 都能正确预测出 13 个标准热区中的 8 个（热区的召回率＝62%），Tuncbag 的方法只能预测出 13 个热区中的 4 个（热区的召回率＝31%）。在 DC 和 DCNR 两种方法中进行比较，进行了邻居残基优化后的 DCNR 方法结果各项指标均高于没有进行残基优化的 DC 方法。这说明邻居残基优化能够有效地提高热区预测的精确率。

在热区中热点预测方面，DCNR、DC 和 Tuncbag 方法的召回率分别是 46%，51%和 13%，这说明提出的 DCNR 和 DC 两种方法都能预测出大部分的热区中的热点，Tuncbag 的方法预测出的热区中的热点却没有超过 20%。这里 DCNR 方法的召回率在进行完邻居残基优化后从 51%降到了 46%，是因为在优化的过程中，在假阳性被去除的过程中一些真阳性也被去除了，但是因为去除的假阳性远远多于真阳性，所以残基优化后热区预测的召回率和总体的预测精确率都有所提高。

DCNR 方法能预测出标准热区中 46%的热点，并且这些热点中有 65%的预测热点是存在于标准热区中的真正的热点。与之相反的，Tuncbag 的方法有很高的预测精确率，但是其召回率太低只有 13%。从以上分析可以看出，这里提出的两种方法 DC 和 DCNR 综合的热区预测效果均比 Tuncbag 的方法要好，并且利用邻居残基特性对热区预测结果进行优化的方法进一步提高了热区预测的精确率。

表 4.38　邻居残基优化热区预测结果与其他方法比较

方法	热区中的热点			热区		
	召回率/%	精确率/%	F-measure	召回率/%	精确率/%	F-measure
Tuncbag[49]	13	60	0.21	31	80	0.45
DC	51	51	0.51	62	73	0.67
DCNR	46	65	0.54	62	89	0.73

从数据集中随机抽取两个蛋白质复合物实例来对这几种方法的预测结果做一个比较说明，如图 4.32 和图 4.33 所示。其中在复合物 1BRS 中，绿色的链代表 A 链，蓝色的链代表 D 链。在复合物 1JTG 中，绿色的链代表 A 链，蓝色的链代表 B 链。与预测相关的残基用球体表示，红色表示正确预测的热点残基，黄色表示没有预测出来的热点残基，蓝色表示错误预测的热点残基。每一个球体上面的数字代表该蛋白质残基号。

在蛋白质复合物 1BRS 的 A 链和 D 链相互作用中，标准热区中有 8 个热点残基，分别是（A59）、（A58）、（D35）、（A102）、（D39）、（A87）、（D29）和（A73）。DCNR 和 DC 方法都能正确的预测出其中的 4 个热点残基，分别是（D35）、（A59）、（A102）和（D39）。残基（A27）是一个假阳性残基，通过邻居残基优化，在 DCNR 的结果中去除了这个假阳性残基，从而提高了热区预测的精度。三种方法都能正确预测三个残基热点：（A102）、（D35）和（D39），说明这三个残基组成的紧密的热区对蛋白质复合物的功能及稳定性起重要的作用。

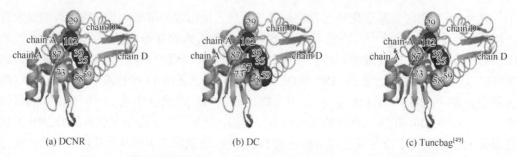

(a) DCNR　　　　　　　　　　(b) DC　　　　　　　　　　(c) Tuncbag[49]

图 4.32　邻居残基优化中不同方法在复合物 1BRS 上的可视化预测结果

在蛋白质复合物 1JTG 的 A 链和 B 链相互作用中，标准热区中有 9 个热点残基，分别是（B41）、（B36）、（B53）、（B74）、（B112）、（B148）、（B150）、（B160）和（B162）。DC 方法能正确预测出其中的 5 个热点，分别是（B53）、（B112）、（B148）、（B36）和（B162）。而 DCNR 方法能正确预测出其中的 4 个热点，分别是（B53）、（B112）、（B148）和（B36）。这里，虽然 DCNR 方法正确预测的热点数还比 DC 少一个，但是经过了邻居残基优化，错误预测的热点数从 DC 方法的 5 个降到 DCNR 方法的 3 个，因此总体的预测精度还是得到了提高。在这个复合物上，Tuncbag 的方法预测出的 3 个残基均是错误的热点残基。在这三种方法中，热点残基（B41）、（B74）、（B150）和（B160）均没有被预测出，表明这 4 个残基的突变可能会造成蛋白质复合物的不稳定。

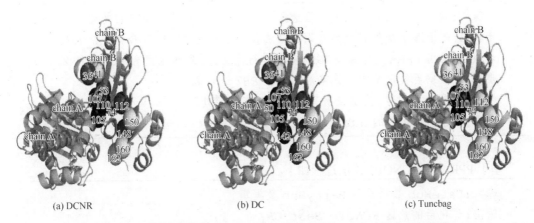

(a) DCNR　　　　　　　　　　(b) DC　　　　　　　　　(c) Tuncbag

图 4.33　邻居残基优化中不同方法在复合物 1JTG 上的可视化预测结果

4.7.3　PPRA 优化策略

基于对势和相对可及表面积（pair potentials and relative ASA，PPRA）的热区优化策略，是利用蛋白质的对势（pair potentials，PP）和相对可及表面积对预测方法进行优化。研究表明，热点残基和非热点残基的生物属性和物理属性非常不同，比如：疏水性、可及表面积、配电位、溶剂等。实验证明残基的对势大于等于 18.0 且相对可及表面积（relative ASA，RASA）小于等于 20.0 时可以协助区分热点残基和非热点残基。本节利用这些特性对热区预测方法做进一步优化，并将其应用于预测 Hub 蛋白质相互作用结合面上的热区结构。

在许多空间折叠以及相互作用结合问题中，会使用势能这个特征，残基 i 的连接势能可定义为

$$PP(i) = \left| \sum_{j=1}^{n} potential(i,j) \right|, \qquad d(i,j) \leqslant 7.0 \tag{4.17}$$

式中：$potential(i,j)$ 为残基 i 和残基 j 的连接势能；$d(i,j)$ 为两个残基中心间的距离。

蛋白质残基在复合物状态和单体状态下的 ASA 通过 PSAIA 方法计算获得。复合物中

第 i 个残基的相对 ASA 定义为

$$RComASA_i = \frac{ASA\,in\,Complex_i}{maxASA_i} \times 100 \qquad (4.18)$$

式中：$maxASA_i$ 为一个残基在三肽状态中最大的 ASA。

本节采用 LCSD 算法[129]和 RCNOIK 算法（参见 4.6.2 节），结合 PPRA 优化策略对 Hub 蛋白质结合面上的热区进行预测和比较。

基于 PPRA 的 LCSD 算法过程如下。

输入:DateHub 数据集和 PartyHub 数据集
输出:优化后的热区 LCSD_Best_CHᵢ

步骤 1:利用基于相关系数的特征选择方法对数据集中的残基进行处理；
步骤 2:采用基于聚类的边界点识别算法获得预测出的热区集合 LCSD_RH1；
步骤 3:采用 PPRA 对结果 LCSD_RH1 进行优化,得到热区集合 LCSD_RH2；
步骤 4:根据丢失残基优化策略对 LCSD_RH2 进行优化；
步骤 5:重复第 4 步,直到没有新的丢失残基需要处理；
步骤 6:输出优化后的 Hub 蛋白质热区 LCSD_Best_CHᵢ。

基于 PPRA 的 RCNOIK 算法过程如下。

输入:DateHub 数据集和 PartyHub 数据集
输出:优化后的热区 RCNOIK_Best_CHᵢ

步骤 1:利用基于相关系数的特征选择方法对数据集中的残基进行处理；
步骤 2:计算残基的距离平方和及平均轮廓值,获得最优的 K 值；
步骤 3:采用 K-means 聚类方法获得预测出的热区集合 RCNOIK_RH1；
步骤 4:采用 PPRA 对结果 RCNOIK_RH1 进行优化,得到热区集合 RCNOIK_RH2；
步骤 5:根据 RCNO 策略对 RCNOIK_RH2 进行优化；
步骤 6:输出优化后的 Hub 蛋白质热区 RCNOIK_Best_CHᵢ。

表 4.39 显示了在优化之前 LCSD 方法和 RCNOIK 方法在 DateHub 和 PartyHub 数据集上预测热区的结果。采用基础评价标准,对两个方法在两个数据集上的性能进行评价。

表 4.39　两种方法在 DateHub 和 PartyHub 上的热区预测性能（优化前）

数据集	方法	精确率/%	召回率/%	F-Score
DateHub	LCSD	58	54	0.56
	RCNOIK	64	54	0.59
PartyHub	LCSD	48	51	0.49
	RCNOIK	51	51	0.51

　　从结果可以看出,两个方法在 DateHub 数据集上的召回率比 PartyHub 数据集上的高,这与 DateHub 更容易出现热区相吻合。此外, LCSD 和 RCNOIK 方法在两个数据集上的召回率虽然都相等,但从精确率上观察,RCNOIK 略高于 LCSD 方法,其中 RCNOIK 方法在 DateHub 数据集上的精确率（64%）最高,而且平衡性能 F-Score 也较好。

　　表 4.40 显示了通过优化后的热区预测结果。其中,两个方法在优化后从三个指标上均获得了提升。尤其基于 PPRA 的 RCNOIK 优化后的 PPRA_RCNOIK 方法在 PartyHub 数据集的精确率上提升了 38 个百分点,说明该方法在两个数据集上的都能较为准确的预测热区。而且,在 DateHub 数据集上预测出来的热区要比在 PartyHub 数据集上的多,两个方法的召回率都提高到 70%。从综合性能上看,PPRA_RCNOIK 方法在 DataHub 数据集上的预测效果最好（*F-Score* = 0.78）。为了进一步分析预测的热区,下面以 PPRA_RCNOIK 方法在 DataHub 数据集上的预测为例,选取几个蛋白质复合物的预测结果进行说明。

表 4.40　基于 PPRA 优化的热区预测性能（优化后）

数据集	方法	精确率/%	召回率/%	*F-Score*
DateHub	PPRA_LCSD	78	70	0.74
	PPRA_RCNOIK	**89**	**70**	**0.78**
PartyHub	PPRA_LCSD	73	62	0.67
	PPRA_RCNOIK	**89**	62	0.73

表 4.41　蛋白质复合物 1A0A 和 1E9G 优化前的预测结果

PDB ID	预测的热区中的真热点	未预测出的热点	预测出的假热点
1A0A	A16、A19、A49、A52、A53、B16、B29、B52、B53	A20、A23、A46、A50、A56、B23、B43、B46、B49、B50	A22、A43、A47、A57、B13、B19、B22、B28、B42、B47、B54、B57
1E9G	A51、A52、A90、A279、A281、B51、B90	A84、A87、A178、A181、B52、B84、B87、B178、B181、B279	A82、A126、A127、A128、A184、A278、B82、B16、B128、B179、B180、B278、B281、B283

　　表 4.41 和表 4.42 是采用 RCNOIK 方法对 DateHub 数据集中的复合物 1A0A 和 1E9G 优化前后的结果。从表 4.41 中可以看出,热区中有很多热点残基丢失,存在非热区中。同时,有较多的假热点被预测到热区中。从表 4.42 中可以看出,通过 PPRA 优化后,有一部分丢失的热点残基被回收,而且能够剔除较多的非热点残基。

表 4.42　蛋白质复合物 1A0A 和 1E9G 通过 PPRA 优化后的结果

PDB ID	回收的热点	未回收的热点	回收的假热点	假热点
1A0A	A23、A46、A50、A56、B49、B50	A20、B23、B43、B46	A43、A47、B19、B22、B28、B47、B54、B57	A22、A57、B13、B19、B42
1E9G	A87、A178、A181、B84、B87、B178	A84、B52、B181、B279	A82、A126、A127、A184、A278、B16、B180、B281、B283	A128、B82、B128、B179、B278

为了更直观地观察预测的热区情况,给出了复合物 1A0A 和 1E9G 的三维空间结构图,如图 4.34 所示,不同的颜色表示不同的链,不同的形状表示链的类型不同。

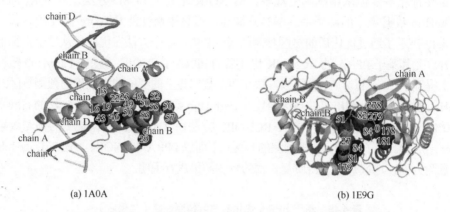

(a) 1A0A   (b) 1E9G

图 4.34　DateHub 蛋白质 1A0A 和 1E9G 的三维热区空间结构

从图 4.34(a)中可以看出,1A0A 由四条链 A 链、B 链、C 链和 D 链组成,其中 A 链和 B 链是主链(main chain),C 链和 D 链是侧链(side chain),相互作用出现在主链上,因此,热点和热区出现在 A 链和 B 链上。红色球是预测的热区,与自然热区完全相同,通过优化后,预测出 15 个热点。蓝色球是自然界中真正的热点残基,但却被判断为非热点,从图中可以看到热区中有 4 个真实热点(A20、B23、B43、B46)被误判为非热点。橙色球表示预测的假热点残基,在预测出的热区结构中出现了 5 个假热点(A22、A57、B13、B19、B42)。图 4.34(b)中的 1E9G 由两条主链 A 链和 B 链组成,没有侧链,其中有 4 个真热点(A84、B52、B181、B279)被误判为非热点,5 个非热点(A128、B82、B128、B179、B278)被预测成热点。从这两个三维空间结构图中可以看出,Hub 蛋白质中的大部分热点和热区能够被正确预测出来。尽管如此预测精度还有提升的空间。

4.8　基于序列保守性的热区验证方法

生物实验的复杂性和长周期性,使得生物实验验证热区耗时耗力,这里介绍一种基于序列保守性的热区验证方法[132]。在蛋白质残基保守性方面,很多研究表明,无论是序列[133]还是结构特征[91],界面残基和其他表面残基在保守性方面差异不大,但是热点比起其他的表面残基在结构和序列上更保守[134-135],因此,热区在不同的物种中是有较强的保守性的。

蛋白质热区的研究是较新的研究领域,其研究内容远不及蛋白质相互作用中热点的研究透彻,至今还没有系统的热区保守性验证方法。对热点残基的保守性研究,无论从序列还是结构方面都有较多的研究,但是对于热区的保守性研究,特别是不同代表性物种之间的保守性研究还相对较少,而且热区的保守性也比单个热点的保守性要复杂。一般来说,单个热点残基是相对保守的,但是对于由多个热点形成的一个组合是否保守不仅是要看这个组合的保守性得分是否要高于其他残基的组合,同时还要看这个组合比若干次随机组合保守性得分高的概率。

本节提出一种基于序列保守性的热区验证方法,将模块替换矩阵(blocks substitution matrix,BLOSUM)应用于构建蛋白质热区保守性得分函数,并且在 ASEdb 和 SKEMPI 两个数据库上进行验证。

探测蛋白质热区在不同物种间的序列保守性,大致有以下几个步骤。

(1)找到蛋白质复合物中每一个基因对应的可变剪切体,通过可变剪切体,找到每一个基因在不同物种中的直接同源基因。

(2)将所有的直接同源基因与目标基因进行多序列比对。

(3)用构造的得分函数对每一个热区进行打分,计算热区相对于相互作用界面上其他区域的保守倾向性。

4.8.1　直接同源基因

蛋白质复合物是由两个或多个蛋白质复合而成的,复合物结晶的过程中,有一些序列片段被剪掉。因为在 PDB 数据库得到的蛋白质序列不一定是完整的基因序列,所以要通过 PDB 里面形成蛋白质复合物的每一个基因的 UniPort ID 找到这个基因完整的可变剪切体序列。在 UniPort 数据库中,如果存在某一个基因对应的多条可变剪切体,需要通过多序列比对找到与这个基因最相似的可变剪切体序列作为这个基因的完整可变剪切体。

直接同源基因(orthologous gene)是有共同祖先的基因,并且由这个共同的祖先垂直进化下来。如果某个物种的祖先在进化过程中分化产生了两种新的物种,那么在这两个新物种中共同具有的并且是来自于祖先物种的基因就称之为直接同源基因。在生物功能调控中,编码必需的酶或关键性的调控蛋白的基因一般都是直接同源基因。直接同源基因具有进化速度慢、功能相对保守、序列变化速度与进化距离相当等特征。

OrthoMCL-DB[137-138]是一个直接同源基因数据库,基于序列的相似性,OrthoMCL 能将一组蛋白质(比如全基因组的蛋白质)归类到 ortholog groups、in-paralogs groups 和 co-orthologs。OrthoMCL-DB 包含了很多蛋白质,这些蛋白质来自一些已经完全测序的真核或原核生物的基因组。OrthoMCL-DB 将这些蛋白质进行了聚类,分成很多的 ortholog groups。2011 年 5 月 31 日,OrthoMCL-DB 发布了第 5 版,包含 124740 个 ortholog groups、1398546 个蛋白质及 150 个基因组。

OrthoMCL 算法如下。

(1)将多个蛋白质组转换成 OrthoMCL 兼容的 FASTA 文件;

(2)移除低质量的序列;

(3)阈值为 1^{e-5} 的多对多的基本局部比对搜索 BLASTP。即使用这些蛋白质组的蛋白质序列构建 BLAST 数据库,再将所有的这些序列和数据库进行 BLASTP 比对,取 evalue 小于 1^{e-5} 的比对结果;

(4)通过匹配长度百分比过滤。计算比对结果的匹配长度百分比(所有匹配序列中比对上序列的长度之和/两条序列中短的那条序列的长度),取 50%的阈值;

（5）寻找不同物种间倾向性直接同源基因对（两两物种的蛋白质序列相互是最佳匹配）；寻找同一物种内间接同源基因（相互之间是最佳匹配，即对于 2 个序列之中的任意一条序列，和其内间接同源基因序列之间的期望值小于等于这条序列和其他物种比对的期望值）；

（6）根据上一步结果寻找共同直接同源基因（由直接同源基因和内间接同源基因连接的配对，并且配对之间的 E-value 值低于 1^{e-5}）；

（7）对所有的配对进行 E-values 的正则化，以利于下一步 MCL 的计算；

（8）将所有的直接同源基因，内间接同源基因和共同直接同源基因，以及它们的标准化后的 weight 值输入到 MCL 程序中，来进行聚类分群。

这里 pairs 的期望计算：配对的两条序列相互对比后有两个期望值，这两个值常常不相等。但是为了计算需要，于是配对之间的两个期望值要通过一个计算，得到配对权值，权值 = （$-\log_{10}$（期望）+ $-\log_{10}$（期望 2））/2。配对的期望的标准化按下面两种情况处理。

（a）对于内间接同源基因，在某一个基因组中，取两条序列中任意一条序列有直接同源基因的内间接同源基因为有效内间接同源基因。若在这个基因组没有这样的配对，则该基因组所有的内间接同源基因都为有效的内间接同源基因。直到取得所有基因组中所有有效的内间接同源基因，然后取这些有效内间接同源基因的权值的平均值。最后，每个内间接同源基因的 E-value 标准化后的值为其权值除以平均权值；

（b）对于直接同源基因或共同直接同源基因对，求所有权值的平均值，然后使用各个配对的权值除以平均权值，则将其标准化了。

通过上述算法能够得到每一个可变剪切体的聚类群，进而能得到这个基因的同源基因在 150 种代表性物种中的分布状况。在这 150 个代表物种中，很有可能在某一个物种中存在多于一个的直接同源基因，然而通常是用一个直接同源基因来代替一个物种，可以采用构造进化树来研究这几条基因序列，找到离目标基因最近的那个基因序列来代替这个物种。

4.8.2 保守性得分函数

生物功能的发现和分子结构特征都可以在序列中得到体现，不同氨基酸序列中相同或相似的保守性模块通常可以反映生物功能的保守性及变化规律。通过分析这些序列保守的模块，可以推测生物物种在进化中的保守性与结构和功能的联系。

保守性模块需要通过序列比对得到，序列比对是通过一条序列与另一条或者与另外多条序列进行的双序列比对或多序列比对。这里，将两条序列写成两行进行对准，相似的氨基酸残基被放置在同一列，不同的氨基酸残基的对准原则一种是对应一个间隔，一种是作为一个错配，错配和间隔的设置原则是应尽可能地使相同的氨基酸垂直对齐。

通过上面的步骤，可以得到每一个可变剪切体在不同物种中的直接同源基因，并且通过进化树，可以使得某一个物种由一条基因序列来代表，然后使用 Bioper[139-140]和 Clustal[141]方法，用可变剪切体作目标基因，与其他物种中的多条序列进行多序列比对。

在得到蛋白质热区在不同物种间所有直接同源基因的多序列比对结果之后，这里通过构造保守性得分函数，对蛋白质热区的保守性进行打分，然后计算每一个热区相对于相互作用界面上其他区域的保守倾向性。

　　对于给定的蛋白质序列，得分矩阵主要用于记录在做序列比对时两个相对应的残基的相似度。得分矩阵主要有两种，第一种就是可接受点突变矩阵（point accepted multation，PAM），另一种就是 BLOSUM[136]。BLOSUM 与 PAM 矩阵的不同之处在于蛋白质家族及多肽链数目不一样，用于产生矩阵的蛋白质家族及多肽链数目 BLOSUM 的数目大约是 PAM 的 20 倍。所有的 BLOSUM 矩阵都是基于能观察到的比对，它们不是像 PAM 矩阵一样从类似密切相关的蛋白质推测出来的。

　　本节选择 BLOSUM 矩阵来构造得分函数。这里使用的是 BLOSUM62 矩阵，BLOSUM62 是以相似度 62% 得到的模块替换矩阵，如图 4.35 所示。BLOSUM 矩阵是一个氨基酸序列比对的替换矩阵，它可以对在进化上不同的蛋白质多序列比对进行打分。它是基于局部的比对并且针对蛋白质家庭中的每一个保守区域扫描 BLOCKS 数据库，计算氨基酸和它们替换可能性的频率，然后计算 20 多种标准氨基酸的 210 种可能替换对的概率得分。

　　利用 BLOCKS62 构造一个适用于热区的得分矩阵。在氨基酸序列中的第 i 个热点残基突变成了直接同源基因序列中的第 j 个基因，在 BLOSUM62 矩阵会有一个相应的得分值，称这个值为 score$\{i,j\}$。这里 i 是热点残基在氨基酸序列中的位置，j 是对应的同源基因的位置。首先把第 i 列的所有得分 $score\{i,j\}$ 累加起来作为这个位点的保守性得分，然后再把热区中所有位点的保守性得分累加起来作为这个热区的保守性得分，具体的公式如下：

$$Hot\,region\_score = \sum_{i=1}^{N}\cdots\cdots\sum_{j=1}^{K}score\{i,j\} \tag{4.19}$$

式中：K 是直接同源基因的个数；N 是热区中热点残基的个数。

```
#    Matrix made by matblas from blosum62.iij
#     * column uses minimum score
#    BLOSUM Clustered Scoring Matrix in 1/2 Bit Units
#    Blocks Database = /data/blocks_5.0/bolcks.dat
#    Cluster Percentage: ≥ 62
#    Entropy = 0.6979，Expected = −0.5209
```

	A	R	N	D	C	Q	E	G	H	I	L	K	M	F	P	S	T	W	Y	V	B	Z	X	*
A	4	-1	-2	-2	0	-1	-1	0	-2	-1	-1	-1	-1	-2	-1	1	0	-3	-2	0	-2	-1	0	-4
R	-1	5	0	-2	-3	1	0	-2	0	-3	-2	2	-1	-3	-2	-1	-1	-3	-2	-3	-1	0	-1	-4
N	-2	0	6	1	-3	0	0	0	1	-3	-3	0	-2	-3	-2	1	0	-4	-2	-3	3	0	-1	-4
D	-2	-2	1	6	-3	0	2	-1	-1	-3	-4	-1	-3	-3	-1	0	-1	-4	-3	-3	4	1	-1	-4
C	0	-3	-3	-3	9	-3	-4	-3	-3	-1	-1	-3	-1	-2	-3	-1	-1	-2	-2	-1	-3	-3	-2	-4
Q	-1	1	0	0	-3	5	2	-2	0	-3	-2	1	0	-3	-1	0	-1	-2	-1	-2	0	3	-1	-4
E	-1	0	0	2	-4	2	5	-2	0	-3	-3	1	-2	-3	-1	0	-1	-3	-2	-2	1	4	-1	-4
G	0	-2	0	-1	-3	-2	-2	6	-2	-4	-4	-2	-3	-3	-2	0	-2	-2	-3	-3	-1	-2	-1	-4
H	-2	0	1	-1	-3	0	0	-2	8	-3	-3	-1	-2	-1	-2	-1	-2	-2	2	-3	0	0	-1	-4
I	-1	-3	-3	-3	-1	-3	-3	-4	-3	4	2	-3	1	0	-3	-2	-1	-3	-1	3	-3	-3	-1	-4
L	-1	-2	-3	-4	-1	-2	-3	-4	-3	2	4	-2	2	0	-3	-2	-1	-2	-1	1	-4	-3	-1	-4
K	-1	2	0	-1	-3	1	1	-2	-1	-3	-2	5	-1	-3	-1	0	-1	-3	-2	-2	0	1	-1	-4
M	-1	-1	-2	-3	-1	0	-2	-3	-2	1	2	-1	5	0	-2	-1	-1	-1	-1	1	-3	-1	-1	-4
F	-2	-3	-3	-3	-2	-3	-3	-3	-1	0	0	-3	0	6	-4	-2	-2	1	3	-1	-3	-3	-1	-4
P	-1	-2	-2	-1	-3	-1	-1	-2	-2	-3	-3	-1	-2	-4	7	-1	-1	-4	-3	-2	-2	-1	-2	-4
S	1	-1	1	0	-1	0	0	0	-1	-2	-2	0	-1	-2	-1	4	1	-3	-2	-2	0	0	0	-4
T	0	-1	0	-1	-1	-1	-1	-2	-2	-1	-1	-1	-1	-2	-1	1	5	-2	-2	0	-1	-1	0	-4
W	-3	-3	-4	-4	-2	-2	-3	-2	-2	-3	-2	-3	-1	1	-4	-3	-2	11	2	-3	-4	-3	-2	-4
Y	-2	-2	-2	-3	-2	-1	-2	-3	2	-1	-1	-2	-1	3	-3	-2	-2	2	7	-1	-3	-2	-1	-4
V	0	-3	-3	-3	-1	-2	-2	-3	-3	3	1	-2	1	-1	-2	-2	0	-3	-1	4	-3	-2	-1	-4
B	-2	-1	3	4	-3	0	1	-1	0	-3	-4	0	-3	-3	-2	0	-1	-4	-3	-3	4	1	-1	-4
Z	-1	0	0	1	-3	3	4	-2	0	-3	-3	1	-1	-3	-1	0	-1	-3	-2	-2	1	4	-1	-4
X	0	-1	-1	-1	-2	-1	-1	-1	-1	-1	-1	-1	-1	-1	-2	0	0	-2	-1	-1	-1	-1	-1	-4
*	-4	-4	-4	-4	-4	-4	-4	-4	-4	-4	-4	-4	-4	-4	-4	-4	-4	-4	-4	-4	-4	-4	-4	1

图 4.35　BLOSUM62 得分矩阵

　　下面在序列中随机地选择与热区中热点个数相同的 N 个位点，按照上述公式计算这个包含 N 个位点的区域的保守性得分。用程序随机选择 1000000 次，记录下保守性得分大于热区保守性得分的次数 M。用 $E\text{-}value$ 值来表示热区的保守倾向性，如果在这随机的 1000000 次选择中，保守性得分大于热区的保守性得分的次数 M 小于 10000，这就说明由 N 个热点组成的热区比其他 N 个位点组成的区域要更加保守些，那么就认为这个热区在不同物种中是保守的。如果 M 大于 100000，那么热点就是不保守的。如果 M 在 10000～100000，就判定热区是中度保守的。

$$E\text{-}value = \frac{M}{1000000} \tag{4.20}$$

4.8.3　实验结果与分析

　　本节的实验使用 ASEdb 数据集和 SKEMPI 数据集，目的是研究这两个数据集中的热区在不同的物种中是否保守。为了说明实验的整个过程，这里以复合物 1A22 为例进行展示。

　　1. 找到蛋白质复合物中每一个基因对应的可变剪切体

　　在蛋白质数据库 PDB 里面找到复合物 1A22 的 A 链和 B 链的基因分别是 GH1（*GROWTH HORMONE*）和 GHR（*GROWTH HORMONE RECEPTOR*），然后分别记录这两个基因在 Uniport 知识库中的 id 号。通过基因 GH1 的 id 号 P01241 找到其 5 个可变剪切体如图 4.36。然后对这 5 个可变剪切体与 PDB 里面的蛋白质序列进行相似性比对，以相似度最高的第一个候选可变剪切体（isoform-1）作为 GH1 的可变剪切体。

```
>1A22:A|PDBID|CHAIN|SEQUENCE
FPTIPLSRLFDNAMLRAHRLHQLAFDTYQEFEEAYIPKEQKYSFLQNPQTSLCFSESIPTPSN
REETQQKSNLELLRISLLLIQSWLEPVQFLRSVFANSLVYGASDSNVYDLLKDLEERIQTL
MGRLEDGSPRTGQIFKQTYSKFDTNSHNDDALLKNYGLLYCFRKDMDKVETFLRIVQCRS
VEGSCGF|


>sp:isoform-1|P01241|SOMA_HUMAN Somatotropin OS=Homo sapiens GN=GH1 PE=1 SV=2
MATGSRTSLLLAFGLLCLPWLQEGSAFPTIPLSRLFDNAMLRAHRLHQLAFDTYQEFEEAY
IPKEQKYSFLQNPQTSLCFSESIPTPSNREETQQKSNLELLRISLLLIQSWLEPVQFLRSVFAN
SLVYGASDSNVYDLLKDLEEGIQTLMGRLEDGSPRTGQIFKQTYSKFDTNSHNDDALLKN
YGLLYCFRKDMDKVETFLRIVQCRSVEGSCGF


>sp:isoform-2|P01241-2|SOMA_HUMAN Isoform 2 of Somatotropin OS=Homo sapiens
GN=GH1
MATGSRTSLLLAFGLLCLPWLQEGSAFPTIPLSRLFDNAMLRAHRLHQLAFDTYQEFNPQT
SLCFSESIPTPSNREETQQKSNLELLRISLLLIQSWLEPVQFLRSVFANSLVYGASDSNVYDL
LKDLEEGIQTLMGRLEDGSPRTGQIFKQTYSKFDTNSHNDDALLKNYGLLYCFRKDMDK
VETFLRIVQCRSVEGSCGF
```

>sp:isoform-3|P01241-3|SOMA_HUMAN Isoform 3 of Somatotropin OS=Homo sapiens
GN=GH1
MATGSRTSLLLAFGLLCLPWLQEGSAFPTIPLSRLFDNAMLRAHRLHQLAFDTYQEFEEAY
IPKEQKYSFLQNPQTSLCFSESIPTPSNREETQQKSNLELLRISLLLIQTLMGRLEDGSPRTG
QIFKQTYSKFDTNSHNDDALLKNYGLLYCFRKDMDKVETFLRIVQCRSVEGSCGF

>sp:isoform-4|P01241-4|SOMA_HUMAN Isoform 4 of Somatotropin OS=Homo sapiens
GN=GH1
MATGSRTSLLLAFGLLCLPWLQEGSAFPTIPLSRLFDNAMLRAHRLHQLAFDTYQEFEEAY
IPKEQKYSFLQNPQTSLCFSESIPTPSNREETQQKSNLELLRISLLLIQSWLEPVQIFKQTYSK
FDTNSHNDDALLKNYGLLYCFRKDMDKVETFLRIVQCRSVEGSCGF

>sp:isoform-5|P01241-5|SOMA_HUMAN Isoform 5 of Somatotropin OS=Homo sapiens
GN=GH1
MATGSRTSLLLAFGLLCLPWLQEGSAFPTIPLSRLFDNAMLRAHRLHQLAFDTYQEFNLEL
LRISLLLIQSWLEPVQFLRSVFANSLVYGASDSNVYDLLKDLEEGIQTLMGRLEDGSPRTG
QIFKQTYSKFDTNSHNDDALLKNYGLLYCFRKDMDKVETFLRIVQCRSVEGSCGF

图 4.36　5 个可变剪切体

2. 通过可变剪切体，找到每一个基因在不同物种中的直接同源基因

通过 isoform-1 和 OrthoMCL 算法，能够得到基因 GH1 在不同物种中的同源基因的分布，如图 4.37 所示[121]。这里不同的颜色代表分别代表不同的生物门类，如图 4.37 所示[121]：

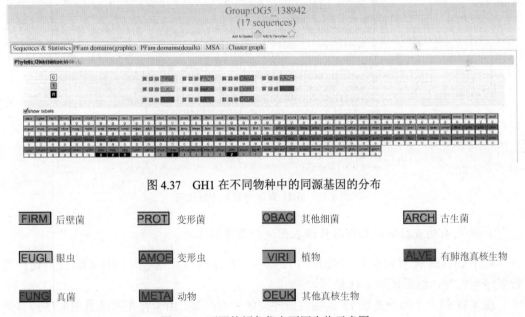

图 4.37　GH1 在不同物种中的同源基因的分布

FIRM 后壁菌　　　PROT 变形菌　　　OBAC 其他细菌　　　ARCH 古生菌

EUGL 眼虫　　　AMOE 变形虫　　　VIRI 植物　　　ALVE 有肺泡真核生物

FUNG 真菌　　　META 动物　　　OEUK 其他真核生物

图 4.38　不同的颜色代表不同生物示意图

在图 4.39 中[121]，显示数字的方格是 0 表示这个物种中没有 GH1 的同源基因，数字 1 表示这个物种中有 1 个 GH1 的同源基因，数字 2 表示这个物种中有 2 个 GH1 的同源基因。可以看出，基因 GH1 的直接同源基因全部分布在动物门中 12 个不同物种中，其中斑马鱼、

红鳍东方鲀、青斑河豚、人类和黑猩猩中都有 2 个直接同源基因,褐家鼠、小鼠、短尾负鼠、猕猴、狼、马和原鸡中有 1 个直接同源基因。对于同一物种中有 2 个或多个基因的情况,在后面的多序列比对中,通常是 1 个基因代表 1 个物种,因此这里采取绘制进化树(phylogenetic tree)的方法(绘制参数分别是 Joining Tree,Bootstrap,No. of differences,Pairwise deletion)来删除离目标基因 GH1 进化关系较远的同源基因。进化树如图 4.40 所示[121],这里最上面的三角形后面是目标基因 GH1,下面不同深浅度的圆点代表同一种物种中的不同基因,通过删除同一种颜色深浅度的圆点中离目标基因较远的 5 个基因,最终得到 12 个基因代表 12 个物种。

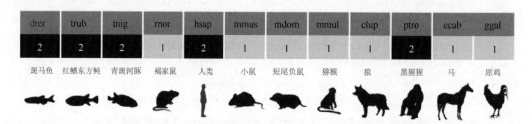

图 4.39　GH1 的直接同源基因在不同物种中的分布图

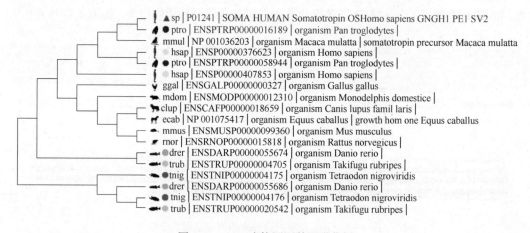

图 4.40　GH1 直接同源基因进化树

3. 将所有的直接同源基因与目标基因进行多序列比对

使用 Clustal W 对代表 12 个物种的 12 条蛋白质序列与目标基因 GH1 的可变剪切体进行多序列比对,结果如图 4.41 所示[121]。

图 4.41 的上半部分是这 13 条蛋白质序列的比对结果,由于存在两条蛋白质序列与其他的序列非常不同,为了不影响比对结果的准确性,剔除这两条序列后再进行多序列比对,结果显示在图 4.41 的下部分。然后通过 perl 程序[142]定位出复合物 1A22 热区中的热点分别对应在序列中的位置,图中用箭头标注显示。图中每一列的上方如果有小星星标注,表示这个位点是保守的,即在所有其他所有物种中,这个位点的氨基酸都没有改变。从图中

可以看出，3 个热点残基（A 链的 172，175 和 178）中有两个位点在所有物种中是保守的，另外一个位点因为在不同物种中突变的氨基酸不是很多，也接近保守，所以仅从单个热点来看，单个热点在不同物种中是相对保守的，但是把这 3 个热点作为一个整体，想要判定它的保守性就需要利用 4.8.2 节的保守性得分函数。

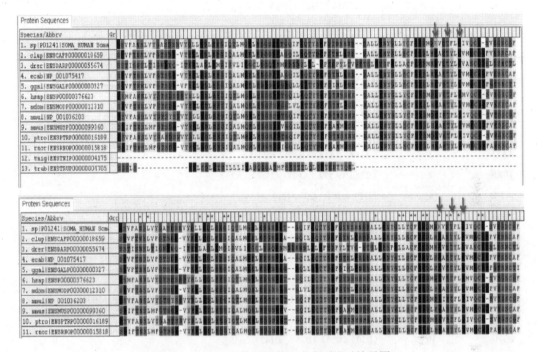

图 4.41   GH1 直接同源基因多序列比对结果图

4. 计算各个区域保守性, 判定热区在不同物种中的保守性

采用构造的得分函数对每一个热区进行打分,计算热区相对于相互作用界面上其他区域的保守倾向性。算出热区的保守性得分,并随机选择 1000000 次 3 个位点组成一个区域,计算这个区域的保守性得分, 记录下保守性得分大于热区保守性得分的次数为 9956 次,根据保守倾向性 *E-value* 等于 9956/1000000。根据不保守的阈值 10000, 9956 小于 10000,所以判定这个热区在不同物种间是保守的。

按照上述步骤,对 ASEdb 和 SKEMPI 两个数据库上的预测热区（表 4.43 和表 4.44）的结果进行验证。

表 4.43   ASEdb 数据集上的预测热区

复合物	热区	热区中的残基
1A22	1	（A21）（B418）（A168）（A175）（A164）（B304）（B369）（B243）
1BRS	2	（A102）（A87）（D29）（D35）（D39）（A59）
1DAN	3	（T18）（T20）（T21）（T58）
1DVF	4	（B98）（B52）（B101）（A32）

续表

复合物	热区	热区中的残基
1GC1	5	（C42）（C40）（C35）
1JRH	6	（L92）（L94）（I49）（I53）（I52）（I47）（H52）
	7	（H31）（H33）（H53）（H50）
3HFM	8	（Y96）（Y97）（Y100）
	9	（L31）（L32）（L50）（Y20）

表 4.44   SKEMPI 数据集上的预测热区

复合物	热区	热区中的残基
1A22	1	（A168）（A18）（B306）（B418）
1BRS	2	（D35）（A59）（A102）（D39）（A27）
1CHO	3	（I17）（I18）（I20）（I21）
1DAN	4	（T17）（T18）（T20）（U106）（U133）（T61）
1DVF	5	（B52）（B54）（B98）（D98）（A32）
1EMV	6	（A33）（A50）（A54）（B74）（B86）（A55）
1JRH	7	（I47）（I49）（I52）（I53）（L92）（L93）（L94）
1JTG	8	（A105）（A107）（A110）（B50）（B53）（B112）（B142）（B148）（B36）（B162）
1VFB	9	（A92）（A93）（B100）（C121）（B99）（C19）
2G2U	10	（B50）（B53）（B73）（B142）（B36）
3HFM	11	（H33）（H50）（H53）（H98）（Y96）（Y97）（Y100）（L96）（L31）（L32）（L50）（Y 20）

在上述步骤中，对于在 UniPortKB 中没有对应 id 的蛋白质残基和在 OrthoMCL 没有直接同源基因的 group，直接去除掉这一部分数据。在 ASEdb 数据集上的实验结果如表 4.45 所示。在 SKEMPI 数据集上的实验结果如表 4.46 所示。表 4.45 和表 4.46 里面的第 5 列的 M 值表示保守性得分大于热区保守性得分的次数。通过计算 E-value 值，得到热区的保守倾向性，如果在随机的 1000000 次选择中，保守性得分大于热区的保守性得分的次数 M 小于 10000，这就说明由 N 个热点组成的热区比其他 N 个位点组成的区域要更加保守，那么就认为这个热点在不同物种中是保守的。如果 M 大于 100000，那么热区就是不保守的，如果 M 为 10000~100000，就判定热区是中度保守的。表 4.47 总结了在两个数据集里保守热区的统计情况。

表 4.45   ASEdb 数据集上热区保守性实验结果

复合物	链	Uniport ID	OrthoMCL Group ID	M 值
1A22	A	P01241	OG5_138942	8369
1A22	B	P10912	OG5_142118	1236
1BRS	A	P00648	OG5_251223	1547

续表

复合物	链	Uniport ID	OrthoMCL Group ID	M 值
1BRS	D	P11540	OG5_172960	5190
1DVF	A	P01635	OG5_128142	32807
1DVF	B	P01820	OG5_136283	79243
1JRH	L	P01837	OG5_143667	92380
1JRH	I	P15260	OG5_147725	659
3HFM	Y	P00698	OG5_132524	20064

表 4.46　SKEMPI 数据集上热区保守性实验结果

复合物	链	Uniport ID	OrthoMCL Group ID	M 值
1A22	A	P01241	OG5_138942	9956
1A22	B	P10912	OG5_142118	3694
1BRS	A	P00648	OG5_251223	618
1BRS	D	P11540	OG5_172960	5199
1CHO	I	P68390	OG5_140618	750
1DVF	A	P01635	OG5_128142	32800
1DVF	D	A0NA69	OG5_161751	102366
1EMV	A	P13479	OG5_206150	4032
1JRH	L	P01837	OG5_143667	56399
1JRH	I	P15260	OG5_147725	948
3HFM	Y	P00698	OG5_132524	20189

表 4.47　ASEdb 和 SKEMPI 数据集上热区保守性统计

	保守	中度保守	不保守
ASEdb	5	4	0
SKEMPI	7	3	1

　　从上述结果可以看出，ASEdb 数据集中 9 个热区中有 5 个是保守的，4 个是中度保守的，没有不保守的。SKEMPI 数据集中 11 个热区中有 7 个热区是保守的，3 个热区是中度保守的，仅有一个热区是不保守的。因此，这两个数据集的结果显示热区在不同物种间是保守的。这个结果验证了所设计的预测算法的健壮性。此外，本章提出的 DICFC 方法预测出的热区确实满足热区的特性，在不同物种间也是保守的。

第 5 章　药物–靶点相互作用预测

5.1　引　　言

药物–靶点相互作用是药物作用于靶点蛋白质并与靶点蛋白质发生相互作用，从而影响靶点蛋白质的药理作用以达到表型效应，这是药物产生药效的前提。药物–靶点的研究具有重要的理论指导意义和实际应用价值。长久以来，新设计和批准的药物不仅数量稀少，治疗疾病的效果也难达预期。其主要原因是大多数疾病的生物系统极其复杂，使得药物–靶点相互作用网络难以构建和处理[84-85]。靶点蛋白质是存在于人体组织细胞内与药物化合物分子相互作用并赋予药物效应的特定蛋白质分子，如酶、G 蛋白偶联受体、离子通道和核受体等。虽然药物与靶点蛋白质之间的已知相互作用的数量一直在增加，但批准药物的靶点蛋白质数量仍然只占人类蛋白质组的一小部分（＜10%）[86]。因此，如何有效识别药物–靶点间的相互作用关系，以此为蛋白质设计提供理论依据[88]，从而辅助药物的重定位[88]、药物的验证[143]和药物副作用的研究[144]，是一项艰巨的任务。

本章主要分析靶点–药物相互作用的现状，介绍相关数据集。在此基础上基于深度学习和 RF 的方法，通过对药物结构数据和靶点蛋白质序列数据的分析，进行相关的实验研究。

5.2　研　究　现　状

5.2.1　基于半监督学习的药物–靶点相互作用研究

确定药物–靶点相互作用（drug-target interaction，DTI）候选是药物重新定位的关键。然而，通常只有正样本被存放在已知的数据库中，缺乏负样本，给预测新的 DTI 的计算方法带来了挑战。为了克服这一困难，研究人员通常从未标记的药物目标对中随机选择负样本，这会引入许多假负样本。

在现有的研究中，监督学习的分类精度和鲁棒性取决于训练数据集，其中负样本和正样本同样重要。但是对于潜在的 DTI 的判别，仅仅利用少量的正样本，而没有负样本（非相互作用的药物–靶标对）很难实现，甚至无法获得判别结果[146-147]。因此，需要从未标记的药物靶点作用对中随机生成负样本。然而，这些未标记的数据集可能既包括正样本，又包含负样本[148]。因此，样本的选择方法与判别模型直接相关[150]，而且提取高度可信的负样本是预测 DTI 的重要步骤。

半监督学习也被用于获取高可信度的负样本，并取得非常好的效果。有研究将未知的

DTI 作为未标记的样本处理，并使用多种方法提取负样本。其中基于正样本无标签学习（positive unlabeled learning，PU-Learning）[151]和目标相似性信息也是常用于负样本的生成过程。PU-Learning 已被广泛应用于有未标记数据的分类。处理未标记样本的策略，可分为以下两大类[152]。一种方法简单地从未标记数据中提取可靠的负样本，并使用正样本和可靠的负样本训练分类器。Spy-EM[153]和 Roc-SVM[154]是两种具有代表性的技术。Spy-EM 方法基于朴素贝叶斯分类器和期望最大化（expectation maximization，EM）算法分类未标记样本。Roc-SVM 方法通过集成 Rocchio 技术和 SVM，对未标记样本进行分类。然而，只有已知的正样本和提取的负样本是可用。因为这两种方法中排除了模棱两可的样本（剩余的未标记样本），所以限制了它们的性能。另一种方法是，除了采用正样本和可靠的负样本，充分利用了模糊样本。采用基于微簇的 PU-Learning [151]从未标记的样本中选择高质量的负样本和仍然不确定的样本进行分类。通过混合全局和局部信息 [152]关注更有效地识别模糊的样本。负样本的生成方法也有待于更深入的研究。

5.2.2　药物–靶点结合亲和力研究

针对由于蛋白质水平异常导致的许多疾病，还存在患者对不同药物的反应取决于基因遗传[155]的因素，很难使用一种药物满足所有患者的病变部位治疗。因此，新药研究需要有效利用从电子数据库中获得的生物信息数据，通过计算方法快速获取候选分子集从而加速药物发现过程。研究统计表明，利用计算平台的预测能够为整个药物发现过程降低约 43%的实验成本[156]。DTI 结合亲和力的鉴定是新药研制过程的关键一步。另外，理解药物与靶点蛋白之间的生物分子识别模式也能够为使用生成模型生成的新药提供有参考价值的信息。

DTI 的研究一直被作为二分类问题处理，即药物与靶点是否相互作用。近年开展了定量预测 DTI 强度值的研究，通过预测 DTI 强度值，比较强度值与阈值大小，进而判定药物与靶点蛋白之间是否可以发生相互作用并且得出在一定置信区间内的相互作用强度值，也可为药物设计提供有价值的参考依据。

药物与靶点的结合亲和力为 DTI 强度提供信息，其经常由解离常数（K_d）、抑制常数（K_i）或者半最大抑制浓度（IC_{50}）值表示。

在 DTI 研究领域，提出了基于分子对接、相似度以及深度学习模型的计算方法。分子对接[157]是一种利用药物与靶点蛋白的 3D 结构特征的基于仿真模拟的方法，但是它不能作用于大规模的数据集。为此，提出了基于相似度的方法 KronRLS[158]和 SimBoost[159]。然而，使用相似度方法也有两个缺陷：首先，在相似空间中的特征表达受限，分子序列中所嵌入的丰富信息被忽略，例如，针对一类需要受测的新分子，该模型使用彼此之间相似性较弱的分子进行表达，降低了预测精准度；其次，该方法采用的相似度矩阵，会受限于训练过程中化合物分子的最大数量。为了克服这些缺陷，Öztürk 等[160]提出一种基于深度学习的模型 DeepDTA，该模型利用一种端对端的卷积神经网络（convolutional neural network，CNN）从原始的药靶生物序列中学习特征表达，然后将全连接层用于药靶结合亲和力预测任务，该模型与之前所提出的方法相比，优势在于利用深度学习模型自动寻找生物序列中有用的特征，免去了特征工程的处理步骤，表现出基于深度学习的模型在该领域的应用潜力。事实上，DeepDTA 模型存在数据表达方式单一的问题，其仅仅利用了基于生物字符的特征表达方式从原始序列中学习特征。Öztürk 团队也提出了基于化学语言的蛋白质序列特征表达方法，使用与相应靶点蛋白能够产生高结合亲和力的配体 SMILES 序列表达靶点蛋白序列特征，该方案表现亦优于 KronRLS 和 SimBoost 算法。他们利用蛋白质原始序列以及特征子序列联合表达靶点蛋白特征，利用配体原始的 SMILES 结构以及配体最大公共子结构联合表达药物，以 n-grams 规则分割生物序列。

　　Öztürk 团队的研究成果主要集中于药物与靶点的数据表示层面，致力于全面地表达药靶特征。事实上，如何更有效地利用特征提取模块从原始的生物序列中发现生物分子之间的潜在联系，也是需要进一步研究的内容。

5.3　数　据　集

5.3.1　DTI 数据集

　　本节使用的数据集来自 KEGG 数据库，Yamanishi 等[161]将四种类型的蛋白质靶标作为标准数据集，它们分别是酶（enzyme）、离子通道（ion channel）、G 蛋白偶联受体（GPCR）和核受体（nuclear receptor）相关的数据。

　　如表 5.1 所示，在酶、离子通道、G 蛋白偶联受体和核受体数据集中，已知药物发生相互作用的数量分别为 445、210、223 和 54；这些数据集中的靶蛋白的数量分别为 664、204、95 和 26；药物和蛋白质之间已知的相互作用的数量分别为 2926、1476、635 和 90。所使用的数据集的正样本是发生相互作用的药物-靶点蛋白质对。

表 5.1　四个标准数据集

数据集	药物	靶点蛋白质	相互作用对数
Enzyme	445	664	2926
Ion Channel	210	204	1476
GPCR	223	95	635
Nuclear Receptor	54	26	90

　　酶是一类催化化学反应的功能性蛋白质。生物细胞中的几乎所有化学反应都需要酶的参与。酶催化被认为是蛋白质与蛋白质，代谢物和药物等小分子相互作用的主要角色。识别 DTI 直接应用于基因组注释、合成化学酶的寻找、药物特异性、杂乱性的预测和药理学等相关的研究具有非常重要的意义。

　　离子通道是膜蛋白的一个大型超家族，离子可通过它穿过膜。离子通道对不可诱导的细胞中的多种生理功能起至关重要的作用，是研究许多疾病的基础。因此，它们是一类重要的靶点蛋白质类。

　　G 蛋白偶联受体超家族是另一种分子靶点蛋白质，具有多种生理活性和潜在的治疗价值。该家族是一种完整的膜蛋白,拓扑结构由 7 个跨膜 α 螺旋、细胞内 C-末端、细胞外 N-末端、3 个细胞内环和 3 个细胞外环组成。

核受体是配体激活的转录因子,可调节多种功能,如体内平衡、繁殖、发育和新陈代谢等。核受体可作为配体激活的转录因子从而起作用。因为核受体可以结合药物设计修饰后的小分子,这些分子与主要疾病(例如癌症、骨质疏松症和糖尿病)相关的控制功能相关,所以核受体在潜在的治疗应用方面是非常重要的药物靶点。据估计,在美国约 13% 的食品药品监督管理局(food and drug administration,FDA)批准药物的分子靶点是核受体。

为了能够验证模型在其他数据集上具有广泛适用性,引入两个测试数据集:HGBI_dataset[88]和 EDTPs_dataset[162]。分别对这些数据做预处理,包括删除空值和异常值等相关处理。取得 DTI 的相互作用对的个数分别为 1856 和 6257;在此基础上,采取随机抽样得到不发生相互作用的对分别为 5568 和 18771。这两个数据集中结构数据和序列数据的获取方式与四个标准数据集相同。

5.3.2　靶点-药物结合亲和力数据集

KIBA[163]和 Davis[164]两个基准数据集已用于一系列药靶结合亲和力研究中。KIBA 数据集起源于一种命名为 KIBA 的方法,其中激酶蛋白抑制剂的生物活性由不同指标 Ki、Kd 和 IC50 组合而成,KIBA 方法利用 Ki、Kd 和 IC50 所包含的统计信息优化一致性来构建 KIBA 得分,为了构建公平的对比实验和提高计算效率,以至少发生 10 次相互作用为标准筛选药靶后得到的 KIBA 数据集为基准数据集,该数据集包含 229 条独立蛋白质序列和 2111 条独立药物 SMILES 序列。Davis 数据集由大规模的带着各自解离常数值(K_d)的相关激酶抑制剂的生物化学选择性化验组成,为了稳定数值分布,原始的 K_d 值被转化为对数空间中的 pK_d 值,转化公式如下:

$$pK_d = -\log_{10}\left(\frac{K_d}{1e9}\right) \tag{5.1}$$

该数据集由 442 条蛋白质序列和 68 条配体序列组成。目前,Davis 数据集规模还比较小,其相互作用对约为 30000 对,相互作用是衡量指标来源之一,这里仅由 K_d 值决定是否相互作用。

KIBA 数据集规模是 Davis 数据集的 4 倍左右,并且在抑制性(即结合亲和力)的衡量指标上纳入多个参考指标,较好地弥补了 Davis 数据集的缺陷。实验数据具体分布见表 5.2。

表 5.2　KIBA 和 Davis 数据集分布

	蛋白质序列	配体序列	相互作用	训练集	验证集	测试集
Davis	442	68	30056	20037	5009	5010
KIBA	229	2111	118254	78836	19709	19709

5.4 基于深度学习的药物-靶点相互作用研究

药物靶点主要包括酶、离子通道、受体、基因位点、转运体、核酸等生物蛋白，品种繁多。四个标准数据集主要针对其中应用最多的四种。研究认为药物和与之对应的靶点之间具备某种亲和力，而且这种亲和力与结构有关。针对同种靶点具备作用的药物分子之间和针对同种药物产生反应的靶点蛋白之间具备某种结构上的相似性。

基于一维结构序列的 DTI 预测，在形式上与自然语言处理（natural language processing，NLP）有相似之处，自然语言的编码方式同样适用于结构序列。NLP 常用编码有 One-hot encoder 和 Label encoder，考虑到结构序列的类型和长度，One-hot encoder 不能直接编码字符串类型，而 Label encoder 对 SMILE 和氨基酸序列具有更好的编码能力。

5.4.1 输入表示

使用 Label encoder 编码，将序列中的不同字符转化为整数作为输入表示。扫描全部药物数据和蛋白质数据，从氨基酸序列中提取 21 个标签，从 SMILES 序列中提取 39 个标签，逐一编号编成序列字典。如：{"#"：1，"%"：2，")"：3，"（"：4，"+"：5，"-"：6，"/"：7，"."：8}是 SMILES 序列字典的一部分。

由于 SMILES 和蛋白质序列有着不同的长度，为了尽可能覆盖更多信息，设定输入数据中 SMILES 序列固定为 100 个字符长度，以保证覆盖 90%以上化合物，氨基酸序列截取为 500 个字符长度，以集中覆盖 80%的蛋白质。大于最大长度的序列将被截断，而较短的序列将被填充为 0。

5.4.2 预测模型

将药靶对预测视为二分类问题，系统架构基于深度学习的卷积网络和 DeepDTA 模型，主要由 5 个部分组成（如图 5.1 所示），分别为：输入层、卷积计算层、ReLU 激励层、池化层和全连接层。

输入层包括编码层和嵌入层，用于将药物 SMILES 序列和氨基酸序列转为矩阵格式作为卷积层的计算输入。具体而言，在编码层通过字典将输入的药靶序列逐个编号，转化为向量，即整型数组格式。例如，当输入 SMILES 序列"CN＝C＝O"，经过编码后可得到向量[22，34，19，22，33]。然后，经由 Embedding layer 将向量与随机权重矩阵结合，生成序列的 $m \times n$ 的词嵌入矩阵，作为下层的输入，这里 m 为输入序列长度，n 为输出维数，此处设为 128 维。

卷积层为双并行独立四层卷积块，基于 keras 一维卷积函数实现，用以在一维输入信号上进行邻域滤波，此处是从一维序列中学习表示。四层卷积的卷积核的数目，即输出的维度逐层加倍，使模型在识别模式方面表现更好。同时，四层卷积的激活函数均设为修正线性单元（rectified linear unit，ReLU），可以使模型实现稀疏，能够更好地挖掘相关特征，拟合训练数据。卷积核的时域窗长度为 4，卷积的步长为 1，且只进行有效的卷积，即对边界数据不处理。

　　经由四层卷积获得特征表示后，提取出的药物和靶蛋白的一维特征分别通过一维最大池化层进行降维，再经过融合层，使得两者的特征矩阵从倒数第 1 个维度开始进行拼接，最终将得到的特性连接到 DeepDTA 块，即三层全连接层嵌套两层 Dropout 层，Dropout层的速率均设为 0.1，用以丢弃部分链接，防止过拟合。最后连接一层全连接层，将输出对药靶对的预测评分，以获得预测结果。这里使用 Adam 优化算法对网络进行训练，默认学习率为 0.001。

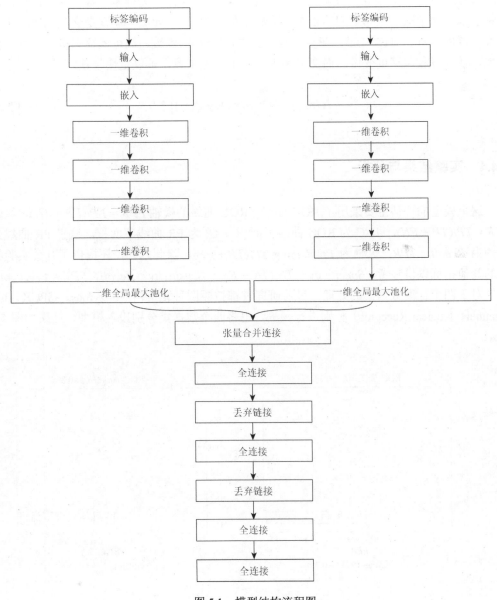

图 5.1　模型结构流程图

5.4.3　优化损失函数

原本的 DeepDTA 方法是用于解决回归问题，其中采用了一种常用的回归损失函数即均方误差（mean squared error，MSE）函数。与分类问题不同，回归问题解决的是对具体数值的预测。以 MSE 为损失的模型目的是模拟输入的分布，会赋予更高的权重给离群点，使得模型更新权重较慢。

问题转化为二分类任务，采用二元交叉熵（binary-cross-entropy）作为损失函数，如公式（5.2）所示，其中 q 为预测向量，p 为实际输出向量，n 为样本个数。交叉熵可以清晰地表示出两个概率分布之间的距离，预测值为概率值。二元交叉熵则是交叉熵针对于二分类问题的特例。对比 MSE，在多分类任务中，MSE 的函数曲线可能存在多个局部平缓区域，使计算收敛速度变慢，而交叉熵则是一个凸型函数，可以更快收敛。

$$H(p,q) = -\sum_{i=1}^{n} p(x_i) \log(q(x_i)) \tag{5.2}$$

5.4.4　实验结果与分析

这里模型的评估主要采用了 ROC 曲线。ROC 曲线的横轴 $FPR = FP/(FP + TN)$，纵轴 $TPR = TP/(TP + FN)$，AUC 为 ROC 曲线下面积。AP 为 PR 曲线下面积，这里 PR 曲线的横轴为 $Recall = TPR$，纵轴为 $Presicion = TP/(TP + FP)$。除此之外，还提供了几个实验结果的其他指标以供参考，$Specificity = TN/(TN + FP)$，$Sensitivity = Recall$，$PPV = Precision$。

对于四个标准数据集的处理，目前研究者都按照四种靶蛋白（enzymes、GPCR、Ion Channel、Nuclear Receptor）分别进行预测，也将四个数据集分别投入模型，结果如图 5.2 所示。

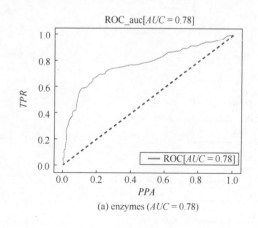
(a) enzymes ($AUC = 0.78$)

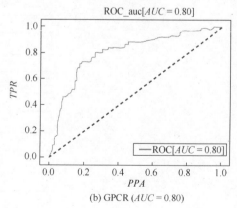
(b) GPCR ($AUC = 0.80$)

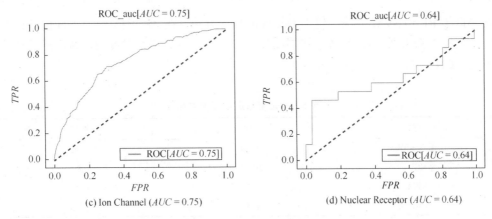

(c) Ion Channel ($AUC = 0.75$) 　　　　(d) Nuclear Receptor ($AUC = 0.64$)

图 5.2　四种靶点蛋白预测结果的 ROC 曲线

由图 5.2 可知，对于大量训练用数据的依赖使得卷积网络（CNN）在面对小样本问题时显得力不从心，但 CNN 具备卷积核共享和自主特征提取的特性，训练取得输入与输出之间的映射关系。为了充分验证 CNN 的预测潜力，针对被等分为 6 份的 4 类数据，从每一类各取一份，重新组合，由此将完整的 4 个标准数据集划分为各类占比均匀的 6 份，同样按 4∶1∶1 划分训练集，验证集和测试集，以万级的数据量重新训练模型。在数据混合，特征模糊的大量数据下，CNN 显示出了它独有的优越性，验证集结果的 ROC 曲线如图 5.3 所示，除此之外，该方法的 $Sensitivity$ 为 0.71，$Specificity$ 为 1.0，PPV 为 0.75。

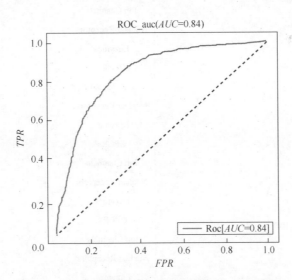

图 5.3　模型对完整数据集的预测结果的 ROC 曲线

在与决策树[167]，RF[102]和 SVM[168]这三个基准分类算法的比对下，CNN 的分类性能不下于基准方法，且对正例的捕捉能力更强。AUC 可以简单地评估二分类模型分类效果的优劣，反映分类器的平均性能，AP 则反映分类器对正例的识别准确程度和对正例的覆盖能力之间的权衡，即分类器在正例上的识别好坏。由表 5.3 可见，在 AUC 指标上，CNN

方法略低于 RF 和 SVM 方法，优于 Decision Tree 方法，在 AP 指标上，CNN 模型远超其他方法。在正例识别上 CNN 模型则具备明显的优势。可见在面对混杂，特征不明显的大数据时，CNN 的准确率更胜一筹。

表 5.3　完整数据集结果对比

方法	AP	AUC
Decision Tree	0.29	0.76
RF	0.34	0.89
SVM	0.31	0.88
CNN	0.81	0.84

最后，将本节的方法与其他预测药靶对的方法进行比较，从表 5.4 可见，在整合数据下得出的 AUC 与分类数据下的结果性能相类，在 AP 指标上则更高，CNN 面对混合数据表现更优。

表 5.4　结果与其他方法的比较

方法	数据集	AP	AUC
Bigram-PSSM[165]	Enzymes	0.55	0.95
	GPCRs	0.28	0.87
	Ion Channels	0.39	0.89
	Nuclear Receptors	0.41	0.87
PAAC[165]	Enzymes	0.35	0.91
	GPCRs	0.26	0.86
	Ion Channels	0.31	0.83
	Nuclear Receptors	0.40	0.85
AM-PSSM[165]	Enzymes	0.22	0.83
	GPCRs	0.27	0.84
	Ion Channels	0.24	0.72
	Nuclear Receptors	0.32	0.77
iDTI-ESBoost[166]	Enzymes	0.68	0.97
	GPCRs	0.48	0.94
	Ion Channels	0.48	0.92
	Nuclear Receptors	0.79	0.93
FRnet-2[168]	Enzymes	0.70	0.98
	GPCRs	0.69	0.95
	Ion Channels	0.49	0.95
	Nuclear Receptors	0.73	0.92
CNN	All	0.81	0.84

通过细分数据类别，能使特征拟合得更好，分类更准确，不过在面对层出不穷的新化

合物、新靶蛋白的情况下，小数据集训练下的模型缺乏泛化能力。

5.5　基于 RF 的药物–靶点相互作用研究

5.5.1　靶点蛋白质特征提取策略

目前，对于靶点蛋白质的描述通常使用两种方法表示：顺序表示和非顺序表示。蛋白质最典型的顺序表示是其氨基酸序列，其中包含最完整的蛋白质信息。对于这样的表示，BLAST 和 FASTA 等相似性搜索算法通常用于寻找两种蛋白质中的相似部分。对于非顺序表示，基于氨基酸序列的离散蛋白质描述符，类似于药物描述符，被设计用于表示该蛋白质的结构信息。蛋白质描述符已广泛应用于蛋白质或蛋白质相关系统，如二级结构预测、蛋白质亚细胞定位预测和蛋白质功能分类等。因此，如何有效提取靶点蛋白质的特征，对于基于这些特征的算法建模，有着非常重要的作用。这里通过组合 CTD 和自相关方法两种靶点蛋白质来介绍特征计算和获取特征过程。

1. 组合 CTD

CTD 是表示蛋白质的氨基酸序列中的氨基酸的组成（C），转变（T）和分布（D）。C 是特定属性（例如疏水性）的氨基酸数除以蛋白质序列中氨基酸的总数；T 表征特定性质的氨基酸跟不同性质的氨基酸相邻的百分比频率；D 表示特定氨基酸的第 25%、50%、75% 和 100% 个在链中的位置。它们可以通过以下方式计算。首先，蛋白质的氨基酸序列被转化为残基的某些结构或物理化学性质的序列。在这项工作中，用 7 个特征属性描述每种蛋白质的物理化学特征（第 3 章的表 3.4 是其中 6 个属性的简化表示），这些特征常被用于蛋白质预测相关问题。在研究中使用的理化属性包括疏水性、标准化范德华体积、极性、极化率、电荷、二级结构和溶剂可及性。因此，对于 7 种不同的氨基酸属性中的每一种，将 20 种氨基酸分成三组。对于每个属性，根据其所属的三个组之一，每个氨基酸被索引"1"，"2"或"3"替换。通过计算，得到 167 个 CTD 特征，见表 5.5。

表 5.5　氨基酸的 CTD 特征

理化属性　　　组编号	1 组	2 组	3 组
疏水性	极性	中性	憎水
	R、K、E、D、Q、N	G、A、S、T、P、H、Y	C、L、V、I、M、F、W
范德华体积	0～2.78	2.95～4.0	4.03～8.08
	G、A、S、T、P、D	N、V、E、Q、I、L	M、H、K、F、R、Y、W
极性	4.9～6.2	8.0～9.2	10.4～13.0
	L、I、F、W、C、M、V、Y	P、A、T、G、S	H、Q、R、K、N、E、D
极化	0～1.08	0.128～0.186	0.219～0.409
	G、A、S、D、T	C、P、N、V、E、Q、I、L	K、M、H、F、R、Y、W

理化属性　　　　　　组编号	1组	2组	3组
电荷	正性 K、R	中性 A、N、C、Q、G、H、I、L、 M、F、P、S、T、W、Y、V	负性 D、E
二级结构	螺旋 E、A、L、M、Q、K、R、H	缕 V、I、Y、C、W、F、T	卷曲 G、N、P、S、D
溶剂可溶性	隐藏 A、L、F、C、G、I、V、W	裸露 R、K、Q、E、N、D	中间 M、S、P、T、H、Y

2. 自相关方法

蛋白质序列自相关方法通过序列中两个靶点蛋白的物理化学属性,描绘了序列中两个靶点蛋白的层次相关性。给定有 L 个氨基酸残基的蛋白质序列 R:

$$R = R_1 R_2 R_3 R_4 R_5 R_6 R_7 \cdots R_L \tag{5.3}$$

式中: R_1 表示在序列第一个位置的氨基酸残基; R_2 表示在序列中第二个位置的氨基酸残基,以此类推。该方法主要包括: 自协方差方法、交叉协方差方法和自动交叉协方差方法。

(1)自动协方差方法描绘序列中两个氨基酸在相同理化性质下的相关性,评价相同理化性质下相隔 lag 距离的两个氨基酸的相关度(详见 4.2.2 节)。

(2)交叉协方差方法描绘序列中两个氨基酸在不同理化性质下的相关性。评价不同理化性质下相隔 lag 距离的两个氨基酸的相关度,见公式(5.4):

$$CC(u_1, u_2, lag) = \sum_{i=1}^{L-lag} (P_{u_1}(R_i) - P_{u_1})(P_{u_2}(R_{i+lag}) - P_{u_2}) / (L - lag) \tag{5.4}$$

式中: u_1、u_2 为两个不同的理化性质, L 是序列长度, $P_{u_1}(R_i)(P_{u_2}(R_{i+lag}))$ 为氨基酸 $R_i(R_{i+lag})$ 在理化性质 $u_1(u_2)$ 下的值, $P_{u_1}(P_{u_2})$ 是整个序列在理化性质 $u_1(u_2)$ 下的平均值。

(3)自动交叉协方差方法同时描绘两个氨基酸在相同和不同理化性质下的相关性。基于自动交叉协方差方法是基于自动协方差和基于交叉协方差方法的组合。

自动协方差方法只考虑了单一的理化性质,计算速度快,效果不错;交叉协方差方法考虑了两个不同的理化性质,时间复杂度高,效果略高于自动协方差方法;自动交叉协方差方法是两者的组合,时间复杂度与交叉协方差方法相当,但是效果比交叉协方差方法略好。

5.5.2　药物特征提取策略

针对药物特征的提取,有几种类型的描述可以用来表示药物化合物,例如:量子化学性质、拓扑、结构和几何等。研究表明，各种分子子结构指纹也可以用于描述药物化合物。因此，为了提取表示药物结构的特征，这里结合子结构指纹和拓扑两种方法计算药物特征。这里以子结构指纹为例，说明药物的特征提取过程。首先，子结构指纹可将分子结构编码成一系列二进制位，代表分子中特定子结构的存在与否。虽然在进行处理时，将整个分子分成大量片段，但这些片段依旧保持药物分子的整体复杂性。另外，这种处理方式不需要药物分子的三维构象信息，也不会因为分子结构的描述而导致误差累积。最重要的是，这种处理方式在分子结构和性质之间建立了直接的关系。借助于这样的描述，可以得到基于结构的一组指纹来描述每个分子，表示为布尔阵列。这里事先将药物子结构列表确定为预定义字典。每个药物子结构与指纹中的位之间存在一对一的对应关系，如果在相应的药物分子中存在其相应的子结构，则就在药物分子指纹中的相应位设置为1。相反，如果分子中不存在子结构，则将其设置为0。使用子结构指纹字典生成的子结构指纹的示例如图5.4所示。通过计算，得到166个子结构指纹特征。

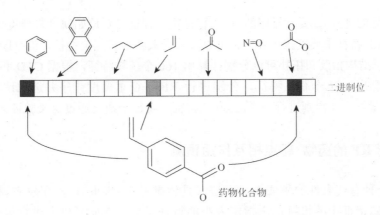

图 5.4　药物子结构指纹

5.5.3　特征组合策略

DTI 的分子表示和编码是单独描述了药物或靶点蛋白质。下面讨论 DTI 的表示方法。事实上，DTI 受许多因素的影响：药物化合物的性质，包括形状、体积、电荷和亚结构等；靶标的性质，包括结合位点的形状、氨基酸组成、二级结构、疏水性、极性及药物与靶标之间相互作用的能量等。这些因素中的每一个都可以被认为是跨越多维空间的单独坐标，因而，DTI 也可以在这种多维空间中表示。如图 5.5 所示，DTI 将同时具有药物的特征和靶点蛋白质的特征。化学家和药理学家在很大程度上通过观察计算机模拟（例如对接），在一系列相互作用中获得关于 DTI 形成的相关知识，寻求共同和差异化特征以提取与 DTI 的作用机制相关的更多信息。

因此，需要结合药物结构空间（包括药物分子的结构、形状、电荷和体积等特征）和靶点蛋白质序列空间（包括靶点蛋白质的特征和氨基酸的特征）来预测 DTI，通过分别提取药物的结构特征和靶点蛋白质的序列特征来表示 DTI 的特征。

图 5.5　DTI 示意图

特征选择与特征提取统称为特征工程,是机器学习领域中数据降维的主要方式。其中,特征选择是指寻找最优特征子集的过程,实质上可以看作组合优化的问题,其最终得到的子集是原始特征的一部分属性,通过这种组合优化方法来获取对模型性能影响最大的特征集合。

这里采用 RF 特征重要度排序的方法。特征选择保证了对原始属性重要度的可解释性。同时,通过 RF 特征重要度排序算法,可以去除无关特征和冗余特征,也有助于提高分类精度。根据子结构指纹和拓扑可以分别计算出 166 个药物特征,根据 CTD 和自相关方法可以分别计算出 167 个靶点特征,分别进行 RF 特征重要度排序并选取比较重要的前 30 个特征,最终合并得到进行分类的 60 个特征,特征个数是通过交叉验证来选取的。

5.5.4　基于 RF 的药物-靶点相互作用预测

RF 是一种有代表性的集成学习方法（具体参见 3.6.3 小节）。在建立训练过程中,它随机从原始特征中随机挑选出指定大小的特征子集,在此基础上进行最佳特征选择和结点的分裂。这种方式带来了两方面的好处:一是通过随机挑选属性,使得弱分类器之间的差异进一步增大,最终的模型泛化能力更强;二是决策树建立过程中,因为不是比较所有属性的重要度,所以加快了建树的速度,同时也减缓了单棵决策树存在的过度拟合问题。

具体地,RF 定义如下。RF 分类器由众多树形分类器组合而成。其中树形分类器可以表示为 $\{h(X, \theta_K), k = 1, \cdots\}$,$\theta_k$ 为独立同分布随机变量,代表 RF 中的每个树形分类器互不相关,X 表示树形分类器的输入,每个分类器对应一个分类结果。其算法结构如图 5.6 所示。

由定义可以看出,每个树形分类器的区别取决于变量 θ_k。而 θ_k 独立同分布取决于两次随机过程:随机有放回抽取训练集,随机挑选特征子空间。随机过程确保了树形分类器的不同。在建立 k 个树形模型后,根据输入,可以得到分类结果集,设为 $\{h_i(x), i = 1, \cdots, k\}$。RF 最终的预测结果通过单个分类器投票决定,具体公式如（5.5）所示。

$$\mathrm{H}(x) = \mathrm{argmax}_Y \sum_{i=1}^{k} I(h_i(x) = Y) \tag{5.5}$$

式中,H(x) 是 RF 模型;Y 是输出向量;$I(*)$ 代表指示函数。

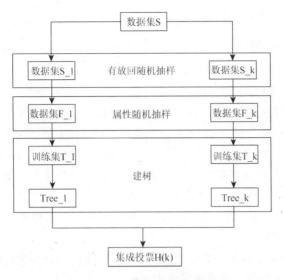

图 5.6 RF 算法结构示意图

RF 算法的时间复杂度为 $O(N*M*\log(M))$，式中：N 为样本个数；M 为属性个数；$\log(M)$ 为树的深度。在进行建模时，参数的选择也是通过交叉验证的方法来实现的，通过交叉验证选取的最优模型参数（树个数，树最大深度，结点最少样本个数和叶结点最少样本个数）。

图 5.7 描述了一种基于 RF 方法的药物与靶点蛋白相互作用预测算法（MFERF）。首先通过多种药物和靶点蛋白质特征计算方法分别计算得到药物和靶点蛋白质的特征。然后分别使用 RF 进行特征选择，接着组合经过特征选择后的药物和靶点蛋白质的特征，最后输入 RF 分类器中进行分类。

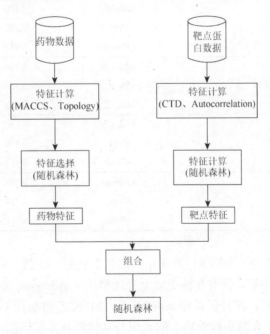

图 5.7 MFERF 方法药物与靶点蛋白相互作用预测流程

5.5.5　实验结果与分析

在本节中，使用 KEGG 数据库来预测 DTI。Yamanishi 等[160]使用了 4 种类型的蛋白质靶标作为四种标准数据集，它们分别是酶（enzyme）、离子通道（ion channel）、G 蛋白偶联受体（GPCR）和核受体（nuclear receptor）。如表 5.1 所示，在酶、离子通道、G 蛋白偶联受体和核受体数据集中，已知药物发生相互作用的数量分别为 445、210、223 和 54，并且这些类别中的靶蛋白的数量分别为 664、204、95 和 26。这些药物和蛋白质之间已知的相互作用的数量分别为 2926、1476、635 和 90，总计 5127 个。实验使用的数据集的正样本是发生相互作用的药物-靶点蛋白质对，所使用的负样本是另外生成的从未发生相互作用的药物-靶点对。

为了验证模型效果，将每个数据集按照 7∶3 的比例划分为训练集和测试集。最终的结果取 10 次运行的平均值，实验结果见表 5.6。

在实验结果中，将 MFERF 方法与 Adaboost[166]、SVM[165]等机器学习方法进行了比较。评价指标为 $auPR$ 和 $auROC$。$auPR$ 是 PR 曲线下面积，PR 即召回率和正确率组成的曲线图，这里 PR 曲线的横轴为 TPR（召回率）$= TP/(TP+FN)$，纵轴为 $Presicion$（正确率）$= TP/(TP+FP)$。$auROC$ 是 ROC 曲线下面积，这里 ROC 曲线的横轴为 FPR（误判率）$= FP/(FP+TN)$，纵轴为 TPR（召回率）$= TP/(TP+FN)$。

表 5.6　MFERF 方法预测相互作用结果对比

数据集	方法	$auPR$	$auROC$
酶	Adaboost	0.680	0.969
	SVM	0.540	0.919
	MFERF	0.937	0.942
G 蛋白偶联受体	Adaboost	0.310	0.913
	SVM	0.300	0.917
	MFERF	0.882	0.918
离子通道	Adaboost	0.480	0.937
	SVM	0.390	0.889
	MFERF	0.918	0.934
核受体	Adaboost	0.790	0.929
	SVM	0.410	0.869
	MFERF	0.751	0.827

在评价指标 $auPR$ 下，MFERF 方法在靶点蛋白质酶、G 蛋白偶联受体、离子通道的结果均优于其他两种方法，只有在核受体上表现稍次于 Adaboost 方法，但是相比于 SVM 方法也是有较大的提高；在评价指标 $auROC$ 下，MFERF 方法在 G 蛋白偶联受体上的表现优于其他两种方法，在酶和核受体上的表现与其他两种方法旗鼓相当，在核受体上的表

现比其他两种方法稍差。横向来讲，MFERF 方法在核受体上的两种评价指标都逊色于其他两种方法。原因可能是尽管已经通过 10 次实验取了均值，但核受体数据量较少，因此实验结果随机性较大。总体来讲，MFERF 方法对于 DTI 的预测相对于之前的方法，取得了较好的性能。

表 5.7　MFERF 方法在 EDTPs_dataset 数据集上的测试结果对比

方法	*TPR*	*TNR*	*ACC*	*AUC*
BNB	0.591	0.865	0.723	0.754
DT	0.795	0.742	0.768	0.768
RF	0.806	0.864	0.834	0.910
DBN	**0.823**	0.895	0.859	0.916
MFERF	0.763	**0.944**	**0.889**	**0.946**

表 5.8　MFERF 在 HGBI_dataset 数据集上的测试结果对比

方法	*AUC*
NRWRH	0.862
HGBI	0.891
DT-Hybrid	0.868
DASPfind	0.896
MFERF	0.903

为了更好地测试本节模型的适用性，分别在 EDTPs_dataset[162]和 HGBI_datase[88]数据集上进行了测试，测试结果见表 5.7 和表 5.8。表 5.7 表明，与 BNB、DT、RF 和 DBN 等方法相比，MFERF 方法在 *TNR*、*ACC* 和 *AUC* 上均取得了比较好的结果，只有 *TPR* 较低。总体来讲，MFERF 在 EDTPs_dataset 表现较好。表 5.8 表明，与 NRWRH、HGBI、DT-Hybrid 和 DASPfind 等方法相比，MFERF 方法在 *AUC* 上的表现均好于其他方法。

5.6　基于子空间矩阵分解的药物-靶点相互作用研究

目前为止用于 DTI 预测[149]的机器学习方法是两大类，即监督学习和半监督学习。具体来说，监督学习方法可以进一步分为两个子类：基于相似性的方法和基于特征的方法。

基于相似性的机器学习方法的一个基本假设是"关联内疚"假设，即相似药物倾向于共享相似靶点蛋白，反之亦然。在这种方法中，药物之间或靶点蛋白之间的相似性是通过各种相似性度量来计算的。基于相似性的方法主要分为：最近邻方法、二分局部模型方法、矩阵分解方法。

基于相似性的 DTI 预测中，矩阵分解技术越来越受到重视。它将代表药物靶点网络的矩阵分解为多个低秩矩阵，这些低秩矩阵由潜在或隐藏特征组成，这些特征被认为能够控制 DTI。

现有的矩阵分解方法主要有以下两个问题。第一，根据训练数据的药物分解因子和靶点分解因子，无法得到测试数据的药物分解因子和靶点分解因子，导致在训练时需要将测试数据的 DTI 的邻接矩阵假设为零再进行优化。这样，在优化时为了最小化误差，倾向于将测试数据的药物分解因子和靶点分解因子优化为零。第二，该方法需要人为定义相似性，因此会导致误差。基于上面两个问题，本节提出一种基于子空间矩阵分解（subspace matrix factorization，SMF）的药物靶点相互作用的预测方法。

5.6.1　SMF 算法描述

为了证明改进的预测性能，大多数研究者使用通用的评估数据集。如本章的表 5.1 所描述，其中包含 4 个数据集的一些统计数据。表中数据涵盖 4 个药物靶点数据集。其中 DTI 信息可以从 KEGG BRITE[149]、BRENDA[170]、SuperTarget[171]和 DrugBank[33]数据库中检索。

在介绍本节算法之前先介绍一种基于相似性方法图的正则化矩阵分解（graph-regularized matrix factorization，GRMF）方法[172]，这是一种基于图的正则化的矩阵分解的 DTI 预测方法，该方法的目标方程如下：

$$\min \left\| Y - AB^{\mathrm{T}} \right\|_F^2 + \lambda_l \left(\|A\|_F^2 + \|B\|_F^2 \right) + \lambda_d Tr\left(A^{\mathrm{T}} L_d A \right) + \lambda_t Tr\left(B^{\mathrm{T}} L_t B \right) \tag{5.6}$$

式中：矩阵 Y 是编码 DTI 的邻接矩阵；A 是药物的分解因子；B 是靶点的分解因子；$Tr(.)$ 表示矩阵的轨迹；λ_l、λ_d 和 λ_t 为优化参数，通过交叉验证自动确定；L_d 和 L_t 分别表示药物和靶点图的拉普拉斯变换，文献[173]有更多详细的图正则化的解释。

式（5.6）中第一项的目的是求模型近似于矩阵 Y，使两个因子乘积 AB^{T} 与 Y 尽可能地接近。第二项是对最小化 A 和 B 范数的正则化。第三项是为了减小低维空间两个相邻药物特征向量之间的距离。第四项是为了减小低维空间两个相邻靶点特征向量之间的距离。

GRMF 方法无疑是当前矩阵分解方法中预测效果较好的方法，但是该方法还存在如下问题。第一，根据训练数据的 A 和 B，无法得到测试数据的 A 和 B，导致在训练数据时，需要将测试数据的 Y 假设为零，再优化上式，这样在优化时为了最小化误差，倾向于将测试数据的 A，B 优化为零。第二，是这种方法需要人为定义相似性，会导致误差。

针对以上的两个问题，本节提出一种基于 SMF 的 DTI 预测方法，下面是该方法的目标方程：

$$\min \left\| Y - AW_d W_t^{\mathrm{T}} B^{\mathrm{T}} \right\|_F^2 + \|AW_d\|_F^2 + \|BW_t\|_F^2 \tag{5.7}$$

式中：A_i 表示第 i 个药物特征矩阵；B_j 表示第 j 个靶点特征矩阵；W_d 是将药物映射到低维空间的映射矩阵；W_t 是将靶点映射到低维空间的映射矩阵。

将药物和靶点分别映射到各自的子空间中，让有相关性的药物和靶点做相似比较，没有相关性的药物和靶点不做相似比较。矩阵 Y 是编码 DTI 的邻接矩阵，n 个药物作为行，m 个靶点作为列，其中，如果已知药物 d_i 和靶点 t_j 相互作用，Y_{ij} 为 1，否则为 0。

SMF 算法的第一步是采用文献[175]中方法初始化 AW_d 和 BW_t。将 $Y \in i^{m \times n}$ 分解成 $U \in i^{n \times k}$，$S_k \in i^{k \times k}$ 和 $V \in i^{m \times k}$，其中：

$$[U, S, V] = SVD(Y, k) \tag{5.8}$$

表示使用奇异矩阵分解矩阵 Y，得到的 US_kV^{T} 是与 Y 最为接近的秩为 k 的矩阵，其中 U 和 V 是具有正交列的矩阵，式(5.9)表示分别对 A 和 B 进行主成份分析（principal component analysis，PCA）变换[175]，即：

$$A = PCA(A), \quad B = PCA(B) \tag{5.9}$$

S_k 是包含 k 个最大奇异值的对角矩阵。Y 中奇异值的最大可能数是 $\min(n, m)$，因 $k_{max} = \min(n, m)$。最后得到 S_k 的平方根，并且使：

$$W_d = A^{-1}US_k^{1/2}, \quad W_t = B^{-1}VS_k^{1/2} \tag{5.10}$$

接下来交替使用最小二乘法求解。将目标方程表示为 L，导出两个更新规则，即目标方程分别对 W_d 和 W_t 求偏导数（$\dfrac{\partial L}{\partial W_t}$，$\dfrac{\partial L}{\partial W_t}$），可得到式（5.11）和（5.12），交替运行直到收敛停止：

$$W_d = \left(A^{-1}YB^{-1}W_t\right) / \left(W_t^{\mathrm{T}}\left(B^{-1^r}B^{-1}\right)W_t\right) \tag{5.11}$$

$$W_t = \left(B^{-1}YA^{-1}W_d\right) / \left(W_d^{\mathrm{T}}\left(A^{-1^r}A^{-1}\right)W_d\right) \tag{5.12}$$

SMF 算法实现流程如下。

输入：训练数据的药物蛋白质-靶点相互作用矩阵 $Y \in R^{m \times n}$，药物特征 A，靶点特征 B.
输出：药物映射到低维空间的映射矩阵 W_d，靶点映射到低维空间的映射矩阵 W_t.

开始：

　　1．使用奇异矩阵分解矩阵 Y;

　　2．分别对 A 和 B 进行 PCA 变换;

　　3．药物映射到低维空间的映射矩阵 $W_d = A^{-1}US_k^{1/2}$;

靶点映射到低维空间的映射矩阵 $W_t = B^{-1}VS_k^{1/2}$;

　　4．交替使用最小二乘法，循环：

　　　　　　根据式（5.9）求解 W_d

　　　　　　根据式（5.10）求解 W_t

　　直到收敛

结束

对于一个新药物的特征 C，与之发生反应的靶点特征 D，计算它们相互作用分数的步骤如下。

（1）得到 C 的子空间：$E = CW_d$。

（2）得到 B 的子空间：$F = DW_t$。

（3）得到相互作用分数：$S = EF^T$。

SMF 检测方法相对于传统矩阵分解的检测方法有以下优点。①SMF 是获得药物靶点的映射矩阵 W_d 和 W_t，这样 SMF 对未参加训练的药物靶点，可以使用 W_d 和 W_t 直接获得分解因子，不需要再次训练。②传统矩阵分解方法是固定分解因子，属于样本之间关系的固定方法，需要预先定义相似性；而 SMF 使用特征固定 W_d 和 W_t，只需要提取足够的特征即可。③测试数据不需要参与训练，不需要使用加权最近邻（weighted nearest neighbors，WNN），加权 k 近邻（weighted k-nearest known neighbors，WKNKN）[172]等方法预处理 Y，简化了计算步骤。

5.6.2　实验结果与分析

为了测试 SMF 方法的性能，进行了交叉验证：①CV_d 中整个药物相互作用曲线不作为测试集进行交叉验证；②CV_t 中整个靶点相互作用曲线不作为测试集进行交叉验证。给定一种相互作用预测方法，CV_d 测试其预测新药的相互作用的能力，而 CV_t 测试其预测新靶点相互作用的能力。

基于邻域谱的二局部模型（bipartite local model-NII，BLM-NII）是文献[159]中提出的预测 DTI 的方法。它使用一个二局部模型 RLS_{avg}[177]作为基本算法，通过邻居谱（neighbor based interaction profile inferring，NII）推导新药或靶点的相互作用推断新药或靶点的训练过程，从而使基本预测算法 RLS_{avg} 能够给出更好的预测结果。基于加权最近邻的正则化最小二乘法（regularized least squares-WNN，RLS-WNN）使用了文献[177]中的 RLS_{kron}[178]作为基本算法，并用 WNN 对其进行了扩充，这一过程类似于 NII，且具有相同的目标，用于增强 RLS_{kron}。协同矩阵分解（collaborative matrix factorization，CMF）是文献[179]中提出的一种协调矩阵分解方法，该方法通过两个低秩矩阵协同预测 DTI，并检测对预测 DTI 重要的相似性。GRMF 方法是一种预测药物靶点相互作用的图的正则化的矩阵分解技术，具体过程见 5.6.1。加权图的正则化矩阵分解[172]（weighted graph-regularized matrix factorization，WGRMF）是 GRMF 方法的另一个变换，其权重矩阵与 CMF 方法中使用的权重矩阵相同。WKNKN 方法是一种将给定药物靶点矩阵中的二进制值转换为相互作用似然值的预处理步骤。

该实验将 SMF 方法与现有技术 BLM-NII 方法、RLS-WNN 方法、CMF 方法、GRMF 方法和 WGRMF 方法进行比较。实验中，对每种方法进行了 5 次十折交叉验证，对现有的这 5 种方法，分别采用未使用 WKNKN 方法作为预处理步骤和使用了 WKNKN 方法作为预处理步骤的策略，实验结果如表 5.10 所示，表 5.10 和表 5.11 中最后一行为本节所提出的方法 SMF 的实验结果。在每重复 10 次的交叉验证中，Y 被分成 10 次，每重复一次，都不作为测试集，其余 9 次作为训练集。精确召回曲线下的面积 AUPR 被用作绩效评估的主要指标。在实验中，计算每重复 10 次交叉验证的 AUPR 得分，最终的 AUPR 得分是 5 次以上重复的平均值。

从表 5.9 可以看出在 CV_d 实验中，SMF 方法与表中的五种相似性方法相比[172]，在 NR 和 IC 两个数据集中比当前最好结果稍有提高，在 GPCR 和 E 两个数据集上比当前最好结果稍差。从表 5.10 可以看出在 CV_t 实验中，在 GPCR 数据集预测率较高，而在其他 3 个数据集上预测率不及当前最好的方法。由此可知 SMF 算法在理论上面有一定的优势。

　　SMF 方法可以从以下几个方面优化。①在特征提取时换一些新的特征来提高预测结果。②在高维空间映射到低维空间的时候映射矩阵中 1 的个数明显要比 0 少很多，说明 1 的部分对目标方程的影响要小一些，0 的大一些，所以可以增大 1 的误差权重来提高预测结果。③将相似性与其他方法结合使用。

表 5.9　在 CV_d 情况下相互作用预测 AUPR 结果

方法＼数据集	NR	GPCR	IC	E
BLM-NII	0.410	0.233	0.201	0.167
RLS-WNN	0.519	0.363	0.319	0.386
CMF	0.482	0.406	0.350	0.375
GRMF	0.517	0.369	0.341	0.349
WGRMF	0.520	0.408	0.364	0.404
WKNKN	0.529	0.399	0.352	0.388
WKNKN + BLM-NII	0.514	0.386	0.350	0.385
WKNKN + RLS-WNN	0.523	0.395	0.352	0.385
WKNKN + CMF	0.515	0.409	0.350	0.385
WKNKN + GRMF	0.542	0.404	0.356	0.390
WKNKN + WGRMF	0.528	0.410	0.369	0.401
SMF	0.570	0.355	0.420	0.393

表 5.10　在 CV_t 情况下相互作用预测 AUPR 结果

方法＼数据集	NR	GPCR	IC	E
BLM-NII	0.418	0.447	0.634	0.583
RLS-WNN	0.468	0.547	0.746	0.761
CMF	0.379	0.540	0.751	0.740
GRMF	0.423	0.567	0.745	0.763
WGRMF	0.423	0.574	0.801	0.801
WKNKN	0.465	0.572	0.787	0.792
WKNKN + BLM-NII	0.460	0.607	0.794	**0.814**
WKNKN + RLS-WNN	0.471	0.603	0.806	0.809
WKNKN + CMF	0.434	0.557	0.742	0.772
WKNKN + GRMF	**0.500**	**0.615**	**0.815**	0.807
WKNKN + WGRMF	0.446	0.585	0.799	0.798
SMF	0.470	0.811	0.523	0.757

5.7　基于自然语言表达的药物蛋白质-靶点结合亲和力研究

生物序列（例如蛋白质中的 DNA、RNA）的编码可以认为使用了某种特定语言。生物有机体使用复杂且精密的语言在细胞内和细胞间传递信息。受启发于"语言"概念上的类比，可以将人工智能研究中自然语言处理方法应用于药物和靶点蛋白的编码，进而更好地表达生物序列特征，发现编码于生物序列内部的结构或功能。

近年来，利用深度学习开展药靶结合亲和力的预测取得了有效结果，其中一个重要方法是利用自然语言处理和深度学习相结合的预测方法，其核心在于如何利用自然语言处理完成：①生物序列的数据表达；②生物序列的特征提取。

在自然语言处理领域，利用深度学习方法进行文本分类的第一步是将文本数值化，利用词嵌入技术将文本映射到分布式空间的特征向量上，使文本能够作为 CNN 和双向长短时记忆网络（bi-directional long short-term memory，BiLSTM）的输入。传统的文本表示方法是基于向量空间模型或 One-hot 表示，向量空间模型中向量维度与词典中词的个数具有线性相关，随着词数量增多容易引起维度灾难；而 One-hot 表达虽然简单但忽略了词之间的语义相关性，词嵌入技术有助于该问题的解决。

5.7.1　分布式表达和词嵌入

假设在人类的记忆结构中，事物以一种内容寻址的方式存储，人类基于这种存储模式能够通过对事物的部分描述高效地回忆起事物。事物与其特性以内容寻址的方式存储于一定较近的距离，以该形式生成的系统提供一种可实施的方案去泛化属于某个事物的特征，越相似的物品在记忆空间中存储的距离越近，因为其特征在某些方面相同或者相似，即处于相似上下文的词的语义也相似。基于以上假设，将用上下文的概率分布表达词语语义的方式称为分布表示。将信息分布式地嵌入存储在低维向量空间的各个维度中，而不是利用高维向量空间的某个维度来描述语义，这种语义描述的方法称为分布式表示。利用该方法能够得到低维稠密的特征向量，将语义分散嵌入向量空间的各个维度。

词嵌入，亦被称为词向量或分布式词表示，是一种基于神经网络的分布表示[179]，该方法能够从大型语料库中捕获词单元之间的语义和句法信息，并且以低维稠密向量的形式展现。词嵌入技术将高维稀疏的特征向量映射为低维稠密的词向量，有效避免了维度灾难的发生，且可以直接计算词语之间的语义相关性。利用词嵌入表示词单元使得每个词的语义以及所处的句法位置均由其语境环境特征表示，其语境环境即为单词的上下文，例如邻近词或者一定距离（窗口）内包含的词。因此，在利用算法做预测时，单词与其上下文被看作正训练样本。在训练中，语义相近的词语其表示向量相近，并在 N 维空间中的分布相近，词单元之间的相似性具体表现于句法和语义上。

利用 Mikolov 等[163]提出的经典连续词袋模型（continuous bag-of-word，CBoW）模型和跳字（skip-gram）模型，可以在自构建的大型生物序列语料库上预训练得到词向量模型，并把其作为生物序列的特征表达迁移至下游药靶结合亲和力预测任务模型中。CBoW 模型和 Skip-Gram 模型在 NNLM、RNNLM 及 C&W 模型的发展基础上简化了隐藏层,大幅度提升训练速度。具体算法如下。

假设:目标词 w_t;上下文 $c = w_{t-(n-1)/2}, \cdots, w_{t-1}, w_{t+1}, \cdots, w_{t+(n-1)/2}$;训练语料库 $\mathbb{C}$。

1. CBoW 模型

CBoW 模型以上下文各词的词向量均值作为输入预测目标词,输出为目标词的概率分布。对于一段给定序列 $w_t, \cdots, w_{t+(n-1)}$,模型目标最大化式(5.13)的概率分布为

$$\sum_{(w_t,c) \in \mathbb{C}} \log p(w_t \mid c) \tag{5.13}$$

式中:模型输入为上下文 c 各词的词向量平均值,如式(5.14)所示。

$$x = \frac{\sum\limits_{w_s \in c} v(w_s)}{n-1} \tag{5.14}$$

因为简化了隐藏层,所以输入层与输出层直接相连预测目标词,并利用 softmax 函数将输出层的结果转化为目标词的概率分布,如式(5.15)所示。

$$p(w_t|c) = \frac{\exp(v'(w_t)^{\mathrm{T}} x)}{\sum\limits_{n=1}^{N} \exp(v'(w_n)^{\mathrm{T}} x)} \tag{5.15}$$

式(5.14)和(5.15)中:N 为词汇表大小;$v(w)$ 与 $v'(w)$ 分别为单词 w 的输入输出词向量。

2. Skip-Gram 模型

Skip-Gram 模型通过输入目标词来预测上下文,同样没有隐藏层。模型训练需要遍历整个语料库,优化目标为最大化以下概率分布:

$$\frac{1}{N} \sum_{t=1}^{N} \sum \log p(c \mid w_t) \tag{5.16}$$

$$\log p(c|w_t) = \frac{\exp(v'(c)^{\mathrm{T}} v(w_t))}{\sum\limits_{n=1}^{N} \exp(v'(w_n)^{\mathrm{T}} v(w_t))} \tag{5.17}$$

5.7.2 词嵌入药靶序列表达

1. 序列分割

序列分割是利用词向量特征表达生物序列的前期工作之一,分割方式的不同会影响词向量对生物特性和空间结构的学习表达,分割方式分为以下两种。

1)分子分割

分子分割方式,形式上与自然语言中的字符分割方式相似,即以字为分割单元拆分给

定的单条文本语句。本质上，药物和靶点蛋白均为高分子聚合物，分别由其相应的小分子构成，具有特定的特性和空间结构。已证明蛋白质的线性序列能决定其经过折叠形成的三维结构[158]。蛋白质的生物功能与其 3D 结构高度相关，药物的高维结构能够从 SMILES 序列中学习[159]。因此，以分子为分割单元进行词向量训练可以学习到小分子在构成高分子时所遵循的合成规律，即通过空间嵌入原理反映分子之间的分布特性和相互作用关系。

　　具体而言，将蛋白质分割成单个氨基酸分子，药物 SMILES 序列分割成单个化学分子。此时，每条生物序列以空格为间隔分割成一系列独立分子字符的序链。分割原则为直接拆分，不改变小分子的相对位置和排列顺序。例如，扫描 96.52MB 的 SMILES 序列，得出64 个化学字符标签，即 64 个独特的化学分子字符。与此同时，扫描收集到的手工标注的约 188.78MB 的蛋白质序列，提取出 25 类氨基酸小分子，即 25 个独特的生物分子字符。以下具体示例蛋白质序列片段"MTVKTEA"的分子分割：

$$MTVKTEA \rightarrow M\ T\ V\ K\ T\ E\ A$$

　　2）子序分割

　　子序分割方式，形式上与自然语言中的词语分割方式相似，即以单词为分割单元拆分给定的单条文本语句。使用 n-grams 算法[181]进行交叉重叠子序列拆分，该方法在 Asgari 等[182]的研究中被证明能够有效学习到蛋白质序列片段的分布式表征，利用该特征表达能定量分析蛋白质多种物化特性的分布。研究结果显示在蛋白质族分类任务、无序蛋白的可视化及特征表达以及定性定量分析蛋白质多种物化特性的分布任务中均具有良好表现。Öztürk 亦将该方法成功应用于药物 SMILES 序列特征表达。

　　以 k-grams（k-mers）规则提取子序片段，首先应固定提取长度，即 k 值；其次，从序列首字符开始提取 k 长度的子序列片段作为第一个"单词"；然后，从第二个字符开始提取下一个长度为 k 的子序列片段作为第二个"单词"，以此类推，直至提取至最后一个字符。具体而言，从蛋白质序列中以 3-grams（3-mers）规则交叉重叠提取序列片段，例如，使用 3-grams 提取蛋白质序列片段"MTVKTEA"即为{"MTV","TVK","VKT","KTE","TEA"}，总共 5 个"生物单词"；从药物 SMILES 序列中以 8-grams（8-mers）规则交叉重叠提取序列片段，例如，使用 8-grams 提取 SMILES 序列片段 "C0C1 = C(C = C2C(= C" 即为 { "C0C1 = C(C","0C1 = C(C = C","C1 = C(C = C","1 = C(C = C2"," = C(C = C2C","C(C = C2C(","(C = C2C(= ","C = C2C(= C" }，总共 8 个化学单词，k 值的选取与 Öztürk 的选取保持一致。

　　2. 整数编码

　　序列分割完成后，需要对分割后的序列进行整数编码，其作用是建立分割单元与嵌入空间中特征向量的映射联系。给分割单元集中每个独立的分割单元以唯一的整数表示，整数 0 除外，分割后的序列有着不同的长度，将序列处理为定长以便在词嵌入的训练过程中学习到有效的特征表示。为了覆盖数据集中近 90%的序列，根据不同大小的数据集设置不同的最大输入序列长度，长度大于最大长度的序列截断至最大长度，长度小于最大长度的序列补 0 至最大长度，因此，整数 0 建立输入序列中 0 值与词嵌入矩阵第 0 行行向量（零向量）的映射。

　　以下是对 SMILES 序列片段 "C0C1 = C(C = C" 的编码示意图。

$$[C \quad 0 \quad C \quad 1 \quad = \quad C \quad (\quad C \quad = \quad C] \rightarrow [42 \quad 48 \quad 42 \quad 35 \quad 40 \quad 42 \quad 1 \quad 42 \quad 40 \quad 42]$$

$$[C0C1 = C(C \quad 0C1 = C(C = \quad C1 = C(C = C] \rightarrow [220132 \quad 584040 \quad 65658]$$

3. 基于神经网络的分布式词嵌入表达药靶序列

生物序列在分割编码后需要词向量表达,利用神经网络做分布式词表达的训练方式有两种。第一种,将词嵌入层定义为神经网络模型的一部分,直接参与模型的训练,使词嵌入与预测模型本身一起被学习;第二种,利用迁移学习,在无监督大型语料库上利用语言模型训练词向量,将预训练好的词向量载入之后的预测模型,控制词向量参与或者不参与之后的训练。词向量的表示学习通过 keras 神经网络库中的 Embedding 层实现,该层必须放在网络训练的第一层。

神经网络的词向量训练,其本质上是训练一个全连接层,原理如图 5.8 所示,图中 V 为词汇表大小,N 为词潜入维度,全连接层参数矩阵 $\boldsymbol{W}_{V \times N} = \{w_{ij}\}$ 即为被训练的词嵌入矩阵,该矩阵的行向量是相应行索引下标所对应整数编码的单词的特征向量,即网络所需要学习的字、词表示。当使用语言模型获取词向量时,一般语言模型的构建以单词的独热编码(one-hot 编码)作为输入,然后接一个全连接层,再连接若干层,最后接一个 softmax 分类器。

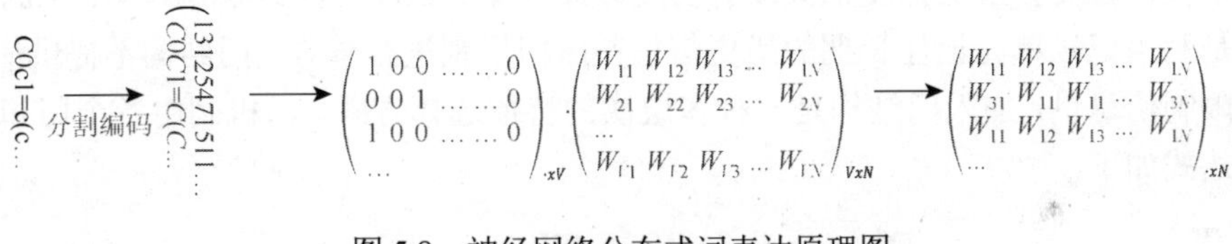

图 5.8　神经网络分布式词表达原理图

在大型语料库上训练结束后,并不使用模型的输出结果,而使用模型的第一层全连接层的参数,即为所需的词向量表。词向量训练演化至今,已经对相应的模型工具做了大量简化,但第一层全连接层始终不变,因为其全连接层的参数就是所需的词嵌入矩阵。所以,词向量的训练既可以用语言模型完成,也可以直接将词嵌入层放在之后的预测模型的第一层,使词嵌入与模型本身合为一体被学习。

5.7.3　基于深度学习组合模型的药靶序列特征提取

迄今为止,在药靶结合亲和力预测问题上的主要成果是药物与靶点的生物数据表达,即如何有效全面地表达药靶特征。

1. CNN 模型

首先利用 CNN 模型进行药靶序列的特征提取。药靶的一维序列在经过自然语言处理后即转为序列矩阵 $\boldsymbol{S}_j = \{e(W(1)), e(W(2)), \cdots, e(W(l))\}$,序列矩阵 $\boldsymbol{S}_j$ 是 CNN 模型的嵌入层的向量矩阵,其中 $e(W(i))$ 为对应分割单元 $W(i)$ 的词嵌入向量,$e(W(i)) \in \mathbb{R}^n$ 代表序列矩

阵 S_j 中第 i 个分割单元的词向量，该向量为 N 维词向量，$S_j \in \mathbb{R}^{l \times n}$，1 代表每条序列中分割单元的个数。卷积层使用专项处理文本数据的一维卷积，采用不同长度 r 的、大小为 $r \times n$ 的滤波器对序列矩阵 S_j 执行卷积操作，提取相应药靶序列的局部特征值为

$$f_i = h(F \cdot V(W_{i:i+r-1}) + b) \tag{5.18}$$

式中：$V(W_{i:i+r-1})$ 为序列矩阵 S_j 中的从 i 到 $i+r-1$ 的共 r 行分割单元词向量组；F 为相应的 $r \times n$ 过滤器；b 为偏置量；h 为非线性操作的激活函数；f_i 为卷积操作后获得的相应的局部特征值。随着滤波器从上往下步长 $s=1$ 的滑过整个序列矩阵 S_j，最终获得局部特征值的向量集合 C 为

$$C = \{f_i, f_2, \cdots, f_{l-r+1}\} \tag{5.19}$$

不同的滤波器获得不同的局部特征向量，一维卷积最后将不同滤波器提取的局部特征向量拼接起来，形成新的生物序列特征矩阵 $S_k \in \mathbb{R}^{(l-r+1) \times t}$，其中 t 为滤波器数量。

2. LSTM 模型

循环神经网络（recurrent neural network，RNN）能学习任意时间长度序列的输入，但随着输入的增多，难以学习到连接之间的关系，产生长依赖问题，即对前面的一些节点的感知力下降，进而会发生梯度消失或者梯度爆炸现象。LSTM 网络能解决 RNN 的问题，其核心是利用记忆单元记住长期的历史信息并用门机制进行管理，门结构不提供信息，只是用来限制信息量，加入门结构是一种多层次的特征选择方式。门机制中各个门和记忆单元的表达式如下：

$$D_t^f = sigmoid(W_f \cdot [e(W(i)), h_{t-1}] + b_f) \tag{5.20}$$

$$D_t^i = sigmoid(W_i \cdot [e(W(i)), h_{t-1}] + b_i) \tag{5.21}$$

$$C_t = C_{t-1} * D_t^f + D_t^i * (\tanh(W_c \cdot [e(W(i)), h_{t-1}] + b_c)) \tag{5.22}$$

$$D_t^o = sigmoid(W_o \cdot [e(W(i)), h_{t-1}] + b_o) \tag{5.23}$$

$$h_t = D_t^o * \tanh(C_t) \tag{5.24}$$

式中：D_t^f、D_t^i、D_t^o 分别为当前时刻 t 的遗忘门、输入门和输出门；C_{t-1}、C_t 分别为前一时刻的单元状态和当前时刻的单元状态；h_{t-1}、h_t 分别为前一时刻的隐层状态和当前隐层状态；W_f、W_i、W_c、W_o 分别为遗忘门的权重矩阵、输入门的权重矩阵、当前输入单元转态权重矩阵和输出门的权重矩阵；b_f、b_i、b_c、b_o 分别为遗忘门偏置项、输入门偏置项、当前输入单元偏置项和输出门偏置项。

3. 特征提取模型 CNNs-BiLSTM

特征提取模型由 CNN 和 BiLSTM 链式拼接组成，本节设计的药靶序列特征表达及 CNNs-BiLSTM 模型的特征提取原理如图 5.9 所示。首先利用自然语言处理将药靶序列表达成词嵌入数值矩阵作为 CNN 的输入，即 CNN 部分的第一层是词嵌入层，用

于生成或者载入药靶序列的词嵌入数值矩阵作为输入；词嵌入数值矩阵的列是词向量的维度；矩阵的行是药靶序列固定输入长度；CNN 部分的后几层是卷积层，进行卷积操作，提取药靶序列矩阵的局部特征。利用 CNN 提取药靶序列的局部特征后，将生成的局部特征拼接矩阵作为 BiLSTM 部分的输入，利用 BiLSTM 网络的全局特征提取能力提取药靶局部特征之间的远距离联系，BiLSTM 网络的隐藏层大小均为 128。当前输入与前后序列顺序都相关，将输入序列分别从两个方向输入 BiLSTM 网络，经过隐含层保存两个方向的历史信息和未来信息，最后将两个隐层输出部分拼接，得到最后 BiLSTM 网络层的输出。BiLSTM 部分的最后一层为全局平均池化层，即将 BiLSTM 网络层的输出矩阵按照时间维度施加全局平均值池化，得到最后的药物或者靶点序列的特征表达向量。

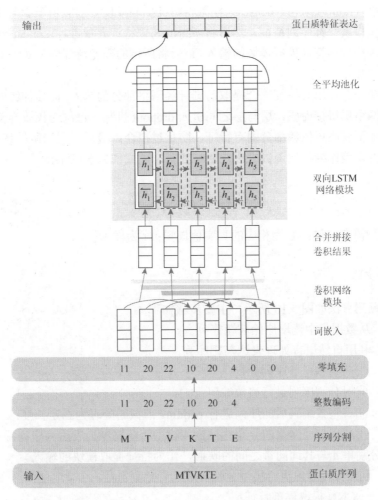

图 5.9　药靶序列特征表达及 CNNs-BiLSTM 模型特征提取原理

虽然 LSTM 模型解决了 RNN 会发生梯度消失或者梯度爆炸的问题，但是 LSTM 模型只能学习当前药靶序列分割单元之前的信息，不能利用当前药靶序列分割单元之后的信息。因为一个生物分子或者生物序列片段在构成生物大分子时的环境信息不仅与分割单元之前的生物序列所携带的生物信息有关，还与当前分割单元之后的序列信息息也有着密切关系，所以利用 BiLSTM 模型代替 LSTM 模型，既解决了梯度消失或者梯度爆炸的问题，又能充分考虑当前药靶序列分割单元组成药靶序列时的环境信息。卷积层提取的特征矩阵虽然富含序列局部特征，但是局部特征向量之间以拼接形成构成特征矩阵，割裂了局部特征之间的联系和远程依赖，丧失了特征的全局把握，利用 BiLSTM 模型还可以对卷积层所提取的特征矩阵继续进行特征提取，获取局部特征之间的远程依赖关系。

4. 多层密度模型

多层密度（multi-layered denses）模型将特征提取模块分别应用于学习药物 SMILES 序列特征和蛋白质一维序列特征，然后将所得的药靶特征向量进行 concat 拼接，作为相互作用前馈神经网络特征提取模块的输入，最后将所得的药靶特征向量对与对应的结合亲和力值做回归预测。

作为药靶相互作用对特征综合提取前馈神经网络部分的输入，前馈神经网络部分由多层前馈神经网络层拼接而成，层与层之间引入 dropout 机制，每次迭代放弃部分训练好的参数，使权值更新不再依赖部分固有特征，防止过拟合；最后一层为所做任务的回归层。本节使用均方误差作为损失函数来优化网络权重，如式（5.25）所示，

$$MSE = \frac{1}{t}\sum_{i=1}^{n}(Q_i - Y_i)^2 \tag{5.25}$$

式中：Q 为预测值向量；Y 为相应的真实值向量；t 为样本量。

5. 算法步骤

亲和力预测算法如图 5.10 所示。主要步骤如下。
步骤 1：从数据集中读取原始药靶序列。
步骤 2：利用自然语言处理表达药靶序列：
　　　　①药物和靶点序列分割；
　　　　②对分割序列进行整数编码；
　　　　③将整数编码后的序列进行 padding 或截断处理为固定长度；
　　　　④利用神经网络的分布式词嵌入模型将药靶序列表达为序列特征矩阵，即建立每个分割单元与其词向量之间的映射，作为特征提取模块的输入。
步骤 3：利用深度学习组合模型分别提取药靶序列特征：
　　　　①CNN 提取局部特征；
　　　　②双向长短记忆网络提取全局依赖。
步骤 4：将药物与靶点蛋白的特征向量进行 concat 融合。
步骤 5：利用多层前馈神经网络综合提取药靶相互作用对特征并进行回归预测。

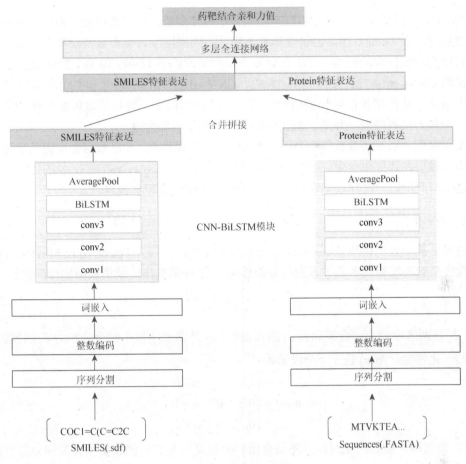

图 5.10　亲和力预测过程

5.7.4　实验结果与分析

本节从 Pubchem 数据库和 Uniport 蛋白质数据库的 Swiss-Prot 单元[182]中分别提取大小约 188.78MB 的 560660 条手工标注的蛋白质序列和大小约 1.09GB 的 20239032 条药物 SMILES 序列以构建大型词向量预训练语料库。只有使用标准的 SMILES 结构信息才能维持表达的一致性。利用 Gensim 中的 Word2Vec 工具预训练词嵌入模型 skip-gram 并设置词嵌入维度为 128。

1. 模型的选取与构建

针对特征表达模块，本节的药靶序列特征表达将测试不同分割方式（分子分割/子序分割）以及是否加载预训练词向量模型的表达效果，即分为 4 类表达组合模型：①不加载预训练词嵌入模型的分子分割（char）；②加载预训练词嵌入模型的分子分割（char_W）；③不加载预训练词嵌入模型的子序分割（word）；④加载预训练词嵌入模型的子序分割（word_W），以上 4 类表达组合模型均作用于靶点蛋白一维序列（protein sequence，PS）

和药物 SMILES 序列（ligand SMILES，LS）作对比实验，择优选取表达模块。在特征提取模块层面，在 Öztürk 团队的研究基础上测试不同深度学习模型以及深度学习组合模型对药靶序列特征提取的影响，其中包括单个深度学习模型 CNNs 和 BiLSTM 及深度学习组合模型 CNNs-BiLSTM、BiLSTM-CNNs、CNNs-BiLSTM with PE 和 CNNs-BiLSTM-Att layer。最终，将选取性能最优的组合模型（特征表达模块＋特征提取模块）作为所提药靶结合亲和力预测模型，并基于 Tensorflow 的 Keras 环境构建。

实验模型分别在基准数据集 Davis 和 KIBA 上测试性能。基准数据集中训练集和测试集独立，模型在训练集上采取嵌套五折交叉验证（nested cross validation）的方式测试模型性能，与此同时，程序根据最佳性能结果自动选取最优超参数组合。

2. 评价指标

通过计算一致性指数（concordance index，CI）和均方误差（mean squared error，MSE）来衡量模型对药靶结合亲和力预测任务的性能。CI 评估输出连续值模型的排序性能[183]：

$$CI = \frac{1}{Z} \sum_{\delta_x > \delta_y} h(b_x - b_y) \tag{5.26}$$

式中：b_x 是两者中较大结合亲和力 δ_x 的预测值；b_y 是两者中较小结合亲和力 δ_y 的预测值；Z 为归一化常量，$h(m)$ 是一个分段函数[183]：

$$h(m) = \begin{cases} 1, & \text{if } m > 0 \\ 0.5, & \text{if } m = 0 \\ 0, & \text{if } m < 0 \end{cases} \tag{5.27}$$

CI 衡量两个随机药靶对的预测结合亲和力值是否与它们的真实结合亲和力值有相同的排序。

MSE 衡量预测值向量和真实值向量之间的不同，Davis 数据集比较 pK_d 值，KIBA 数据集衡量 KIBA 分数值，其原理已经在 5.3.2 节解释。

3. 实验结果及分析

首先，将本节设计的方法与两种采用传统机器学习方法的先进模型进行比较：第一项研究使用 kronecker 正则化最小二乘（kronecker-regularized least squares，KronRLS）算法预测结合亲和力，其中靶点蛋白质和药物都用它们的两两相似度评分矩阵表示，为了计算蛋白质和化合物之间的相似性，使用 PubChem 结构聚类工具；在第二项研究使用一种基于 SimBoost 模型的梯度增强机的方法来预测结合亲和力，提出利用相似度和网络推断统计等信息进行复合蛋白特征工程的方法。其次，将结果与 Öztürk 在药靶结合亲和力预测的结果进行对比，DeepDTA 模型基于分子分割（char_based model）表达生物序列特征，利用端对端的 CNN 作特征提取，后接全连接层用于药靶结合亲和力预测任务，该模型与之前所提出的方法相比优势在于利用深度学习模型自动提取生物序列中有用的特征，不再需要特征工程的处理步骤，该模型在两个公开的 DTA 基准数据集上性能表现优于 KronRLS[158] 和 SimBoost[159] 算法。然后使用与相应靶点蛋白能够产生高结合亲和力的配体

SMILES 序列表达靶点蛋白序列特征，其特征表达方式隶属于子序分割（word_based model），使用机器学习算法 SVR 作 DTA 回归预测，该方案表现也优于 KronRLS[158]和 SimBoost[159]算法；Öztürk[160]扩展药靶序列的数据，利用蛋白质原始序列及特征子序列（PS + PDM）联合表达靶点蛋白特征，利用配体原始的 SMILES 结构及配体最大公共子结构（LS + LMCS）联合表达药物。最后用 CNNs 模型做药靶特征提取，本节设计的方法性能优于之前所有方法，其特征表达方式亦隶属于子序分割（Word_based model）。

　　基于特征提取模块的实验结果见表 5.11 和表 5.12。CNNs-BiLSTM 模型的性能在数据集 KIBA 上表现优于本节设计的模型，在小数据集 Davis 上表现不明显。Davis 数据集为 KIBA 数据集的四分之一大小，并且存在数据分布不均匀（负样本数量超过半数）、衡量结合亲和力指标单一的问题，故 CNNs-BiLSTM 模型的复杂性不足以被 Davis 完美训练。

　　基于药靶特征表达的实验结果见表 5.13 和表 5.14。在之前的研究成果中，子序分割的方式在大数据集上优于分子分割方式，在小数据集上两种表达方式不分伯仲，Öztürk 团队的研究并没有直接使用加载预训练词向量模型的方式表达药靶特征，故本节的对比实验中加载预训练词向量模型直接表达药靶特征，并控制预训练参数是否参与后续任务模型的训练。目前，本节仅使用了不加载预训练词嵌入模型的分子分割（char）方法分别表达蛋白质序列（PS）和药物 SMILES 序列（LS），目的是先在一种表达方式下确认最好的特征提取模型。

表 5.11　不同深度学习模型在 KIBA 数据集上的测试结果对比

模型与方法	蛋白质序列	Compounds	CI	MSE
KronRLS	S-W	PubChem Sim	0.782（0.0009）	0.411
SimBoost	S-W	PubChem Sim	0.836（0.001）	0.222
DeepDTA	PS（char）	LS（char）	0.863（0.002）	0.194
Chemical Language	DeepSMILES-Vec + TF-IDF（SB）（word）	SMILESVec（word）	0.830（0.0008）	0.235
WideDTA	PS + PDM（word）	LS + LMCS（word）	0.875（0.001）	0.179

表 5.12　不同深度学习模型在 Davis 数据集上的测试结果对比

模型与方法	蛋白质序列	Compounds	CI	MSE
CNN	PS（char）	LS（char）	0.872	0.176
BiLSTM	PS（char）	LS（char）	0.880	0.167
CNN-BiLSTM	PS（char）	LS（char）	0.885	0.167
BiLSTM-CNN	PS（char）	LS（char）	0.881	0.183
CNN-BiLSTM with PE	PS（char）	LS（char）	0.889	0.166
CNN-BiLSTM-Att layer	PS（char）	LS（char）	0.886	0.165

表 5.13   CNNs-BiLSTM 模型与其他模型在 KIBA 数据集上的测试结果对比

模型与方法	蛋白质序列	Compounds	*CI*	*MSE*
KronRLS	S-W	PubChem Sim	0.871（0.0008）	0..379
SimBoost	S-W	PubChem Sim	0.872（0.002）	0.282
DeepDTA	PS（char）	LS（char）	0.878（0.004）	0.261
Chemical Language	DeepSMILES-Vec + TF-IDF（SB）（word）	SMILESVec（word）	0.871（0.004）	0.232
WideDTA	PS + PDM（word）	LS + LMCS（word）	0.871（0.004）	0.262

表 5.14   CNNs-BiLSTM 模型与其他模型在 Davis 数据集上的测试结果对比

模型与方法	蛋白质序列	Compounds	*CI*	*MSE*
CNN	PS（char）	LS（char）	0.882	0.250
BiLSTM	PS（char）	LS（char）	0.873	0.253
CNN-BiLSTM	PS（char）	LS（char）	0.877	0.252
BiLSTM-CNN	PS（char）	LS（char）	0.874	0.260
CNN-BiLSTM with PE	PS（char）	LS（char）	0.875	0.237
CNN-BiLSTM-Att layer	PS（char）	LS（char）	0.878	0.254

参 考 文 献

[1]　ANFINSEN C B. Principles that govern the folding of protein chains. Science，1973，181（4096）：223-227.

[2]　LANSBURY P. Evolution of amyloid：what normal protein folding may tell us about fibrillogenesis and disease？//Proceedings of the National Academy of Sciences of the United States of America，1999，96（7）：3342-3344.

[3]　GIUSEPPE P. From XML DTDs to entity-relationship schemas. ER 2003 Workshops. Berlin：springer-verlag，2003，378-389.

[4]　邹承鲁. 第二遗传密码：新生肽链及蛋白质折叠的研究. 长沙：湖南科学技术出版社，1997.

[5]　WANG C F，WU H. Distribution of antibody in tissues. Nature，1939，143：565.

[6]　HEUN V. Approximate protein folding in the HP side chain model on extended cubic lattices. Discrete applied mathematics. 2003，127：163-177.

[7]　GROMIHA M M，SELVARAJ S. Inter-residue interactions in protein folding and stability. Progress in biohysics and molecular biology. 2004，86：25-277.

[8]　MORRISSEY M P，AHMED Z，SHAKHOVICH E I. The role of cotranslation in protein folding：a lattice model study. Polymer. 2004，45：557-571.

[9]　GUL S，HADIAN K. Protein-protein interaction modulator drug discovery：past efforts and future opportunities using a rich source of low-throughput and high-throughput screening assays. Expert opinion on drug discovery，2014，9（12）：1393-1404.

[10]　HAO Y，ZHAO S，WANG Z. Targeting the protein-protein interaction between IRS1 and mutant p110α for cancer therapy. Toxicologic pathology，2014，42（1）：140-147.

[11]　KESKIN O，GURSOY A，MA B，et al. Principles of protein-protein interactions：what are the preferred ways for proteins to interact？. Chemical reviews，2008，108（4）：1225-1244.

[12]　VAKSER I A. Protein-protein docking：from interaction to interactome. Biophysical journal，2014，107（8）：1785-1793.

[13]　MIHEL J，SIKIĆ M，TOMIĆ S，et al. PSAIA-protein structure and interaction analyzer. BMC structural biology，2008，8（11）：21.

[14]　阎隆飞，孙之荣. 蛋白质分子结构. 北京：清华大学出版社，1999.

[15]　陈惠黎，李茂深，朱运松. 生物大分子的结构和功能. 上海：上海医科大学出版社，1999.

[16]　赵南明，周海梦. 生物物理学. 北京：高等教育出版社，2000.

[17]　WALTON A G. Polypeptides and protein structure. New York：elsevier，1981.

[18]　毛黎明. 分布式并行处理与复杂网络在蛋白质折叠中的应用. 武汉：武汉理工大学，2005.

[19]　杨铭. 结构生物学概论. 北京：北京医科大学出版社，2002.

[20]　王夏，李北平，谭明锋，等. 生物信息学方法预测蛋白质相互作用网络中的功能模块. 生物技术通讯，2009，20（3）：430-432.

[21]　ROSE P W，BERAN B，BI C，et al. The RCSB protein data bank：redesigned web site and web services. Nucleic acids research，2011，39：392.

[22]　MOAL I H，FERNÁNDEZ-R. SKEMPI：a structural kinetic and energetic database of mutant protein interactions and its use in empirical models. Bioinformatics，2012，28（20）：2600-2607.

[23]　FISCHER T B，ARUNACHALAM K V，BAILEY D，et al. The binding interface database（BID）：a compilation of amino acid hot spots in protein interfaces. Bioinformatics，2003，19（11）：1453-1454.

[24]　XENARIOS I，SALWÍNSKI L，DUAN X J，et al. DIP，the database of interacting proteins：a research tool for studying cellular networks of protein interactions. Nucleic acids research，2002，30（1）：303.

[25]　PAGEL P，KOVAC S，OESTERHELD M，et al. The MIPS mammalian protein-protein interaction database. Bioinformatics，

2005，21（6）：832-834.

[26] CARLES P，FABIAN G，JUAN F R. Prediction of protein-binding areas by small-world residue networks and application to docking. BMC bioinformatics，2011，12（1）：378.

[27] 罗慧萍. 蛋白质-蛋白质相互作用界面和热点预测的方法研究. 武汉：武汉科技大学，2011.

[28] KESKIN O，MA B，NUSSINOV R. Hot regions in protein-protein interactions：the organization and contribution of structurally conserved hot spot residues. Journal of molecular biology，2005，345（5）：1281-1294.

[29] ELCOCK A H，MCCAMMON J A. Identification of protein oligomerization states by analysis of interface conservation//Proceedings of the national academy of sciences of the United States of America，2001，98（6）：2990-2994.

[30] CONSORTIUM U P. Update on activities at the Universal Protein Resource（Uniport）in 2013. Nucleic acids research，2013，41：43.

[31] SALWINSKI L，MILLER C S，SMITH A J，et al. The database of interacting proteins：2004 update. Nucleic acids research，2004，32（1）：449-451.

[32] THORN K S，BOGAN A A. ASEdb：a database of alanine mutations and their effects on the free energy of binding in protein interactions. Bioinformatics，2001，17（3）：284-285.

[33] WISHART D S，KNOX C，GUO A C，et al. DrugBank：a knowledgebase for drugs，drug actions and drug targets. Nucleic acids research，2007，36（1）：901-906.

[34] KANEHISA M，GOTO S. KEGG：Kyoto encyclopedia of genes and genomes. Nucleic. acids research，2000，28（1）：27-30.

[35] SHOEMAKER B，PANCHENKO A. Deciphering protein-protein interactions. Part I. Plos computational biology，2007，3（3）：42.

[36] SHOEMAKER B，PANCHENKO A. Deciphering protein-protein interactions. Part II. Computational methods to predict protein and domain interaction partners. Plos computational biology，2007，3（4）：43.

[37] ZHU H，BILGIN M，BANGHAM R，et al. Global analysis of protein activities using proteome chips. Science，2001，293（5537）：2101.

[38] 史明光. 蛋白质相互作用预测方法的研究. 合肥：中国科学技术大学，2009.

[39] DANDEKAR T，SNEL B，HUYNEN M，et al. Conservation of gene order：a fingerprint of proteins that physically interact. Trends in biochemical sciences，1998，23（9）：324-328.

[40] ENRIGHT A J，ILIOPOULOS I，KYRPIDES N C，et al. Protein interaction maps for complete genomes based on gene fusion events. Nature，1999，402（6757）：86-90.

[41] PELLEGRINI M，MARCOTTE E M，YEATES T O. A fast algorithm for genome-wide analysis of proteins with repeated sequences. Proteins，1999，35（4）：440-446.

[42] NAJAFABADI H S，SALAVATI R. Sequence-based prediction of protein-protein interactions by means of codon usage. Genome biology，2008，9（5）：87.

[43] ALOY P，QUEROL E，AVILES F X，et al. Automated structure-based prediction of functional sites in proteins：applications to assessing the validity of inheriting protein function from homology in genome annotation and to protein docking. Journal of molecular biology，2001，311（2）：395-408.

[44] LU L，LU H，SKOLNICK J. Multiprospector：an algorithm for the prediction of protein-protein interactions by multimeric threading. Proteins，2002，49（3）：350-364.

[45] LU L，ARAKAKI A K，LU H，et al. Multimeric threading-based prediction of protein-protein interactions on a genomic scale：application to the Saccharomyces cerevisiae proteome. Genome research，2003，13（6）：1146-1154.

[46] HUE M，RIFFLE M，VERT J P，et al. Large-scale prediction of protein-protein interactions from structures. BMC bioinformatics，2010，11：144.

[47] CORTES V，VAPNIK V. Support vector machines. Machine learning，1995，20（3）：273-297.

[48] BURBIDGE R，TROTTER M，BUXTON B，et al. Drug design by machine learning：support vector machines for pharmaceutical data analysis. Computers & chemistry，2001，26（1）：5-14.

[49] HUA S，SUN Z. Support vector machine approach for protein subcellular localization prediction. Bioinformatics，2001，
      17（8）：721-728.

[50] BOCK J R，GOUGH D A. Predicting protein-protein interactions from primary structure. Bioinformatics，2001，17（5）：
      455-460.

[51] PARK Y. Critical assessment of sequence-based protein-protein interaction prediction methods that do not require homologous
      protein sequences. BMC bioinformatics，2009，10：419.

[52] MARTIN S，ROE D，FAULON J L. Predicting protein-protein interactions using signature products. Bioinformatics，2005，
      21（2）：218-226.

[53] BEN-HUR A，NOBLE W S. Kernel methods for predicting protein-protein interactions. Bioinformatics，2005，21（1）：38-46.

[54] SHEN Q，ZHANG W，CAO X，et al. Cloning of full genome sequence of hepatitis E virus of Shanghai swine isolate using
      RACE method. Virology journal，2007，4：98.

[55] GUO Y，YU L，WEN Z，et al. Using support vector machine combined with auto covariance to predict protein-protein
      interactions from protein sequences. Nucleic acids research，2008，36（9）：3025-3030.

[56] 刘伟华，毛凤楼，来鲁华等. 基于结构分类的蛋白质折叠模式识别方法. 生物物理学报，1999，15（1）：126-136.

[57] DILL K A. Theory for the folding and stability of globular proteins. Biochemistry. 1985，24：1501-1509.

[58] LAU K F，DILL K A. A lattice statistical mechanics model of the conformational and sequence space of proteins.
      Macromolecules，1989，22：3986-3997.

[59] HART W E，ISTRAIL S. Robust proofs of NP-hardness for protein folding general lattices and energy potentials. Journal of
      computational biology. 1997，4（1）：1-22.

[60] STILLINGER F H，HEAD-GORDON T，HIRSHFEL C L. Toy model for protein folding. Physical review，1993，48：
      1469-1477.

[61] Dill K A. Dominant forces in protein folding. Biochemistry，1990，29（31）：7133-7155.

[62] IRBACK A，PETERSON C，POTTHAST F，et al. Local interactions and protein folding：a 3D off-lattice approach. Journal
      of chemical physics，1997，107：273-282.

[63] 刘习春，喻寿益. 局部快速微调遗传算法. 计算机学报，2006，29（1）：100-105.

[64] ZHANG X L，LIN X L. Effective 3D protein structure prediction with local adjustment genetic-annealing，Interdisciplinary
      Sciences：Computational life science，2010，2（3）：256-262.

[65] HSU H P，MEHRA V，NADLER W，et al. Growth algorithms for lattice heteropolymers at low temperatures. Journal of chemical
      physics，2003，118（1）：444-452.

[66] STILLINGER F H，HEAD-GORDON T. Collective aspects of protein folding illustrated by a toy model. Physical review，
      1995，52：2872-2877.

[67] MOUNT D W. Bioinformatics：sequence and genome analysis. Cold spring harbor laboratory press，2001.

[68] WANG L，ZHOU H. Perspective roles of short-and long-range interactions in protein folding. Wuhan university journal of
      natural sciences，2004，9：182-187.

[69] KIM S Y，LEE S B，LEE J. Structure optimization by conformational space annealing in an off-lattice protein model. Physical
      review，2005，72：011916.

[70] BACHMANN M，ARKIN H，JANKE W. Multicanonical study of coarse-grained off-lattice models for folding heteropolymers.
      Physical review，2005，71：031906.

[71] LIANG F. Annealing contour monte carlo algorithm for structure optimization in an off-lattice protein model. Journal of
      chemical physics，2004，120（14）：6756-6763.

[72] 张晓龙，李婷婷，芦进. 基于 Toy 模型蛋白质折叠预测的多种群微群粒群优化算法研究，计算机科学，2008，5（10）：
      230-235.

[73] 李婷婷. 面向蛋白质折叠结构问题的粒子群优化算法的改进研究. 武汉：武汉科技大学，2008.

[74] GLOVER F. Future paths for integer programming and links to artificial intelligence. Computers and operations research，

1986，13：533-549.

[75] GLOVER F. Tabu search：part I. ORSA. Journal on computing，1989，1：190-206.

[76] GLOVER F. Tabu search：part II. ORSA. Journal on computing，1990，2：4-32.

[77] LIN X L，ZHANG X L，ZHOU F L. Protein structure prediction with local adjust tabu search algorithm. BMC bioinformatics，2014，15（S15）：S1.

[78] ZHANG X L，et al. 3D protein structure prediction with genetic tabu search algorithm. BMC systems biology，2010，4（1）：6.

[79] WANG T，ZHANG X L. A case study of 3D protein structure prediction with genetic algorithm and Tabu search. Wuhan university journal of natural sciences，2011. 16：125-129.

[80] 汪婷. 基于遗传禁忌算法的蛋白质三维折叠结构预测. 武汉：武汉科技大学，2010.

[81] 陈矛，黄文奇，吕志鹏. 求解蛋白质折叠问题的模拟退火算法.小型微型计算机系统，2007，28（1）：75-78.

[82] ZHANG X，CHENG W. Protein 3D structure prediction by improved Tabu Search in Off-Lattice AB model. 2nd International conference on bioinformatics and biomedical engineering，Shanghai China，2008，184-187.

[83] DENG S P，ZHU L，HUANG D S. Mining the bladder cancer-associated genes by an integrated strategy for the construction and analysis of differential co-expression networks. BMC genomics，2015，16（3）：4.

[84] JAMALI A A，FERDOUSI R，RAZZAGHI S，et al. DrugMiner：comparative analysis of machine learning algorithms for prediction of potential druggable proteins. Drug discovery today，2016，21（5）：718-724.

[85] ÖZTÜRK H，OZKIRIMLI E，ÖZGÜR A. A comparative study of SMILES-based compound similarity functions for drug-target interaction prediction. BMC bioinformatics，2016，17（1）：128.

[86] NASCIMENTO A C A，PRUDÊNCIO R B C，COSTA I G. A multiple kernel learning algorithm for drug-target interaction prediction. BMC bioinformatics，2016，17（1）：46.

[87] CHEN L，ZHANG Y H，ZHENG M，et al. Identification of compound-protein interactions through the analysis of gene ontology，KEGG enrichment for proteins and molecular fragments of compounds. Molecular genetics and genomics，2016，291（6）：2065-2079.

[88] WEN M，ZHANG Z，NIU S，et al. Deep-learning-based drug-target interaction prediction. Journal of proteome research，2017，16（4）：1401-1409.

[89] WU Z，CHENG F，LI J，et al. SDTNBI：an integrated network and chemoinformatics tool for systematic prediction of drug–target interactions and drug repositioning. Briefings in bioinformatics，2016，18（2）：333-347.

[90] CLACKSON T，WELLS J A. A hot spot of binding energy in a hormone-receptor interface. Science，1995，267（5196）：383-386.

[91] BOGAN A A，THORN K S. Anatomy of hot spots in protein interfaces. Journal of molecular biology，1998，280（1）：1-9.

[92] 李娟娟. 基于多特征融合和集成的蛋白质相互作用预测. 济南：济南大学，2014.

[93] RAO H B，ZHU F，YANG G B，et al. Update of PROFEAT：a web server for computing structural and physicochemical features of proteins and peptides from amino acid sequence. Nucleic acids research，2011，39：385.

[94] CHO K，KIM D，LEE D. A feature-based approach to modeling protein-protein interaction hot spots. Nucleic acids research，2009，37（8）：2672-2687.

[95] PINTAR A，CARUGO O，PONGOR S. CX：an algorithm that identifies protruding atoms in proteins. Bioinformatics，2002，7：980-984.

[96] PINTAR A，CARUGO O，PONGOR S. DPX：for the analysis of the protein core. Bioinformatics，2003，19（2）：313-314.

[97] PENG H. Feature selection based on mutual information：criteria of max-dependency，max-relevance，and min-redundancy. IEEE transactions on pattern analysis and machine intelligence，2005，27：1226-1238.

[98] 张少辉，张晓龙. 蛋白质相互作用热点残基的预测. 生物物理学报，2013，29（2）：151-157.

[99] LIN X L，ZHANG X L，XU X. Efficient classification of hot spots and hub protein interfaces by recursive feature elimination and gradient boosting. IEEE/ACM transactions on computational biology and bioinformatics，2019.

[100] 常甜甜. 支持向量机学习算法若干问题的研究. 西安：西安科技大学，2010.

[101] 刘清. 基于 SVM 的网络文本分类问题研究与应用. 南昌：南昌大学，2007.

[102] HO T K. The random subspace method for constructing decision forests. IEEE transactions on pattern analysis and machine intelligence，1998，20（8）：832-844.

[103] ZHANG X L，LIN X L，ZHAO J F，et al. Efficiently predicting hot spots in PPIs by combining random forest and synthetic minority over-sampling technique. IEEE/ACM transactions on computational biology and bioinformatics，2019，16（3）：774-781.

[104] KORTEMME T，BAKER D. A simple physical model for binding energy hot spots in protein-protein complexes. Proceedings of the national academy of sciences of the United States of America，2002，99（22）：14116-14121.

[105] GUEROIS R，NIELSEN J E，SERRANO L. Predicting changes in the stability of proteins and protein complexes：a study of more than 1000 mutations. Journal of molecular biology，2002，320（2）：369-387.

[106] DARNELL S J，LEGAULT L，MITCHELL J C. KFC Server：interactive forecasting of protein interaction hot spots. Nucleic acids research，2008，36（2）：265-269.

[107] CHEN P，LI J，WONG L，et al. Accurate prediction of hot spot residues through physicochemical characteristics of amino acid sequences. Proteins structure function and bioinformatics，2013，81（8）：1351-1362.

[108] HUANG Q Q，ZHANG X L. An improved ensemble learning method with smote for protein interaction hot spots prediction. IEEE international conference on bioinformatics & biomedicine，Shenzhen，2017：1584-1589.

[109] ZHANG S H，ZHANG X L. Prediction of hot spots at protein-protein interface. Acta biophysica sinica，2013，29（2）：1-12.

[110] XIA J F，ZHAO X M，SONG J，et al. APIS：accurate prediction of hot spots in protein interfaces by combining protrusion index with solvent accessibility. BMC bioinformatics，2010，11（1）：174.

[111] LIN J J，LIN Z L，HWANG J K，et al. On the packing density of the unbound protein-protein interaction interface and its implications in dynamics. BMC bioinformatics，2015，16（1）：7.

[112] 南东方.基于复杂网络和社区探测方法的热区预测方法研究. 武汉：武汉科技大学，2014.

[113] 毕敬业.基于序列的蛋白质相互作用预测方法研究.太原：山西大学，2013：13-16.

[114] 杜明宇，张晓龙. 基于多序列特征提取的蛋白质相互作用预测. 计算机工程与设计，2018，39（1）：86-89.

[115] HUANG Y，NIU B，GAO Y，et al. CD-HIT Suite：a web server for clustering and comparing biological sequences. Bioinformatics，2010，26（5）：680-682.

[116] REICHMANN D，RAHAT O，ALBECK S，et al. The modular architecture of protein–protein binding interfaces//Proceedings of the national academy of sciences of the United States of America，2005，102（1）：57-62.

[117] LIN X L，ZHANG X L. Prediction of hot regions in PPIs based on improved local community structure detecting. IEEE/ACM Transactions on computational biology and bioinformatics，2018，15（5）：1470-1479.

[118] CHEN Q，WU T T，FANG M. Detecting local community structures in complex networks based on local degree central nodes. Physica A：Statistical mechanics and its applications，2013，392（3）：529-537.

[119] NAN D，ZHANG X L. Prediction of hot regions in protein-protein interactions based on complex network and community detection. Bioinformatics and biomedicine，2013：17-23.

[120] CUKUROGLU E，GURSOY A，KESKIN O. HotRegion：a database of predicted hot spot clusters. Nucleic acids research，2012，40（1）：829-833.

[121] 胡静. 基于密度聚类和特征分类的蛋白质相互作用热区预测. 武汉：武汉科技大学，2015.

[122] HU J，ZHANG X L，LIU X M，et al. Prediction of hot regions in protein-protein interaction by combining density-based incremental clustering with feature-based classification. Computers in biology and medicine，2015，61：127-137.

[123] HU J，ZHANG X L. Improving hot region prediction by parameter optimization of density clustering in PPI. Methods，2016，110：35-43.

[124] HU J，ZHANG X. Identification of hot regions in protein interfaces：combining density clustering and neighbor residues improves the accuracy. International conference on intelligent computing，2015：399-407.

[125] HU J, ZHANG X. Prediction of hot regions in protein-protein interaction by density-based incremental clustering with parameter selection. Bioinformatics and biomedicine, 2015: 1162-1169.

[126] 叶静. 基于密度聚类与投票分类器的蛋白质相互作用热区的预测. 武汉: 武汉科技大学, 2017.

[127] 叶静, 张晓龙. 基于密度聚类和社区探测的蛋白质相互作用热区的预测方法. 生物物理学报, 2015 (1): 45-52.

[128] 林晓丽. Hub 蛋白质相互作用结合面预测方法研究. 武汉: 武汉科技大学, 2019.

[129] GUNEY E, TUNCBAG N, KESKIN O, et al. Hot sprint: database of computational hot spots in protein interfaces. Nucleic acids research, 2008, 36: 662-666.

[130] 于亚飞, 周爱武. 一种改进的 DBScan 密度算法. 计算机技术与发展, 2011, 21 (2): 30-33.

[131] KORTEMME T, KIM D E, BAKER D. Computational alanine scanning of protein-protein interfaces. Science's STKE: signal transduction knowledge environment, 2004: 2.

[132] HU J, ZHANG X L. Testing whether hot regions in protein-protein interactions are conserved in different species//Proceedings of the 2015 IEEE international conference on bioinformatics and biomedicine, 2015. 1624-1629.

[133] CAFFREY D R, SOMAROO S, HUGHES J D, et al. Are protein-protein interfaces more conserved in sequence than the rest of the protein surface? . Protein Science: A publication of the protein society, 2004, 13 (1): 190-202.

[134] MA B, ELKAYAM T, WOLFSON H, et al. Protein-protein interactions: structurally conserved residues distinguish between binding sites and exposed protein surfaces//Proceedings of the national academy of sciences of the United States of America, 2003, 100 (10): 5772-5777.

[135] HALPERIN I, WOLFSON H, NUSSINOV R. Protein-protein interactions: coupling of structurally conserved residues and of hot spots across interfaces. Implications for docking. Structure (London, England: 1993), 2004, 12 (6): 1027-1038.

[136] MOUNT D W. Using BLOSUM in sequence alignments. CSH protocols, 2008: 39.

[137] CHEN F, MACKEY A J, STOECKERT C J JR, et al. Orthomcl-DB: querying a comprehensive multi-species collection of ortholog groups. Nucleic acids research, 2006, 34: 363-368.

[138] FISCHER S, BRUNK B P, CHEN F, et al. Using orthomcl to assign proteins to orthomcl-db groups or to cluster proteomes into new ortholog groups. Current protocols in bioinformatics, 2011, 6: 12-19.

[139] STAJICH J E. An introduction to bioperl. Methods in molecular biology, 2007, 406: 535-548.

[140] STAJICH J E, BLOCK D, BOULEZ K, et al. The bioperl toolkit: perl modules for the life sciences. Genome research, 2002, 12 (10): 1611-1618.

[141] LARKIN M A, BLACKSHIELDS G, BROWN N P, et al. Clustal w and clustal x version 2.0. Bioinformatics, 2007, 23 (21): 2947-2948.

[142] HAN J W, KAMBER M, PEI J. Data mining concepts and techniques third edition. Singapore: Elsevier (Singapore) Pte Ltd, 2012.

[143] OLAYAN R S, ASHOOR H, BAJIC V B. DDR: efficient computational method to predict drug-target interactions using graph mining and machine learning approaches. Bioinformatics, 2017, 34 (7): 1164-1173.

[144] XIE L, HE S, SONG X, et al. Deep learning-based transcriptome data classification for drug-target interaction prediction. BMC genomics, 2018, 19 (7): 667.

[145] ALTAWEEL A B H, ABUSALAH L, QATO D M. Near field communication detection system for drug-drug interactions. Procedia computer science, 2018, 140: 314-323.

[146] LIU H, SUN J, GUAN J, et al. Improving compound-protein interaction prediction by building up highly credible negative samples. Bioinformatics, 2015, 31: i221-i229.

[147] CHEN H, ZHANG Z. A semi-supervised method for drug-target interaction prediction with consistency in networks. PloS one, 2013, 8: 62-97.

[148] LAN W, WANG J, LI M, et al. Predicting drug-target interaction using positive-unlabeled learning. Neurocomput, 2016, 206: 50-57.

[149] CHEN X, YAN C C, ZHANG X, et al. Drug-target interaction prediction: Databases, web servers and computational models.

　　　　Briefings in bioinformatics，2016，17：696-712.

[150]　DING H，TAKIGAWA I，MAMITSUKA H，et al. Similarity-based machine learning methods for predicting drug-target interactions：a brief review. Briefings in bioinformatics，2014，15：734-747.

[151]　LI X L，PHILIP S Y，LIU B，et al. Positive unlabeled learning for data stream classification//Proceedings of the SIAM international conference on data mining，2009，4：257-268.

[152]　REN Y，JI D，ZHANG H B. Positive unlabeled learning for deceptive reviews detection. Journal of computer research and development，2015，52（3）：639-648.

[153]　LIU B，LEE W S，PHILIP S Y，et al. Partially supervised classifcation of text documents//Proceedings of the nineteenth international conference on machine learning，2003，1：387-394.

[154]　LI X L，LIU B. Learning to classify texts using positive and unlabeled data//Proceedings of the 18th international joint conference on artifcial intelligence，2003，1：587-592.

[155]　WANG J F，WEI D Q，CHOU K C. Pharmacogenomics and personalized use of drugs. Current topics in medicinal chemistry，2008，8（18）：1573-1579.

[156]　JOSEPH A D，HENRY G G，RONALD H. Innovation in the phar-maceutical industry：new estimates of R&D costs. Journal of health economics，2016，47：20-33.

[157]　LUO H，MATTES W，MENDRICK D L，et al. Molecular docking for identification of potential targets for drug repurposing. Current topics in medicinal chemistry，2016，16：3636-3645.

[158]　PAHIKKALA T，AIROLA A，PIETILÄ S，et al. Toward more realistic drug-target interaction predictions. Briefings in bioinformatics，2014，16（2）：325-337.

[159]　HE T，HEIDEMEYER M，BAN F，et al. Simboost: a read-across approach for predicting drug-target binding affinities using gradient boosting machines. Journal of cheminformatics，2017，9（1）：24.

[160]　ÖZTÜRK H，OZGUR A，OZKIRUMLI E，et al. DeepDTA：deep drug-target binding affinity prediction. Bioinformatics，2018，34（17）：1-18.

[161]　YAMANISHI Y，ARAKI M，GUTTERIDGE A，et al. Prediction of drug-target interaction networks from the integration of chemical and genomic spaces. Bioinformatics，2008，24（13）：i232-i240.

[162]　WAIL B A，OTHMAN S，MAGBUBAH E，et al. DASPfind: new efficient method to predict drug-target interactions. Journal of cheminformatics，2016，8（1）：15.

[163]　TANG J，SZWAJDA A，SHAKYAWAR S K，et al. Making sense of large-scale kinase inhibitor bioactivity data sets：a comparative and integrative analysis. Journal of chemical information and modeling，2014，54（3）：735-743.

[164]　DAVIS M I，HUNT J P，HERRGARD S，et al. Comprehensive analysis of kinase inhibitor selectivity. Nature biotechnology，2011，29（11）：1046-1051.

[165]　MOUSAVIAN Z，KHAKABIMAMAGHANI S，KAVOUSI K，et al. Drug-target interaction prediction from pssm based evolutionary information. Journal of pharmacological and toxicological methods，2016，78：42-51.

[166]　RAYHAN F，AHMED S，SHATABDA S，et al. IDTI-ESBoost: identification of drug target interaction using evolutionary and structural features with boosting. Scientific reports，2017，7（1）：17731.

[167]　SAFAVIAN S R，LANDGREBE D. A survey of decision tree classifier methodology. IEEE transactions on systems，man and cybernetics，1991，21（3）：660-674.

[168]　JOACHIMS T. Making Large-Scale SVM Learning Practical. Technical reports，1998.

[169]　KANEHISA M，GOTO S，HATTORI M，et al. From genomics to chemical genomics: new developments in KEGG. Nucleic acids research，2006，34：354-357.

[170]　IDA S，ANTJE C，CHRISTIAN E，et al. BRENDA: the enzyme database: updates and major new developments. Nucleic acids research，2004，32：431-433.

[171]　GÜNTHER S，MICHAEL K，MATHIAS D，et al. Super target and matador: resources for exploring drug-target relationships. Nucleic acids research，2008，36：919-922.

[172] EZZAT A, ZHAO P, WU M, et al. Drug-target interaction prediction with graph regularized matrix factorization. IEEE/ACM transactions on computational biology and bioinformatics, 2017, 99: 646-656.

[173] GUO Q, ZHOU J, DING C, et al. Collaborative filtering: weighted nonnegative matrix factorization incorporating user and item graphs//Proceeding of SIAM international conference on data mining, 2010: 199-210.

[174] KE Y, SUKTHANKAR R. PCA-SIFT: a more distinctive representation for local image descriptors. computer vision and pattern recognition, IEEE computer society, 2004: 506-513.

[175] SARWAR B, KARYPIS G, KONSTAN J, et al. Application of dimensionality reduction in recommender system-a case study//Proceeding of ACM WebKDD workshop, 2000.

[176] MEI J, KWOH C K, YANG P, et al. Drug-target interaction prediction by learning from local information and neighbors. Bioinformatics, 2013, 29 (2): 238-245.

[177] VAN L T, NABUURS S B, MARCHIORI E, et al. Gaussian interaction profile kernels for predicting drug-target interaction. Bioinformatics, 2011, 27 (21): 3036-3043.

[178] VAN L T, MARCHIORI E. Predicting drug-target interactions for new drug compounds using a weighted nearest neighbor profile. PLOS one, 2013, 8 (6): 1-6.

[179] ZHENG X, DING H, MAMITSUKA H, et al. Collaborative matrix factorization with multiple similarities for predicting drug-target interactions//Proceedings of the 19th acm SIGKDD international conference on knowledge discovery and data mining, 2013: 1025-1033.

[180] EBRAHIMI J, DOU D. Chain based RNN for relation classification. North American chapter of the association for computational linguistics, 2015: 1244-1249.

[181] VRIES J K, LIU X. Subfamily specific conservation profiles for proteins based on n-gram patterns. BMC bioinformatics, 2008, 9 (1): 72.

[182] BOUTET E, LIEBERHERR D, TOGNOLLI M, et al. UniportKB/Swiss-Prot. Methods of molecular biology, 2007: 89-112.

[183] GÖNEM M, HELLER G. Concordance probability and discriminatory power in proportional hazards regression. Biometrika, 2005, 92: 965-970.

附录1 训练样本集中的 ΔΔG 值

PDB	Chain	Sequence	ΔΔG	PDB	Chain	Sequence	ΔΔG
1a4y	A	261	0.1	1dan	T	68	−0.1
1a4y	A	263	1.2	1dvf	A	30	1.7
1a4y	A	289	0	1dvf	A	32	2
1a4y	A	318	1.5	1dvf	A	49	1.7
1a4y	A	320	−0.3	1dvf	A	50	0.7
1a4y	A	344	0.2	1dvf	A	92	0.3
1a4y	A	375	1	1dvf	A	93	1.2
1a4y	A	401	0.9	1dvf	B	30	0.9
1a4y	A	434	3.3	1dvf	B	32	1.8
1a4y	A	435	3.5	1dvf	B	52	4.2
1a4y	A	437	0.8	1dvf	B	54	4.3
1a4y	A	457	−0.2	1dvf	B	56	1.2
1a4y	A	459	0.7	1dvf	B	58	1.6
1a4y	B	5	2.3	1dvf	B	98	4.2
1a4y	B	8	0.9	1dvf	B	99	1.9
1a4y	B	12	0.3	1dvf	B	100	2.8
1a4y	B	13	−0.3	1dvf	B	101	4
1a4y	B	31	0.2	1dvf	D	33	1.9
1a4y	B	32	0.9	1dvf	D	52	1.7
1a4y	B	68	0.2	1f47	A	4	0.7
1a4y	B	84	0.2	1f47	A	5	0.9
1a4y	B	89	0.2	1f47	A	6	0.9
1a4y	B	108	−0.3	1f47	A	7	1.8
1a4y	B	114	0.65	1f47	A	8	2.5
1a22	A	18	−0.5	1f47	A	11	2.5
1a22	A	21	0.2	1f47	A	12	2.3
1a22	A	22	−0.2	1f47	A	15	0
1a22	A	25	−0.4	1fc2	C	147	0.6
1a22	A	42	0.2	1fc2	C	150	2.2
1a22	A	45	1.2	1fc2	C	154	1.2
1a22	A	46	0.1	1fcc	C	25	0.24
1a22	A	51	0.3	1fcc	C	27	4.9
1a22	A	56	0.4	1fcc	C	28	1.3
1a22	A	62	0.1	1fcc	C	31	3.5

续表

PDB	Chain	Sequence	ΔΔG	PDB	Chain	Sequence	ΔΔG
1a22	A	63	0.3	1fcc	C	35	2.4
1a22	A	64	1.6	1fcc	C	40	0.3
1a22	A	65	−0.5	1fcc	C	42	0.4
1a22	A	68	0.6	1fcc	C	43	3.8
1a22	A	164	0.3	1gc1	C	23	0.29
1a22	A	167	0.3	1gc1	C	25	0.03
1a22	A	168	−0.2	1gc1	C	27	0.28
1a22	A	171	0.8	1gc1	C	29	0.59
1a22	A	172	2	1gc1	C	32	0.18
1a22	A	174	−0.9	1gc1	C	33	0.1
1a22	A	175	2	1gc1	C	35	0.32
1a22	A	176	1.9	1gc1	C	40	−0.41
1a22	A	178	2.4	1gc1	C	42	0
1a22	A	179	0.8	1gc1	C	44	1.04
1a22	A	183	0.5	1gc1	C	45	−0.15
1a22	B	243	2.12	1gc1	C	52	0.7
1a22	B	244	1.69	1gc1	C	59	1.16
1a22	B	271	0.54	1gc1	C	60	−0.09
1a22	B	273	0.11	1gc1	C	63	−0.32
1a22	B	274	0	1gc1	C	64	0.44
1a22	B	275	−0.1	1gc1	C	85	1.31
1a22	B	276	0.51	1jrh	L	27	0.54
1a22	B	280	−0.02	1jrh	L	28	0.44
1a22	B	298	−0.05	1jrh	L	30	1.1
1a22	B	302	−0.2	1jrh	L	91	0.58
1a22	B	303	1.61	1jrh	L	92	2.8
1a22	B	304	4.5	1jrh	L	93	0.54
1a22	B	305	1.94	1jrh	L	94	0.36
1a22	B	320	−0.19	1jrh	L	96	0.59
1a22	B	321	0.08	1jrh	H	32	1.4
1a22	B	324	0.28	1jrh	H	52	2.7
1a22	B	326	0.99	1jrh	H	53	2.4
1a22	B	327	0.97	1jrh	H	54	1.9
1a22	B	364	1.49	1jrh	H	56	1.8
1a22	B	365	2.13	1jrh	H	58	1.2
1a22	B	366	0.02	1jrh	H	95	0.54
1a22	B	367	−0.02	1jrh	H	99	1.1
1a22	B	369	4.5	1jrh	H	100	1.7

PDB	Chain	Sequence	ΔΔG	PDB	Chain	Sequence	ΔΔG
1a22	B	371	−0.64	1jrh	I	47	3.6
1a22	B	416	0.89	1jrh	I	49	3.4
1a22	B	417	0.28	1jrh	I	51	1.9
1a22	B	418	0.3	1jrh	I	52	3
1a22	B	419	0.03	1jrh	I	53	3.9
1ahw	C	156	4	1jrh	I	54	0.3
1ahw	C	167	0	1jrh	I	55	−0.4
1ahw	C	170	1	1jrh	I	82	4.5
1ahw	C	176	1	1jrh	I	84	−0.3
1ahw	C	178	−0.5	1jrh	I	98	0
1ahw	C	197	1.3	1nmb	H	99	1.5
1ahw	C	198	−0.3	1vfb	A	30	0.8
1brs	A	27	5.4	1vfb	A	32	1.3
1brs	A	59	5.2	1vfb	A	49	0.8
1brs	A	60	−0.2	1vfb	A	50	0.4
1brs	A	73	2.8	1vfb	A	53	−0.23
1brs	A	87	5.5	1vfb	A	92	1.71
1brs	A	102	6	1vfb	A	93	0.11
1brs	D	29	3.4	1vfb	B	30	0.09
1brs	D	35	4.5	1vfb	B	32	0.5
1brs	D	39	7.7	1vfb	B	52	1.23
1brs	D	42	1.8	1vfb	B	99	0.47
1brs	D	76	1.3	1vfb	B	100	3.1
1bxi	A	23	0.92	1vfb	B	101	4
1bxi	A	24	0.14	1vfb	C	18	0.3
1bxi	A	27	0.73	1vfb	C	19	0.3
1bxi	A	28	0.17	1vfb	C	23	0.4
1bxi	A	29	0.96	1vfb	C	24	0.8
1bxi	A	30	1.41	1vfb	C	116	0.7
1bxi	A	33	3.42	1vfb	C	118	0.8
1bxi	A	34	2.58	1vfb	C	119	1
1bxi	A	37	1.66	1vfb	C	120	0.9
1bxi	A	38	0.9	1vfb	C	121	2.9
1bxi	A	41	2.08	1vfb	C	124	1.2
1bxi	A	48	0.01	1vfb	C	125	1.8
1bxi	A	49	1.49	1vfb	C	129	0.2
1bxi	A	50	2.19	2ptc	I	15	10
1bxi	A	51	5.92	3hfm	H	31	0.2
1bxi	A	55	4.63	3hfm	H	32	2

续表

PDB	Chain	Sequence	$\Delta\Delta G$	PDB	Chain	Sequence	$\Delta\Delta G$
1bxi	A	56	1.24	3hfm	H	33	6
1cbw	I	11	0.2	3hfm	H	50	7.5
1cbw	I	15	2	3hfm	H	53	3.29
1cbw	I	17	0.5	3hfm	H	58	1.7
1cbw	I	19	0.1	3hfm	Y	15	−0.5
1cbw	I	34	0	3hfm	Y	20	5
1cbw	I	39	0.2	3hfm	Y	21	1
1dan	T	15	−0.4	3hfm	Y	63	0.3
1dan	T	17	0.1	3hfm	Y	73	−0.2
1dan	T	18	0.2	3hfm	Y	75	1.25
1dan	T	20	2.6	3hfm	Y	89	0
1dan	T	21	−0.2	3hfm	Y	93	0.6
1dan	T	22	0.7	3hfm	Y	96	7
1dan	T	24	0.7	3hfm	Y	97	6
1dan	T	41	−0.04	3hfm	Y	100	0.25
1dan	T	42	−0.05	3hfm	Y	101	1.02
1dan	T	44	0.7	3hfm	L	31	5.25
1dan	T	46	0.25	3hfm	L	32	5.2
1dan	T	47	0.05	3hfm	L	50	4.6
1dan	T	48	0.4	3hfm	L	53	1
1dan	T	50	0.4	3hfm	L	96	2.8
1dan	T	58	2.18				

附录 2 测试样本集的详细信息

Interface	Chain	Residue	Strength[1]	Interface	Chain	Residue	Strength[1]
1cdlAE	A	F12	N	1es7AD	A	W31	S
1cdlAE	A	F19	W	1fakHT	T	Q37	W
1cdlAE	A	F92	S	1fakHT	T	K41	I
1cdlAE	E	K799	N	1fakHT	T	S42	I
1cdlAE	E	W800	S	1fakHT	T	D44	W
1cdlAE	E	K802	I	1fakHT	T	Y94	W
1cdlAE	E	G804	S	1fakLT	T	K15	I
1cdlAE	E	R808	I	1fakLT	T	T17	I
1cdlAE	E	I810	S	1fakLT	T	N18	I
1cdlAE	E	G811	I	1fakLT	T	K20	S
1cdlAE	E	R812	S	1fakLT	T	I22	W
1cdlAE	E	L813	S	1fakLT	T	E24	W
1dvaHX	H	G38	I	1fakLT	T	S47	I
1dvaHX	H	I65	I	1fakLT	T	K48	I
1dvaHX	H	V67	I	1fakLT	T	F50	I
1dvaHX	H	E70	W	1fakLT	T	D58	S
1dvaHX	H	L73	I	1fakLT	T	E128	I
1dvaHX	H	S74	I	1fakLT	T	L133	I
1dvaHX	H	E75	I	1fakLT	T	R135	I
1dvaHX	H	H76	S	1fakLT	T	F140	I
1dvaHX	H	E80	I	1fakLT	T	T203	I
1dvaHX	H	S82	I	1fakLT	T	V207	I
1dvaHX	H	L144	I	1fe8AH	A	E987	I
1dvaHX	H	L153	W	1fe8AH	A	H990	I
1dvaHX	X	A1	I	1fe8AL	A	R963	I
1dvaHX	X	L2	S	1fe8AL	A	E987	I
1dvaHX	X	D5	W	1fe8AL	A	H1023	I
1dvaHX	X	R7	W	1foeAB	B	S41	I
1dvaHX	X	V8	I	1foeAB	B	G54	S
1dvaHX	X	D9	I	1g3iAG	A	D438	S
1dvaHX	X	W11	S	1g3iAG	A	L439	S
1dvaHX	X	Y12	S	1g3iAG	A	R441	S
1dvaHX	X	Q14	I	1g3iAG	A	F442	S
1dvaHX	X	F15	S	1g3iAG	A	I443	S

续表

Interface	Chain	Residue	Strength[1]	Interface	Chain	Residue	Strength[1]
1dvaHX	X	V16	I	1g3iAG	A	L444	S
1dx5BN	N	I24	I	1gl4AB	A	R403	I
1dx5BN	N	K235	I	1gl4AB	A	D427	S
1dx5BJ	N	F34	I	1gl4AB	A	H429	S
1dx5BJ	N	K36	W	1gl4AB	A	Y431	S
1dx5BJ	N	P37	W	1gl4AB	A	Y440	I
1dx5BJ	N	Q38	W	1gl4AB	A	E616	S
1dx5BJ	N	E39	I	1gl4AB	A	R620	S
1dx5BJ	N	L65	W	1ihbAB	B	N101	I
1dx5BJ	N	R67	S	1ihbAB	B	R133	W
1dx5BJ	N	T74	W	1ihbAB	B	H135	W
1dx5BJ	N	R75	W	1ihbAB	B	K136	I
1dx5BJ	N	Y76	S	1jatAB	A	E55	S
1dx5BJ	N	E80	S	1jatAB	B	F8	S
1dx5BJ	N	K81	W	1jppBD	B	K345	S
1dx5BJ	N	I82	I	1jppBD	B	K354	I
1dx5BJ	N	M84	I	1jppBD	B	W383	S
1dx5BJ	N	K110	I	1jppBD	B	R386	I
1ebpAC	A	F93	S	1jppBD	B	K435	I
1ebpAC	A	M150	S	1jppBD	B	R469	I
1ebpAC	A	T151	W	1jppBD	B	H470	I
1ebpAC	A	F205	S	1mq8AB	B	T206	S
1ebpAC	C	G9	I	1nfiAF	F	C215	I
1ebpAC	C	P10	I	1nfiBF	F	Y181	S
1ebpAC	C	L11	I	1nunAB	A	D76	I
1ebpAC	C	T12	W	1nunAB	A	R78	I
1ebpAC	C	W13	S	1nunAB	A	R155	I
1es7AB	A	F49	I	1ub4AC	C	F453	I
1es7AB	A	P50	I	2hhbAB	B	Y35	I
1es7AC	A	V26	I				

注：'S'表示"强"，'I'表示"中"，'W'表示"弱"，'N'表示"无关"

附录 3   Hub 蛋白质的部分数据集

Date Hub

No.	Ordered Locus Name	Uniport Name	Interface
1	YFR034C	P07270	1A0AAB
2	YNL189W	Q02821	1BK5AB
3	YEL009C	P03069	1CE9AB
4	YEL009C	P03069	1CE9BD
5	YPL248C	P04386	1D66AB
6	YBR011C	P00817	1E9GAB
7	YNL189W	Q02821	1EE4AC
8	YNL189W	Q02821	1EE4AD
9	YDL185W	P17255	1EF0AB
10	YKR002W	P29468	1FA0AB
11	YPL153C	P22216	1G6GAB
12	YPL153C	P22216	1G6GAE
13	YEL009C	P03069	1GK6AB
14	YGL240C	P53068	1GQPAB
15	YPL240C	P02829	1HK7AB
16	YEL009C	P03069	1IJ2AB
17	YLR191W	P80667	1JQQAB
18	YLR1912	P80667	1JQQAD
19	YEL009C	P03069	1KQLAB
20	YEL009C	P03069	1LLMCD
21	YPL218W	P20606	1M2OCD
22	YBR011C	P00817	1M38AB
23	YML065W	P54784	1M4ZAB
24	YMR043W	P11746	1MNMAB
25	YMR043W	P11746	1MNMAD
26	YMR043W	P11746	1MNMBC
27	YLR191W	P80667	1N5ZAP
28	YGL153W	P53112	1N5ZBQ
29	1PR182W	P54999	1N9RAB
30	YPR182W	P54999	1N9REF
31	YER148W	P13393	1NGMAB
32	YER148W	P13393	1NGMFI
33	YER148W	P13393	1NH2AC
34	YER148W	P13393	1NH2AD

No.	Ordered Locus Name	Uniport Name	Interface
35	YEL009C	P03069	1NKNAB
36	YEL009C	P03069	1NKNAC
37	YJL041W	P14907	1O6OAD
38	YDR277W	P11978	1PL5AS
39	YLR044C	P06169	1PVDAB
40	YOL149W	Q12517	1Q67AB
41	YBR135W	P20486	1QB3AC
42	YBR135W	P20486	1QB3BC
43	YOL038W	P40303	1RYPCD
44	YOL038W	P40303	1RYPDK
45	YOL038W	P40303	1RYPDL
46	YDR228C	P39081	1SZ9AB
47	YDR228C	P39081	1SZ9AC
48	YDR228C	P39081	1SZ9BC
49	YER148W	P13393	1TBPAB
50	YDL140C	P04050	1TWFAB
51	YDL140C	P04050	1TWFAC
52	YDL140C	P04050	1TWFAE
53	YDL140C	P04050	1TWFAF
54	YDL140C	P04050	1TWFAH
55	YDL140C	P04050	1TWFAI
56	YDL140C	P04050	1TWFAK
57	YDL185W	P17255	1UM2AC
58	YNL189W	Q02821	1UN0AB
59	YNL189W	Q02821	1UNOAC
60	YNR052C	P39008	1UOCAB
61	YPL240C	P02829	1US7AB
62	YPL240C	P02829	1USUAB
63	YPL240C	P02829	1USVAC
64	YPL240C	P02829	1USVCE
65	YPL240C	P02829	1USVFG
66	YNL189W	Q02821	1WA5AB
67	YNL189W	Q02821	1WA5BC
68	YEL037C	P32628	1X3ZAB
69	YDR404C	P34087	1Y14BD
70	YDR404C	P34087	1Y14CD
71	YOL135C	Q08278	1YKHAB
72	YML065W	P54784	1ZBXAB
73	YDR283C	P15442	1ZXEAE

No.	Ordered Locus Name	Uniport Name	Interface
74	YDR283C	P15442	1ZXEBC
75	YDR283C	P15442	1ZY4AB
76	YBL016W	P16892	2B9HAC
77	YFL038C	P01123	2BCGGY
78	YLR347C	Q06142	2BKUAB
79	YLR347C	Q06142	2BKUBD
80	YLR347C	Q06142	2BPTAB
81	YPL240C	P02829	2BREAB
82	YNL189W	Q02821	2C1TAC
83	YDR477W	P06782	3HYHAB

Party Hub

No.	Ordered Locus Name	Uniport Name	Interface
1	YER009W	P33331	1GY7AB
2	YER009W	P33331	1GY7BD
3	YER009W	P33331	1GYBAE
4	YCR088W	P15891	1HQZ27
5	YCR088W	P15891	1HQZ35
6	YCR088W	P15891	1HQZ56
7	YLR127C	Q12440	1LDDAC
8	YLR127C	Q12440	1LDDAD
9	YRP181C	P15303	1M2OAB
10	YRPR181C	P15303	1M2OAC
11	YIL109C	P40482	1M2VAB
12	YLR026C	Q01590	1MQSAB
13	YIL109C	P40482	1PD0AB
14	YBL041W	P23724	1RYP12
15	YGL011C	P21243	1RYPAB
16	YGL011C	P21243	1RYPAH
17	YGL011C	P21243	1RYPAI
18	YER094C	P25451	1RYPBJ
19	YER094C	P25451	1RYPCJ
20	YER012W	P22141	1RYPCK
21	YER012W	P22141	1RYPDK
22	YMR314W	P40302	1RYPFG
23	YMR314W	P40302	1RYPFM
24	YFR050C	P30657	1RYPFN

No.	Ordered Locus Name	Uniport Name	Interface
25	YOR362C	P21242	1RYPGH
26	YFR050C	P30657	1RYPGN
27	YFR050C	P30657	1RYPHN
28	YBL041W	P23724	1RYPI1
29	YER094C	P25451	1RYPIJ
30	YBL041W	P23724	1RYPJ1
31	YER012W	P22141	1RYPJK
32	YER094C	P25451	1RYPJZ
33	YER012W	P22141	1RYPKL
34	YER012W	P22141	1RYPKY
35	YER012W	P22141	1RYPKZ
36	YFR050C	P30657	1RYPMN
37	YOR157C	P25043	1RYPMW
38	YFR050C	P30657	1RYPNV
39	YFR050C	P30657	1RYPNW
40	YML092C	P23639	1RYPOP
41	YOR157C	P25043	1RYPOW
42	YGR135W	P23638	1RYPPQ
43	YML092C	P23639	1RYPPW
44	YML092C	P23639	1RYPPX
45	YGR135W	P23638	1RYPQX
46	YGR135W	P23638	1RYPQY
47	YPR103W	P30656	1RYPRZ
48	YBL041W	P23724	1RYPS1
49	YPR103W	P30656	1RYPSZ
50	YBL041W	P23724	1RYPT1
51	YOR157C	P25043	QRYPVW
52	YOR157C	P25043	1RYPWX
53	YPR103W	P30656	1RYPYZ
54	YBL041W	P23724	1RYPZ1
55	YOL094C	P40339	1SXJAB
56	YNL290W	P38629	1SXJAC
57	YBR087W	P38251	1SXJAE
58	YOL094C	P40339	1SXJBC
59	YBR088C	P15873	1SXJBG
60	YJR068W	P40348	1SXJCD
61	YBR088C	P15873	1SXJCF
62	YBR087W	P38251	1SXJDE
63	YBR088C	P15873	1SXJGH

No.	Ordered Locus Name	Uniport name	Interface
64	YOR151C	P08518	1TWFAB
65	YIL021W	P16370	1TWFAC
66	YBR154C	P20434	1TWFAE
67	YPR187W	P20435	1TWFAF
68	YOR224C	P20436	1TWFAH
69	YGL070C	P27999	1TWFAI
70	YIL021W	P16370	1TWFBC
71	YGL070C	P27999	1TWFBI
72	YOR151C	P08518	1TWFBJ
73	YOR151C	P08518	1TWFBK
74	YOR151C	P08518	1TWFBL
75	YIL021W	P16370	1TWFCJ
76	YIL021W	P16370	1TWFCK
77	YIL021W	P16370	1TWFCL
78	YLR335W	P32499	1UN0AC
79	YFL039C	P60010	1YAGAG
80	YLL036C	P32523	2BAYAD
81	YER136W	P39958	2BCGGY
82	YLR335W	P32499	2C1TAC